21世纪经济管理新形态教材
工商管理系列

企业碳管理理论与实务

谢雄标◎主编
齐睿 邹露◎副主编

清华大学出版社
北京

内 容 简 介

本书基于应对全球气候变化、碳市场建立及国家“双碳”目标的客观实际，从企业绿色低碳零碳发展需求出发，介绍了企业碳管理的基础理论、基本方法及相关标准与案例。本书一方面吸收了企业碳管理相关研究成果，另一方面应用了在与企业、碳服务商、碳交易中心及相关行业协会深入交流中获取的大量一手材料。本书具有理论的前沿性、系统性与可操作性，适合企业管理者、碳管理从业人员及对碳管理感兴趣的本科生和研究生阅读。

图书在版编目（CIP）数据

企业碳管理理论与实务/谢雄标主编. —北京：清华大学出版社, 2024.9
21 世纪经济管理新形态教材. 工商管理系列
ISBN 978-7-302-65736-1

Ⅰ. ①企…　Ⅱ. ①谢…　Ⅲ. ①企业环境管理－教材　Ⅳ. ①X322

中国国家版本馆 CIP 数据核字(2024)第 052077 号

责任编辑：朱晓瑞
封面设计：李召霞
责任校对：宋玉莲
责任印制：刘海龙
出版发行：清华大学出版社
　　网　址：https://www.tup.com.cn，https://www.wqxuetang.com
　　地　址：北京清华大学学研大厦 A 座　　邮　编：100084
　　社 总 机：010-83470000　　邮　购：010-62786544
　　投稿与读者服务：010-62776969，c-service@tup.tsinghua.edu.cn
　　质 量 反 馈：010-62772015，zhiliang@tup.tsinghua.edu.cn
　　课 件 下 载：https://www.tup.com.cn，010-83470332
印 装 者：小森印刷霸州有限公司
经　销：全国新华书店
开　本：185mm×260mm　　**印　张**：12　　**字　数**：261 千字
版　次：2024 年 9 月第 1 版　　**印　次**：2024 年 9 月第 1 次印刷
定　价：49.00 元

产品编号：095470-01

前 言

企业碳管理是在应对全球气候变化的大背景下，特别是碳交易市场建立的驱动下，产生的一门新兴学科，具有综合性、交叉性、实践性的特点。在绿色低碳发展的要求下，企业碳管理的理论、策略和方法，已经应用在一些先行企业，但仍有很多企业因缺乏碳管理理论与方法指导而难以实践。2022 年 4 月，教育部印发了《加强碳达峰碳中和高等教育人才培养体系建设工作方案》，适时反映了市场对双碳人才的迫切需求，企业碳管理课程开发与建设势在必行、意义非凡。

本书共分 10 章。第 1、2 章，介绍企业碳管理的背景与意义、内涵与特征、目标和内容、理论基础及基本原理；第 3 章介绍企业碳管理体系的构建、运行与优化；第 4—7 章介绍企业碳管理体系的四个重要方面，包括碳排放管理、碳资产管理、碳交易管理与碳中和管理的具体方法与路径；第 8 章介绍碳金融背景下企业绿色融资的策略与途径；第 9 章整理了不同类型的企业碳管理实践案例；第 10 章介绍企业碳管理的相关法律与政策、碳服务市场与碳交易市场发展状况。围绕企业碳管理目标实现的知识需求，构建企业碳管理理论框架，体系新颖而完整。

企业碳管理是应用型学科，强调学生在理论学习的基础上，提高实操能力，因此，本书采用了较多的案例，每章有引导案例启发学生带着问题学习，特别是第 9 章在收集各类企业碳中和报告或环境社会和公司治理（environmental social responsibility corporate governance，ESG）报告基础上，系统性整理开发了各类企业碳管理案例，对企业碳管理实践有重要启示。此外，本书在编写过程中，参阅了不少企业碳管理实践的心得体会、经验总结类文章和报告，能帮助学生更好地感受企业碳管理的重点、难点及思路与举措。

本书的编写分工：中国地质大学（武汉）教授谢雄标负责全书的框架设计、统稿和校对工作，并编写第 1、2、3、7 章；中国地质大学（武汉）副教授齐睿编写第 4、5、6、8 章；湖北省电力企业服务协会秘书长邹露编写第 9、10 章。

本书在编写过程中，得到了全国碳交易能力建设培训中心、湖北省碳排放交易中心、湖北省电力企业服务协会、华碳咨询（武汉）有限公司等单位和相关人员的支持，他们提供了大量一手材料，提出了有益的意见，为本书的完成创造了十分有利的条件。本书在编写过程中，借鉴了企业碳管理的很多最新研究成果。在此，谨向企业碳管理领域各界先行者致谢。

本书在资料收集、图表制作、文字校对等方面得到了多位学生的帮助，在此向研究生孙静柯、李佳璇、刘金涛、刘术怡、戴晨阳等表示感谢！本书得到了中国地质大学（武汉）碳中和与高质量发展管理交叉学科计划、工商管理国家一流专业建设项目基金的资助。特别是清华大学出版社的朱晓瑞编辑，给予本书很多指导与帮助。在此一并表示由衷的感谢！

由于编者水平有限，本书难免有欠妥与不足之处，敬请广大读者批评指正。

谢雄标

2024 年 3 月

目　录

第1章

概　　论

本章学习目标：

通过本章学习，学员应该能够：

1. 了解企业为什么要加强碳管理。
2. 理解企业碳管理的含义与特征。
3. 掌握企业碳管理的目标与内容。

招商集团作为央企“排头兵”，始终以习近平新时代中国特色社会主义思想为指导，立足新发展阶段，全面贯彻新发展理念，服务构建新发展格局，主动践行绿色低碳发展理念，在国家绿色低碳交通运输体系建设、绿色人居环境营造及绿色低碳园区建设、绿色金融工具及服务方面发挥了重要引领作用。自2020年以来，成员子公司先后获得“绿色航运公司”“亚太绿色港口”“最佳绿色码头”“绿色低碳最佳集装箱码头”“2020中国绿色地产运营竞争力10强”“绿色银行总体评价优秀单位”等荣誉，实施了一批绿色发展示范工程，积累了一批节能低碳技术，形成了一批有引领示范意义的绿色低碳发展实践案例，为推动行业上下游减碳、经济社会全面绿色转型做出了重要贡献。

1.1　企业碳管理的背景与意义

1.1.1　企业碳管理的背景

1. 应对气候变化

全球气候变化（climate change）是指在全球范围内，气候平均状态统计学意义上的巨大改变或者持续较长一段时间（典型的为30年或更长时间）的气候变动。本书的“气候变化”，特指地球在过去的150年内以前所未有的速度和程度遭遇全球变暖的现象。世界气象组织最新发布的信息显示，2021年全球平均气温比工业化前（1850—1900年）水平约高出1.11±0.13℃，已接近《巴黎协定》寻求避免的升温下限。2021年也是连续第七个（2015—2021年）全球气温高于工业化前水平1℃以上的年份。海洋热量创历史新高，海表至2000米深度的海洋上层在2021年继续变暖，预计未来还将持续变暖，这一变化在百年到千年的时间尺度上是不可逆转的，且变暖正在渗透到更深的层次。冰层融化和海水因温度升高而膨胀，使 2013—2021 年全球海平面以平均每年增加 4.5 mm 的速度升高，是 1993—2002 年升高速度的 2 倍多。海平面升高对数亿名沿海居民产生了重大影响，并增大了热带气旋的危害性。

2021 年之前中国是全球气候变化的敏感区和影响显著区。中国的升温速率明显高于同期全球平均水平，1961—2020 年，中国地表年平均气温呈显著上升趋势，升温速率为 0.26℃/10 年。近 20 年是 20 世纪初以来的最暖时期，1901 年以来的 10 个最暖年份中，除 1998 年，其余 9 个均出现在 21 世纪。1961—2020 年，中国平均年降水量呈增加趋势，平均每 10 年增加 5.1 mm，高温、强降水等极端事件增多增强，总体上，1961—2020 年，中国气候风险指数呈升高趋势，1991—2020 年中国气候风险指数平均值 6.8 较 1961—1990 年平均值 4.3 增加了 58%。

气候变化所带来的影响不只停留在环保层面，更会对人类所创造的财富造成毁灭性的打击，加剧人们收入的不平等，进而对国内生产总值（gross domestic product，GDP）、投资及劳动力市场等经济领域产生显著的影响，而且其所引发的影响具有持续时间长、波及范围广的特点。全球气候变化是由自然影响因素和人为影响因素共同作用形成的，1950 年以来的观测结果表明，人为影响因素导致的温室气体（green house gas，GHG）排放可能是显著和主要的影响因素。1997 年 12 月在日本京都由《联合国气候变化框架公约》（以下简称《公约》）参加国会议制定《京都议定书》，其目标是将大气中的温室气体含量稳定在一个适当的水平，进而防止剧烈的气候变化对人类造成伤害。2005 年 2 月 16 日，《京都议定书》正式生效，这是人类历史上首次以法规的形式限制温室气体排放。2015 年 12 月 12 日，在巴黎气候大会上达成了《巴黎协定》，《巴黎协定》提出了将全球平均气温较前工业化时期上升幅度控制在 2℃以内，并努力将温度上升幅度限制在 1.5℃以内的长期目标，确立了全球合作应对气候变化的新机制，开启了气候变化全球治理的新阶段。在此背景下，企业加强碳管理，减少碳排放，实现低碳发展或零碳发展是应对气候变化的重要手段。

视频 1-1

2. 中国绿色发展战略

绿色发展意味着经济系统、社会系统和生态系统的深刻变革。首先，经济系统追求“绿色增长”，即统筹考虑经济增长的质量与成本，在技术创新和产业转型升级的基础上构建绿色低碳、循环发展经济体系。其次，社会系统强调“绿色公平”，也就是既要通过消除贫困、缩小城乡差距、保护弱势群体等措施保证当代人之间的横向公平发展，又要通过节约资源、减少浪费实现代际之间的纵向公平发展。最后，生态系统注重“绿色永续”，这意味着通过污染防治、降低能耗物耗等措施，实现经济社会系统与自然生态系统共同迈向可持续发展的双赢。可以说，中国的绿色发展是经济系统“绿色增长”、社会系统“绿色公平”和生态系统“绿色永续”统筹推进的新型发展理念。

党的十八大以来，在绿色发展理念指导下的各项实践稳步推进，中国向着建成“美丽中国”的目标迈进了一大步。“十二五”期间，我国制定和修订了十多部相关法律法规，中央环保督察覆盖 31 个省份，治理沙化土地 1.26 亿亩（1 亩 ≈ 0.00067 km^2），劣 V 类水体比例下降到 8.6%，年均新增造林面积超过 9000 万亩，单位 GDP 能耗、用水量分别比 2012 年下降 17.9%和 25.4%，“绿水青山”的面貌日益显现。“十三五”期间，我国坚持绿色富国、绿色惠民，为人民提供更多优质生态产品，推动形成绿色发展方式和生活方式，协同推进人民富裕、国家富强、中国美丽的绿色理念，环境污染治理和生态环境保护各项工作取得重要进展。其间，“绿水青山就是金山银山”被写入党章，建设生态文明被写入宪法，生态文明建设顶层设计制度体系基本建立；PM2.5 达标、单位 GDP 二氧化碳排放降低比例和化学需氧量、氨氮、二氧化硫、氮氧化物主要污染物的削减量等八项生态环境保护领域的约束性指标提前完成；能源结构进一步清洁化、低碳化，清洁能源持续快速发展，光伏、风能装机容量、发电量均居世界首位，全国清洁能源占能源消费的比重达到 23.4%；可再生能源发电装机容量年均增长约 12%；温室气体排放得到有效控制，单位 GDP 二氧化碳排放累计下降了 18.2%。

绿色发展已经成为新时代高质量发展的一面旗帜。党的十九届五中全会通过的《中共中央关于制定国民经济和社会发展第十四个五年规划和二〇三五年远景目标的建议》中，已把“推动绿色发展，促进人与自然和谐共生”上升到与市场经济、对外开放、国防安全同等重要的位置，绿色发展已经成为影响中国发展道路和发展命运的关键一环。随着 2030 年碳达峰目标和 2060 年碳中和目标的提出，我国将以控制和减少温室气体排放为抓手，强化生态文明建设和绿色低碳发展。党的二十大报告中，习近平再次强调“推动绿色发展，促进人与自然和谐共生”“统筹产业结构调整、污染治理、生态保护、应对气候变化，协同推进降碳、减污、扩绿、增长，推进生态优先、节约集约、绿色低碳发展”。在此背景下，企业加强碳管理、实现绿色低碳发展，是对国家绿色发展战略的积极响应。

扩展阅读 1-1

3. 碳排放交易机制启动

碳排放权是指参与碳排放权交易的单位和个人依法取得向大气排放温室气体的权利。碳排放权交易也被称为“总量控制与排放交易”机制，简称“限额–交易”机制，是指在一定管辖区域内，确立一定时限内的碳排放配额总量，并将总量以配额的形式分配到个体或组织，使其拥有合法的碳排放权利，并允许这种权利像商品一样在交易市场的参与者之间进行交易，确保碳实际排放不超过限定的排放总量，以成本效益最优的方式实现碳排放控制目标的市场机制。

视频 1-2

中国是《公约》首批缔约方之一，也是联合国政府间气候变化专门委员会（Intergovermental Panel on Climate Change，IPCC）的发起国之一。从全人类共同利益出发，中国政府高度重视气候变化问题，采取了一系列措施以应对全球气候变化，涉及优化产业结构和能源结构、生态建设、适应气候变化、应对气候变化能力建设、公众参与、国际交流与合作等方面。其中，建设全国统一碳排放权交易市场是以习近平同志为核心的党中央作出的重要决策，是利用市场机制控制和减少温室气体排放、推动经济绿色低碳转型的一项重要制度创新，也是加强生态文明建设、落实国际减排承诺的重要政策工具。

2011 年 3 月，《中华人民共和国国民经济和社会发展“十二五”规划纲要》明确要求逐步建立碳排放权交易市场。当年，北京、天津、上海、重庆、广东、湖北、深圳 7 个省市入选碳排放权交易试点区域；2013 年 6 月，7 个地方试点碳市场陆续开始上线交易；2016 年，四川、福建开启碳排放交易体系试点；2017 年《全国碳排放权交易市场建设方案（发电行业）》、2020 年《全国碳排放权交易管理办法（试行）》（征求意见稿）和《全国碳排放权登记交易结算管理办法（试行）》（征求意见稿）、2021 年《碳排放权登记管理规则（试行）》《碳排放权交易管理规则（试行）》和《碳排放权结算管理规则（试行）》等相继出台；2021 年 7 月 16 日，全国碳排放市场上线交易，地方试点市场与全国碳市场并存。目前，全国碳排放权交易市场交易中心位于上海，碳配额登记系统设在武汉，企业在湖北注册登记账户，在上海进行交易，两者共同承担全国碳交易体系的支柱作用。发电行业成为首个纳入全国碳市场的行业，纳入重点排放单位超过 2000 家，这些企业碳排放量超过 40 亿 t 二氧化碳。

从企业层面看，碳交易市场对企业成本以及营收将带来重要影响。一方面，随着国家政策对碳排放总量控制趋严，配额价格有望进一步上涨，且高碳企业需要购买配额的比例将上升，从而导致企业碳排放成本增加；另一方面，企业低碳发展，积极参与碳交易和申报国家核证自愿减排量（China certified emission reduction，CCER）碳配额，能增加企业营收。因此，企业要积极进行低碳战略转型，在持续开展技术创新的同时，高度重视并利用碳市场机制进行管理创新，从传统的生产经营模式向碳市场机制下的新模式转变，争取从比较优势中获得效益。

4. 碳关税时代将来临

当一些国家和地区严格执行碳定价机制，而另一些国家和地区没有执行碳定价或碳定价水平显著低于其他国家和地区时，就可能出现严格执行碳定价机制地区的企业为降低成本，将生产经营活动外迁的情况，这种情况被称为碳泄漏（carbon leakage）。为减少碳泄漏和保护本地相关产业发展，欧盟、美国等部分国家和地区提出了征收碳关税（碳边境调节税）的意向。

2008 年，奥巴马刚就职不久，就试图推动美国众议院通过《美国清洁能源与安全法案》，提出了碳边境调节机制（carbon border adjustment mechanism，CBAM）方案，只是该法案最终未能施行。2021 年 3 月，欧洲议会投票通过了拟于 2023 年起对欧盟进口的部分商品建立碳边境调节机制的决议，并于 7 月公布了“CBAM 规则提案稿”。CBAM 的实质就是碳关税，欧盟将其定义为边境调节机制，主要是为了规避世界贸易组织（world trade organization，WTO）规则的约束。2023 年 4 月 25 日，欧盟理事会表决正式通过碳边境调节机制（CBAM）。

根据碳关税公布的最新文本，欧盟计划首先对能源和高耗能领域的电力、钢铁、水泥、铝和化肥和氢六大行业相关进口产品征收碳关税。CBAM 实施阶段分两个：第一个阶段是过渡期，从 2023 年 10 月 1 日开始试运行，到 2025 年年底。该阶段进口商只需履行报告义务，提交自 2023 年起每年进口欧盟产品的碳排放数据，无须为此缴纳费用。第二个阶段是过渡期后，从 2026 年 1 月 1 日完全生效后，进口商需要每年申报前一年进口到欧盟的货物数量及其所含的温室气体，并交出相应数量的 CBAM 证书。2026—2034 年期间，欧盟排放交易制度下的免费配额的逐步淘汰将与 CBAM 的逐步采用同步进行，最终在2034年免费配额将全部取消。

碳关税的征收对象为相关产品的进口商，这些进口商需要在欧盟计划设立的CBAM登记机构完成登记备案和CBAM账户开立，才有资格进口相关产品。在每年5月31日之前，进口商需要按照特定规则，由第三方核算其上一年度进口产品的碳排放总量，然后向其所在的欧盟成员国CBAM主管机关购买对应数额的CBAM电子凭证（CBAM certificates）并上缴。CBAM电子凭证的交易价格，为欧盟碳配额拍卖平台上一周收盘价的平均值。

对于中国企业来说，如果不能有效控制产品的碳排放，根据CBAM的规定，可能会面临额外的碳关税成本，尤其是对于那些碳排放量大、能耗高的传统制造业。产品一旦因为碳税而导致成本上升，其在欧盟市场上的价格竞争力势必受到影响，可能导致出口量的减少，进而影响企业的业绩和市场份额。因此，中国企业必须未雨绸缪，积极开展碳管理，以满足进口商的绿色低碳采购标准。

1.1.2 企业碳管理的意义

1. 经济效益

企业碳管理在短期内将增加企业的生产成本和管理成本，但在长期来看，将有助于企业形成良好的成本优势和财务绩效。首先，从企业形象来看，碳管理企业在节能减排方面所取得的良好成效，显示企业高质量地履行了环保社会责任，有助于企业收获来自投资者、政府机构和新闻媒体等其他利益相关者的正面评价，有助于企业积累良好的“碳声誉”，得到税收优惠等各方面的扶持政策。同时，随着“绿色消费”日益兴起，“绿色低碳”产品更能得到消费者的认同。其次，碳管理水平较高的企业倾向于通过高质量的信息披露向外部利益相关者传递在环境保护等方面所取得的成效，进而有效缓解了企业与外部利益相关者之间信息不对称的问题，融资约束存在的硬性条件得以有效消除，丰富的信息披露使得外部相关利益者能更好地掌握企业真实财务状况和经营成果，从而显著降低资本成本。最后，碳管理水平越高的企业越能获得具有环境因素的产品，在市场中能形成不可复制的优势，进而有效提升企业的核心竞争力，从而获得较好的产品溢价，获得较好的财务绩效。

2. 生态效益

首先，企业碳管理有助于节约能源消耗。企业碳管理工作的核心就是降低碳排放量，而降低碳排放量最主要的路径是提高能源使用效率，减少能源消费总量。在当前全球能源资源对社会经济约束强烈的背景下，企业加强碳管理，有利于降低能源消耗。其次，企业碳管理也有助于环境保护。企业碳管理是以减少生产、经营活动中的二氧化碳等温室气体排放（也包括因使用外购的电力和热力等所导致的温室气体排放）为核心的管理活动。碳管理将大幅缓解空气中二氧化碳的含量，并且将有效缓解由于温室气体排放所导致的全球变暖问题，降低全球温度升高阈值以及升温速度，减少因为变暖导致的极端气候变化次数，同时减小气候变化对农业、民生和人类健康等造成的不利影响和损失。

最后，企业碳管理有利于激励企业开发和应用低碳技术、低碳产品，带动企业生产模式和商业模式转变，促进低碳经济新业态发展和生态文明建设深化。

1.2 企业碳管理的定义与特征

1.2.1 企业碳管理的定义

随着全国碳市场建立，碳排放权已成为一项企业资产，碳管理的好坏将直接影响企业合规成本及财务表现，而且在很大程度上决定着企业的竞争力和市场价值。目前，对于企业碳管理的概念学术界并没有统一的界定。祝福冬（2011）认为企业碳管理是企业在经营过程中通过专业手段实现二氧化碳排放量最小化，并提供低碳产品和低碳服务的新型管理模式。孙振清等（2011）将企业碳管理定义为企业针对温室气体排放进行的管理，目的是减少产品和服务全寿命周期的碳排放，并寻求以最低成本有效地减少和抵消碳排放的过程。易兰和于秀娟（2015）指出企业碳管理不仅是对碳排放进行管理，还是对企业整个运作流程的盘查和对已有管理体系的整合过程。本文的企业碳管理是指以减少生产、经营活动中的二氧化碳、甲烷、氧化亚氮、氢氟化物、全氟化碳和六氟化碳这六种温室气体排放为核心的管理活动。企业碳管理工作是实现我国“双碳”目标的重要抓手，也是在“双碳”时代企业谋求生存发展不可避免的工作。

1.2.2 企业碳管理的特征

1. 企业碳管理是一项涉及产品生命周期全过程的复杂工程

碳管理是以“低能耗、低排放、低污染”为特征的动态过程。生产过程是碳排放的主要环节，但企业产品总的碳足迹是在整个经营链条上产生的，而不是仅仅局限于生产过程。企业碳管理具有全生命周期和全价值链的特点，对于从产品设计、原材料采购、产品制造、产品营销和物流、产品消费直至回收再生的过程，要形成低碳闭环。产品生命周期的碳足迹是原材料排放量、使用能源排放量、制造/服务排放量、产品使用排放量、运输排放量、储存排放量、使用阶段排放量、最终处置排放量的总和。碳管理企业需要剖析上述产品生命周期各阶段的温室气体排放量，进行企业低碳生产流程再造，在产品设计、生产、包装和销售过程中，沿着碳足迹寻求减排的机会，针对不同阶段的碳排放制定不同的碳管理策略，以降低减排成本，提高能效，推动价值链整体的低碳发展。

2. 企业碳管理是一个与碳市场密切相关的经济活动

企业是以盈利为目的从事商品生产和服务的经济组织，企业碳管理是与企业碳排放成本和碳资产价值密切相关的经济活动。随着全国碳排放权交易市场正式启动，全国碳市场作为一个新兴的市场，对控排企业的生产经营会产生较大影响。首先，全国碳市场的建立将对企业形成倒逼机制，通过市场化手段促进企业节能减排改造和绿色低碳发展，切实调动企业碳管理的主动性、积极性和创造性。其次，全国碳市场的建立将加快控排企业兼并重组，提升资源能源利用效率，实现高质量发展。再次，全国碳市场的建立将促进企业重视产品出口，与国外碳市场更好地接轨，从而提升国际竞争力。最后，全国碳市场的建立能够为控排企业带来新的收益机会。企业一方面可以通过期货、期权、置换、回购、质押等金融手段，将碳资产转变成额外的融资工具；另一方面可以通过出售自身富余的碳配额来获取碳收益。

3. 企业碳管理是一个以数据为基础的职能管理活动

碳管理的本质是基于标准和流程的数据管理，客观、直接、易懂的量化数据使管理层更容易了解碳管理工作的进展。管理者在制定碳管理战略时需要多方位分析能耗数据及动态的排放报告，甚至是节能减排技术和碳交易市场的相关信息，以便及时掌握自身能源使用和碳排放情况，制定减碳和购碳的组合策略，完成各项能碳考核指标。此外，“双碳”目标的实现要基于真实、合规的数据，碳核查、碳减排、碳交易等工作中最重要的是数据的真实性、有效性、可维护性，所以专业的核查、监管和认证是核心要素。同时，科学地从数据中发现并解决问题，有针对性地迭代碳减排技术，对于碳管理更是重中之重。无论是碳排放权还是 CCER，均需要以数据为基础的监管、交易和预测，因此数字化技术（如 IoT、AI 及大数据、区块链、5G 等）在控排企业、减排企业，以及监管机构和交易市场实现碳数据的全生命期管理中将发挥重要作用。

4. 企业碳管理是一个低碳战略导向全员参与的管理系统

企业碳管理的实质是以碳生产率及能源、环境、资源等各类生产率提升为导向，在商业模式、技术路径、业务流程、组织架构和人力资源等层面进行战略性调整，以取得最佳的财务和环境绩效，确保企业长期可持续发展。可见，企业碳管理是企业低碳战略导向下的一种管理活动，客观上要求全员参与、系统推进。企业低碳战略导向是以低碳作为发展模式的战略规划和导向，其内容涵盖企业发展战略、内部文化建设、低碳能力建设、社会影响和声誉及高层管理者的支持等方面。作为企业发展战略，低碳战略导向引导了企业碳管理实践并从根本上予以保证。企业碳管理工作的实施需要企业内部的全员参与，做到统一领导、统一策略、统一数据、统一交易、统一履约。因此，构建低碳战略导向的企业碳管理体系是“双碳”背景下企业更好地完成履约任务并实现盈利的必然要求。

1.3 企业碳管理目标与内容

1.3.1 企业碳管理目标

企业碳管理水平的优劣将直接决定控排企业在全国碳市场中的表现，并影响控排企业的低碳竞争力。控排企业实施碳管理包括以下几个主要目标。

1. 实现企业碳排放控制目标

我国提出，二氧化碳排放力争于 2030 年前达到峰值，努力争取在 2060 年前实现碳中和。在此背景下，企业进行碳管理的主要目标是控制碳排放，即减少产品和服务全寿命周期的碳排放，并以成本最低且最有效的方式减少和抵消碳排放的过程，实现企业碳排放的控制目标，从而实现企业效益以及社会效益的最大化。

2. 有效应对碳交易各项工作的合规要求

碳排放权交易市场是一个规范、透明、开放、有活力、有韧性的市场调节的平台，但碳排放权交易对企业提出合规要求，且存在法律风险。为应对合规要求以及碳交易的法律风险，企业的首要任务是做好碳合规管理，从组织架构及人员、制度流程、管理机制等方面出发，建立碳管理体系，确保企业都满足合规性要求。因此，企业构建碳管理体系的目标之一是清晰地了解碳交易的关键环节及工作要求，推动企业合规地、科学地参与碳交易等各项工作。

3. 提升参与碳市场交易的能力

碳交易市场机制下的碳排放权具有商品属性,其价格信号功能引导经济主体把碳排放成本作为投资决策的一个重要因素。随着碳市场交易规模的扩大和碳货币化程度的提高,碳排放权进一步衍生为具有流动性的金融资产，形成以碳排放权为中心的碳交易货币以及包括直接投资融资、银行贷款、碳指标交易、碳期权期货等一系列金融衍生品为支撑的碳金融体系。企业通过实施积极有效的碳管理，帮助企业降低碳管理成本，提高碳市场交易能力与风险管理能力。

1.3.2 企业碳管理内容

1. 企业碳排放管理

碳排放管理主要包括整理和汇总碳排放量统计核算的原始数据和证据文件、填报控排企业年度碳排放报告、组织各职能部门配合核查机构完成碳排放核查等。碳排放管理的核心是统计核算碳排放量、落实碳排放核查，其管理目标是及时、准确地汇总控排企业碳排放量数据，高效地支撑碳排放核查工作。具体工作内容有以下三点。

1）数据监测与分析

严格制订并实施年度碳排放监测计划；用能部门正确记录能源使用与消耗量；汇总整理各用能部门数据，分析数据出现异常的原因；依据监测数据跟踪全年碳排放量，并预测预警配额盈缺量；建立监测设备与计量器具台账，做好维护与定期校验工作。

2）数据核算与报告

严格按照相应行业温室气体排放核算与报告指南的规定与要求，组织和实施碳排放核算和报告活动；正确识别排放源与排放边界，建立排放源台账，记录边界变化情况；建立并保持有效的数据内部校核与质量控制要求，包括对文件清单、原始资料、检测报告等要求；建立数据缺失处理方案。

3）配合核查

遴选核查机构，安排具体现场访问日期；协调各部门人员准备核查所需的相关数据资料；正确回答核查员提出的问题；对核查报告进行审核并确认。

2. 企业碳资产管理

碳资产管理的核心是提高配额持有量、控制碳排放量、缩小配额缺口，其管理目标是在确保配额量能够满足履约要求的前提下控制履约成本。充分掌握控排企业碳排放配额与碳排放量状况，当碳排放配额不足时，积极采取应对措施，保证有足够配额进行履约；

当碳排放配额富余时，对碳资产进行合理的经营管理，通过交易或其他碳金融方式提高收益。碳资产管理主要包括年度碳排放配额的盈缺分析、年度碳排放配额履约、新增设施配额申请（如有）、应对碳交易机制工作年度预算制定、碳排放目标分解与完成情况考核、碳交易政策与市场信息分析研究、碳配额交易申请提出等。具体工作内容有以下三点。

1）配额申请与履约

监测跟踪数据，核算全年碳排放量，分析配额盈缺量；准备并提交新增设施配额申请所需材料；测算履约成本，制定财务预算；明确履约不合规的相关处罚机制；根据碳排放权交易相关规则和交易需求开立碳排放权交易相关账户；设置登记账户、碳排放权交易相关账户管理权限，对相关账户进行管理；在国家规定时间内完成交易和履约。

2）碳排放绩效考核

正确设定不同部门、不同岗位的碳排放绩效考核参数；基于良好的数据管理体系科学预测年度碳排放量；通过配额分解科学设定不同部门碳排放目标；制定严格的碳排放绩效考核机制。

3）CCER 管理

明确 CCER 开发成本、流程与周期；明确 CCER 履约规则、使用条件并密切关注相关政策；掌握 CCER 市场动态与价格区间；挖掘 CCER 开发潜力，研发 CCER 方法学。

3. 企业碳交易管理

碳交易管理是企业通过建立资金监管机制和制定审批流程，根据自身需求和碳排放交易市场动态对碳排放配额或 CCER 进行买入或卖出的过程。碳排放权交易管理的核心是交易资金管理、交易方案审批、碳资产交易操作，其管理目标是在加强监管与风险防控的同时保证交易流程具有一定灵活性。通过提高交易管理水平，可以实现碳资产增值。一方面需要具备较强交易能力的专业人才，以便准确把握碳排放权交易的价格变化趋势，选择较好的买入与卖出时机，有效降低交易风险；另一方面需要更加灵活的交易审批流程和宽松的资金监管机制，保证能够根据碳排放权交易市场形势变化迅速进行交易。主要工作包括：明确配额（及 CCER）交易程序与交易规则；制定配额（及 CCER）买入与卖出交易工作程序；制定配额（及 CCER）场内与场外交易工作程序；基于企业配额盈缺分析及碳排放权交易市场分析制定交易方案；确定交易资金审批程序及制订交易资金计划；制定交易资金风险防控制度。

4. 企业碳中和管理

企业碳中和管理是指通过减排手段实现最大限度地降低碳排放，而后再通过实施碳抵消方案实现净排放为零的状态的管理过程。碳中和管理的目的是使组织能够沿着温室气体减排与增除的最佳途径实现零碳目标。碳中和管理的主要内容包括企业碳中和战略与计划、企业碳中和实施措施、企业碳中和信息披露等。

课后习题

1. 企业为什么要进行碳管理？哪类企业更急迫地要开展碳管理？
2. 作为一种新兴管理活动，企业碳管理有什么特征？
3. 企业开展碳管理，其管理目标和主要内容是什么？

第 2 章

企业碳管理基本原理

本章学习目标：

通过本章学习，学员应该能够：

1. 了解企业碳管理的理论基础。
2. 掌握企业碳管理的基本原理。

企业碳管理是一个前人涉足不深、研究成果非常少的新课题，现有的文献对企业碳管理的本质、内涵和目标、任务的理解与阐述都存在着不同程度的差异，这不利于科学指导企业碳管理的实践。因此，结合企业“双碳”行动，必须回答一个关键问题：为了达到企业碳管理的目标，什么样的管理方案才是可行的和有效的？

2.1 企业碳管理理论基础

2.1.1 可持续发展理论

可持续发展理论是在传统发展模式及资源环境危机严重制约人类社会进步和经济发展的背景下产生的。1972 年 6 月，联合国人类环境会议通过了著名的《人类环境宣言》及《人类环境行动计划》，呼吁各国政府和人民为维护和改善人类环境，造福全体人民，造福后代而共同努力。1987 年，世界环境与发展委员会提出了长篇专题报告《我们共同的未来》。1989 年，第 15 届联合国环境规划署理事会通过了《关于可持续发展的声明》，明确了可持续发展定义：可持续发展是指既满足当代人的需要，又不对后代人满足其需要的能力构成危害的发展。1992 年，联合国环境和发展会议通过了《21 世纪议程》等一系列重要文件，为全球推进可持续发展战略提供了行动准则。总体上，可持续发展的核心思想是健康的经济发展建立在生态可持续发展能力、社会公正和人民积极参与自身发展决策的基础上，它以公平性、共同性、持续性为三大基本原则，其最终目的是达到共同、协调、公平、高效、多维的发展。

随着全球可持续发展实践的深入，可持续发展理论也在不断完善，其基本特征可以简单地归纳为经济可持续发展、生态可持续发展和社会可持续发展。其中，经济可持续发展是基础，可持续发展鼓励经济增长，必须通过经济增长提高当代人福利水平，增强国家实力和社会财富，同时可持续发展不仅要重视经济增长的数量，更要追求经济增长的质量。生态可持续发展是前提条件，经济和社会发展不能超越资源和环境的承载能力。社会可持续发展是目标，可持续发展的目标是谋求社会的全面进步。发展的本质应当包括提高人类生活质量，提高人类健康水平，创造一个保障人们平等、自由、教育和免受暴力的社会环境。这就是说，在人类可持续发展系统中，经济发展是基础，自然生态保护是条件，社会进步是目的。这三者是一个相互影响的综合体，只要社会在每一个时间段内都能保持与经济、资源和环境的协调，这个社会就符合可持续发展的要求。

企业作为经济组织，在为经济发展做贡献的同时，也消耗着资源、破坏着环境，特别是传统粗放式发展模式严重影响可持续发展。企业低碳发展正是在“双碳”背景下实践的可持续发展。因此，企业碳管理要以可持续发展理论为基础，坚持可持续发展理念，对环境保护承担更多的社会责任，约束自身行为，减少碳排放，保证企业持续发展的同时实现社会经济可持续发展。

扩展阅读 2-1

2.1.2　管理科学理论

管理科学是所有关于管理的科学研究的总称，是支撑现代经济社会发展的一门科学，管理学是管理科学的理论核心。自人类文明产生以来，管理作为一种规范的技术与手段应运而生，但是管理活动真正从实践经验走向科学知识，却经历了漫长的发展进程。直到 18 世纪中叶，随着工业革命的兴起，才致使管理活动从实践经验提升为一门科学来被人们所认识与研究。19 世纪之初，雷德里克・温斯洛・泰勒（Frederick Winslow Taylor）等人创立科学管理理论，将管理科学引入科学神圣的殿堂，泰勒也因此被称作“科学管理之父”。随着社会经济、政治文化持续发展，管理科学理论不断推陈出新，形成“百花齐放，百家争鸣”的繁荣景象，管理学也成为人类知识体系中最活跃的科学前沿领域之一。

管理科学作为研究人类管理活动规律的一门基础性科学，是以社会各个领域的管理活动为研究对象的所有学科的集合称谓，它以经济学、行为学、数学、计算机科学和复杂科学作为理论基础，研究社会组织的管理者为实现本组织的既定目标，对其管辖范围内的人、财、物、信息等资源进行组织、计划、协调、控制的行为过程规律与方法。管理科学特征包括：①一般性。管理学是从一般原理、一般情况的角度对管理活动和管理规律进行研究，不涉及管理分支学科的业务和方法的研究。②综合性。管理内容广阔，管理活动影响因素复杂，客观上要求综合考虑各种因素，同时，综合应用经济学、社会学、心理学、数学、计算机科学等学科知识。③实践性。管理学所提供的理论与方法都是实践经验的总结与提炼，同时管理的理论与方法又必须为实践服务。④社会性。构成管理过程主要因素的管理主体与管理客体，都是社会最有生命力的人，这就决定了管理的社会性。⑤历史性。管理学是对前人的管理实践、管理思想和管理理论的总结、扬弃和发展，强调与时俱进。

扩展阅读 2-2

在全球低碳大背景下，企业间的竞争更加复杂，碳管理对企业来说是提升竞争优势很重要的一环。企业碳管理必须应用科学的管理理论，明晰碳管理方向与目标，构建碳管理体制与机制，充分发挥每个员工的积极性与潜能，优化物流、生产、管理等流程，提高企业运作效率，向社会提供绿色低碳甚至零碳产品与服务，并利用碳市场使企业资产持续增值，以便更好地承担社会责任，树立企业良好形象，为企业持续发展打下良好的基础。

2.1.3 系统科学理论

系统思想源远流长，但作为一门科学的系统论，人们公认其是由美籍奥地利人、理论生物学家贝塔朗菲（Bertalanffy）创立的。他在 1932 年提出“开放系统理论”，形成了系统论的思想，1937 年提出了一般系统论原理，奠定了这门学科的理论基础，1968 年发表专著《一般系统理论：基础、发展和应用》，成为这门学科的代表作。一般系统论的创立标志着系统科学的诞生。在这一时期，形成了强调功能整体优化的方法论，体现了系统的功能和结构之间的辩证关系，推动了系统思想与组织管理相结合的系统方法论研究。随着世界复杂性的发现，在一般系统理论发展的基础上，系统科学家通过分析复杂系统内部元素之间复杂的非线性关系、系统与环境之间的物质能量和信息的交换方式及反馈控制机制，形成了自组织的理论范式。20 世纪 80 年代，美国圣菲研究所掀起了一股复杂性科学研究浪潮，其研究对象包括了诸如全球气候变暖、可持续发展、全球化经济等复杂系统问题，复杂系统的理论范式力图将非线性、整体、非平衡、不可预测、层级、适应性等核心观点和规则结合起来，运用动态模型和方法去研究复杂系统的形成与演进，为理解复杂系统问题提供了一个完备的知识框架。同时期，我国清华大学魏宏森教授在继承我国科学家钱学森创建的系统科学体系的基础上，综合多门系统科学理论，提出并归纳了作为系统科学哲学的系统论基础原理和基本规律，形成了系统科学哲学的基本体系。

系统科学是一门总结复杂系统的演化规律，研究如何建设、管理和控制复杂系统的科学。系统科学理论认为，整体性、关联性、等级结构性、动态平衡性、时序性等是所有系统的共同的基本特征，这些既是系统所具有的基本思想观点，又是系统方法的基本原则，表现了系统论不仅是反映客观规律的科学理论，还具有科学方法论。系统科学的一般理论可简单概括整体性原理、层次性原理、开放性原理、目的性原理、突变性原理、稳定性原理、自组织原理、相似性原理八大基本原理。

扩展阅读 2-3

系统科学的发展为当代系统观念提供了科学的基础，使之成为一种认识和处理复杂性系统科学的方法论。系统的整体性和非线性是复杂系统的核心特征。系统整体性要求我们要有全局观念，动态、辩证地认识和处理系统整体和部分的关系、内部与外部的复杂性；系统非线性要求我们在处理系统内部复杂性的时候，必须坚持系统的开放性和竞争性协同原则，以及信息交换与反馈机制。而应对复杂适应系统的复杂性时，需要特别注意系统的突现性、适应性和多样性。只有深刻理解当代系统观念作为一种科学方法论的内涵，我们才能更好地做到企业碳管理的前瞻性思考、全局性谋划、战略性布局、整体性推进，确保企业绿色低碳转型发展。

2.2　企业碳管理基本原理

2.2.1　系统管理

系统管理是指人类按照系统理论与系统运行规律，对系统进行科学合理的开发、利用与保护，确保系统的结构、功能得以高效、和谐、持续运行。系统管理具有综合性、系统性、持续性等特点，需要尊重系统发展的客观规律，运用现代科学的基本理论，综合考虑多方面因素，系统地分析系统内部和外部因素及其相互关系。

企业碳排放具有全过程性，企业碳管理客观上要遵循系统观念，进行系统管理。在碳管理的过程中，应充分利用多种有效的技术和措施，在不同时空尺度上对系统的结构和过程实施有效的干预。就管理过程而言，企业碳管理包括碳排放系统检测、碳环境系统分析、碳管理系统规划、碳管理体系构建与运行；从管理对象而言，企业碳管理包括碳管理相关的人、财、物、技术、信息的系统性管理。

2.2.2　目标管理

目标管理是以目标为导向，以人为中心，以成果为标准，使组织和个人取得最佳业绩的现代管理方法。美国管理学家德鲁克于20世纪50年代提出此概念，将其称为“管理中的管理”。目标管理一方面强调完成目标，实现工作成果；另一方面重视人的作用，强调员工自主参与目标的制定、实施、控制、检查和评价。

企业碳管理作为企业一项基本活动，客观上要求企业遵循目标性原则，实施目标管理。与任何商业策略一样，企业碳管理需要设定明确的目标。在设定碳管理目标时，有必要考虑将短期和长期目标衔接，如果总体目标是实现碳中和，那么阶段时期的温室气体减排目标将有助于保持正轨，并确保尽早实现减排。同时注意目标分解，让碳管理目标落实到每个部门、每个岗位，使每个人围绕碳管理总体目标行动。为了确保碳管理目标的实现，还要加强部门和人员阶段性考核，实施过程控制。

2.2.3　精细管理

20世纪50年代，精细化管理由美国“现代管理之父”泰勒提出，由“现代质量管理之父”威廉·爱德华森·戴明（Willian Edvards Deming）完善，在日本丰田公司的工作实践中得到实践和改进，形成以细节管理为重点，以量化管理为手段的公司管理方式。通俗地讲，精细化管理就是将企业每一项工作责任具体到每一位员工，将工作落实到每一个步骤的管理方式，让组织成员可以通过细分后的方法、节奏共同完成系统工作，以达到有序、高效、分工明确的目的。精细化管理运用到企业管理，就是将企业的工作进行逐级分解、细化、精准落实的过程，是企业工作得以在每一环节顺利、高效完成的重要保障，是提升企业整体员工执行力的重要途径，更是促进整个企业提高自身工作绩效的有效手段。

企业碳排放具有全过程性、全员性，涉及企业全体成员及各项活动，客观上要求企业精细化管理。同时，企业碳管理需要投入，平衡好碳排放与成本也很重要，这客观上也要求企业在碳管理中要遵循高效观念，进行精细化管理。企业碳精细化管理过程中，要做到精、准、严、细，对每一项涉及碳排放的工作都要做到高度关注，强调精准化、标准化、制度化、规范化；对相关流程和制度进行细化、量化，提高流程审核效率、规范化及对生产过程精确监测与精细控制。

2.2.4 协同管理

协同管理是把局部力量合理地排列、组合起来完成某项工作和项目，解决“信息孤岛”“应用孤岛”和“资源孤岛”三大问题，实现信息的协同、业务的协同和资源的协同，充分发挥企业的“战斗力”。协同管理是一种基于敏捷开发模式，以虚拟企业为对象的管理理论体系。虚拟企业实质是一个由许多子系统组成的系统环境，协同管理就是通过对该系统中各个子系统进行时间、空间和功能结构的重组，产生一种具有“竞争–合作–协调”的能力，其效应远远大于各个子系统之和产生的新的时间、空间、功能结构。协同管理理念主要体现为三大基本思想，即“信息网状思想”“业务关联思想”和“随需而应思想”。

企业碳管理系统是一个包含众多影响因素的复杂系统，因此，企业碳管理除了考虑到企业内部碳管理的系统性外，还需考虑与内部其他子系统及外部相关方的协同。具体而言，企业碳管理需要实现低碳战略协同、低碳基础设施协同、低碳组织协同、低碳技术协同、低碳文化协同、低碳供应链协同、低碳生产协同、低碳营销协同等。企业碳管理协同管理的实现机制的重点在于如何通过协调企业碳管理体系中各主体的关系，来实现协同管理，其关键点主要有企业碳管理沟通机制、整合机制、支配机制和反馈机制。沟通机制是建立协同机制的关键，可以使整个企业碳管理系统中各子系统及要素间更好地产生协同并使系统更好地发挥整体功能；整合机制是在协同管理机会识别、价值评估、沟通交流的基础上，为了实现碳管理协同而对协同要素进行权衡、选择和协调的机制；支配机制主要是指通过正确地识别和掌握序参量的支配作用来指导企业碳管理，形成新的、有序的结构；反馈机制是指通过不断地自我评估，监督协同的有效性和持续性，及时发现问题，不断改进。

课后习题

1. 简述可持续发展、管理科学、系统科学理论内涵，以及对企业碳管理的指导作用。
2. 企业碳管理为什么要遵循系统性、目标性、精细化和协同性等管理原则？

第3章

企业碳管理体系

本章学习目标：

通过本章学习，学员应该能够：

1. 了解企业碳管理体系的内涵与意义。
2. 熟悉和掌握企业碳管理体系构建要素与方法。
3. 熟悉和掌握企业碳管理体系运行要点。
4. 熟悉和掌握企业碳管理体系优化要点。

6月15日是全国低碳日，为落实“双碳”行动，响应党中央、国务院的号召，充分发挥中国认证认可协会团体标准的作用，科学、高效地推进“双碳”标准化工作，中国认证认可协会正式发布团体标准《碳管理体系要求》（T/CCAA 39—2022）。《碳管理体系要求》以生命周期碳管理为理念，采用风险和机遇思维，遵循“策划—实施—检查—改进”（PDCA）持续改进的管理原则，为各类组织开展碳管理活动、提升碳管理绩效提出了规范性要求。

3.1　企业碳管理体系的内涵与必要性

3.1.1　企业碳管理体系的内涵

管理体系是指一个组织为确立方针和目标以及实现那些目标的过程的一组相互关联或相互作用的要素，包括组织的结构、角色及职责、策划与运行。碳管理体系（carbon management system）是指组织针对碳排放、碳资产、碳交易、碳中和管理而建立的方针、目标、过程和程序及一系列相互关联的要素的集合。作为综合性的管理体系，碳管理标准体系将ISO 14000环境管理系统、ISO 14064温室气体标准、ISO 50000能源管理系统、ISO 55000资产管理体系等管理体系标准全部连接，适合各行业组织，特别是电力、建筑、化工等高碳行业企业应对“双碳”挑战。碳管理体系包括四个子系统，结构示意图见图3-1。

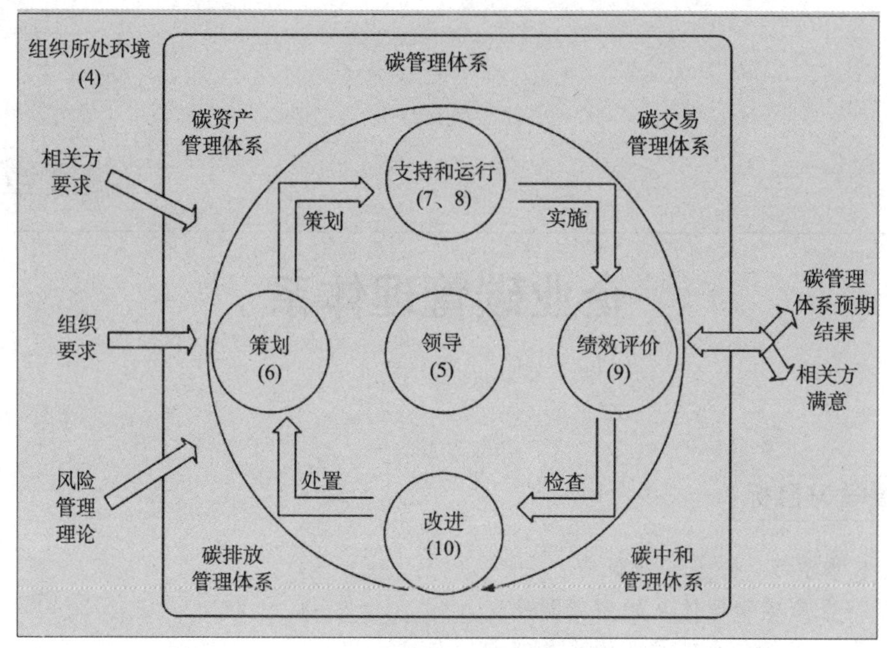

图 3-1　碳管理体系结构示意图

1. 碳排放管理体系

碳排放管理体系是组织针对碳排放而建立的方针、目标、过程和程序及一系列相互关联的要素的集合。碳排放管理体系的主要内容是碳排放数据管理，即碳排放的量化、数据质量保证及碳减排绩效评价等管理，具体包括碳排放管理目标及实现它们而进行的策划、碳排放管理相关数据收集、碳排放评审、温室气体排放核算与报告、碳减排绩效分析。碳排放管理体系是企业碳管理体系的重要组成部分，碳排放管理是企业碳资产管理、碳交易和碳中和路径优化的基础工作。

2. 碳资产管理体系

碳资产管理体系是组织针对碳资产而建立的方针、目标、过程和程序及一系列相互关联的要素的集合。碳资产管理是指以碳资产的取得为基础，战略性、系统性地围绕碳资产开发、规划、控制、交易和创新的一系列管理行为，具体包括碳资产管理责任划分、碳资产管理目标策划、碳资产管理策略制定、碳资产管理程序制定、碳资产管理活动的改进、碳资产风险控制等，是依靠碳资产实现企业价值增值的完整过程。企业建立碳资产管理体系的目的是使组织在碳减排方面的资源投入与产出能够以资产的形式量化显现。

3. 碳交易管理体系

碳交易管理体系是指组织在了解中央政府和地方政府对碳交易的规定要求的基础上，对企业碳交易过程管理行为的总称。具体包括企业碳交易方案策划、碳交易行为规范制定、碳交易风险的控制、碳交易账户管理、碳交易绩效分析和评价等活动。企业建立碳交易管理体系的目的是使组织能够充分利用碳交易规则来实现阶段性的温室气体减排履约目标。碳交易管理体系要求企业碳交易行为合法、合规，有利于企业参与多元化的碳市场交易。

扩展阅读 3-1

4. 碳中和管理体系

碳中和管理体系是指组织在一定时间内直接或间接产生的温室气体排放总量，通过植树造林、节能减排、碳捕集、购买自愿减排量等形式，以抵消自身产生的二氧化碳排放量，实现二氧化碳“零排放”的行为。企业建立碳中和管理体系的目的是使组织能够沿着温室气体减排与增除的最佳途径实现零碳目标。碳中和管理体系有利于企业形成碳中和目标及指标，并基于碳足迹数据，对接国际贸易规则，从而打通外贸渠道。

3.1.2 企业碳管理体系的必要性

（1）碳交易市场的不断成熟和完善给企业碳管理提供了实践的必要性。随着全球碳交易市场机制的不断完善，二氧化碳排放权已经成为一种商品，与有形商品一样由供求关系形成价格，因此具有了价值，从而有可能为企业带来预期的经济利益，企业只有在公司层面建立从生产流程控制、人才队伍建设、组织制度完善、交易过程管理到体系监督考核等一系列的碳管理体系，才能有效应对碳交易政策和市场环境变化。

（2）碳管理体系有利于企业做好能耗介质平衡、应急措施、能耗控制等工作。系统建立一套科学合理且具有可操作性的碳管理体系，可以大大减少工作中的随意性，进而提高节能工作整体效果和效率。

扩展阅读 3-2

（3）碳管理体系有利于提高企业声誉，增强其市场竞争力。随着消费者环保意识的不断增强，公众对低碳产品的需求越来越旺盛，对企业碳管理不断提出新要求。实施低碳管理可以满足消费者和利益相关方对企业低碳行为的期望和要求，为企业进一步扩大再生产打下坚实的基础，形成一个良性循环。

3.2 企业碳管理体系构建

3.2.1 明晰领导作用

1. 领导作用和承诺

领导的支持是企业碳管理体系的核心，建立企业碳管理体系必须得到领导的支持。最高管理层应通过下列事项来证明对碳管理体系方面的领导作用和承诺：确保碳管理方针和碳管理目标已被确立并与组织的策略导向相一致，确保组建碳管理团队，确保本组织的碳达峰、碳中和规划的实现，确保碳管理体系要求融入组织的业务过程中，确保碳管理体系所需的资源是可供使用的，就有效的碳管理与符合碳管理体系要求的重要性进行沟通，确保碳管理体系实现它的

扩展阅读 3-3

预期结果，指导和支持人员对碳管理体系的有效性做出贡献，促进持续改进，支持其他的相关角色在适用于他们的职责范围内证明他们的领导作用。

2. 碳管理方针

碳管理方针是企业在碳管理方面的总的指导思想和行为准则,是碳管理体系建立和运行的依据和指南。最高管理层应确立碳管理方针，要求如下：①适合组织的目的；②提供了一个设置碳管理目标的框架；③包括对履行其合规义务的一项承诺；④包括对碳达峰、碳中和的一项承诺；⑤包括对满足适用要求的一项承诺；⑥包括对持续改进碳管理体系的一项承诺。而且，碳管理方针作为文件化信息是可供使用的、在组织内是进行了沟通的、适当时可供相关方使用。

3. 组织的角色、职责和权限

组织是活动开展的保证。最高管理层应确保相关角色的职责和权限已在组织内得到分配与沟通。最高管理层应分配碳管理相关机构及人员的职责和权限，以确保碳管理体系符合政府和行业标准的要求，能按计划开展碳管理活动，能就碳管理体系的绩效向最高管理层报告。

3.2.2 企业碳管理体系策划

1. 确定企业碳管理体系的范围

在建立碳管理体系前，企业高级管理层需要确定碳管理体系的组织边界、报告边界和适用性。该范围应作为文件化信息可供使用，范围一经界定，该范围内组织的所有活动、产品和服务均应纳入碳管理体系。需要注意的是，组织的碳管理体系的可信度依赖于它的边界和适用性的恰当选择。关于该范围的文件化信息宜是对组织包括在碳管理体系边界内的业务流程和运行的一种真实的、有代表性的陈述，且不宜误导相关方。此外，组织宜运用生命周期观点考虑其对活动、产品和服务能实施控制或施加影响的程度。范围的设定不宜用来排除具有或可能具有温室气体排放源的活动、产品、服务或设施，或规避其合规义务。

2. 了解企业所处的环境

1）企业应了解自身的处境

在建立碳管理体系前，企业高级管理层需要确定与其意图相关并影响其实现碳管理体系预期结果的能力的外部和内部问题，前者包括文化的、社会的、环境的、政治的、法律的、法规的、金融的、技术的、经济的、自然与竞争因素的，无论是国际的、国家的、地区的或是当地的等问题；后者包括组织的认同（包括其的愿景、使命、价值观）、治理、结构、政策、资源、能力、人员及财务等问题。

2）企业应了解相关方的需求和期望

在建立碳管理体系前，企业高级管理层需要确定：①与碳管理体系有关的相关方，例如监管部门（当地的、地区的、国家的、国际的）、上下级组织、客户、行业协会、社会团体、供应商、合伙人、所有者/投资者、竞争对手、学术界与研究机构等。②这些相关方的相关要求，例如适用的法律法规、许可证、法院或行政法庭的判决、组织所属的一个更大实体的要求、条约、相关的行业规范与标准、已签订的合同、与政府当局和客户的协议、采用自愿原则或行为守则的要求、志愿性标记或生态环境承诺、在与该组织的合同安排下所产生的义务等。③以上相关方的要求中，哪些将通过碳管理体系来得到解决。

3. 了解企业内部碳管理情况

1）调查企业碳排放现状

企业应识别包括碳在内的温室气体的排放情况，并评估碳排放情况，包括但不仅限于：①基于能源消耗、工艺过程排放测量结果和其他数据分析能源消耗排放及工艺过程排放的情况，识别当前能源消耗排放的种类，识别当前的工艺过程排放类别，评价过去、现在的能源消耗排放及工艺过程排放的趋势；②基于对上述趋势的分析，收集活动水平数据和确定排放因子，确定当前的温室气体减排绩效，识别当前组织内主要的温室气体源，识别可能会导致碳排放总量变化的其他因素，识别在组织控制下进行工作、对主要温室气体排放有直接或间接影响的工作人员，评价碳减排措施的有效性，评估未来温室气体排放的趋势。

2）评估企业现有碳资产

企业应明确碳资产的类别，同时做好量化工作，并对碳资产状况进行评估，以策划进一步的管理措施。碳资产评估的内容包括但不仅限于：①确定正资产与负资产类别及细化；②确定碳资产量化所依据的法律和法规；③识别碳资产风险及其他的影响因素；④确定碳减排项目开发流程及投资评估体系；⑤评估组织的碳资产价值。

4. 策划碳管理体系

1）确定企业碳管理目标

企业应在相关的职能部门和层次上确立碳管理目标，并确保碳管理目标与碳管理方针一致，作为文件化信息，碳管理目标应可供企业内部使用，是可以被测量、监视、沟通的。当最高管理层策划如何去实现碳管理目标时，组织应确定将要做什么？将会需要什么资源？谁将要负责？他将会在什么时候完成？该结果将被如何评价？

2）确定企业碳管理标准

（1）确定温室气体排放源。企业应考虑生命周期观点，在所界定的碳管理体系范围内确定其他的活动、产品和服务中所存在的温室气体排放源。在确定温室气体排放源时，企业必须考虑到变更的情况，包括已纳入计划的或新的开发，以及新的或修改的活动、产品和服务。此外，异常状况、可合理预见的排放波动、重点排放部门和重点排放设施也应被重点关注。值得注意的是，作为所确定的温室气体排放源的证据的文件化信息应可供使用。

（2）确定碳减排绩效参数。开展和推广企业碳减排绩效评价，需要设计一套合理、适用的碳减排绩效评价指标体系，在企业确定碳减排绩效参数时，应考虑组织的活动及生产/服务提供情况、何处存在监视和测量碳减排绩效的需求、监视和测量碳减排绩效的方法及所确定碳减排绩效参数的先进性和适宜性。适当时，企业应对碳减排绩效参数进行评审，并与相应的温室气体基准线进行对照。值得注意的是，作为所确定和更新碳减排绩效参数方法的证据的文件化信息应供使用。

（3）确定温室气体基准线。企业应通过相关方规定的基准年的温室气体排放核算/核查和报告活动来确定本组织的年度温室气体基准线。当出现以下一种或多种情况时，应对温室气体基准线进行调整：①碳减排绩效参数不再反映本组织的碳减排绩效时；②相关因素发生了重大变化时；③排放因子和核算方法发生变化时。值得注意的是，作为所确定的温室气体基准线及它所发生变化的证据的文件化信息应供使用。

3）策划碳管理相关数据收集

企业应确定影响碳管理绩效的相关数据，同时确定它们的种类及实施收集的途径、频次、方法。这些数据可能会引起温室气体直接和间接排放的波动，以及碳管理体系的活动变化，包括但不仅限于：①能源消耗测量值；②工艺过程的原材料消耗值、温室气体排放测量值或物料平衡数据；③碳资产的相关数据；④碳交易的相关数据；⑤碳中和的相关数据；⑥本行业、本地区、国内、国际的先进值。

4）策划应对风险和机遇的措施

当企业策划碳管理体系时，应考虑到前文中被提及的内外部问题和相关方的要求，并确定需要去应对的风险和机遇。风险包括战略规划和实施风险、运营风险、财务风险、市场风险、法律风险、信用风险等，机遇的来源广泛，包括对偏离预期的分析、对组织处境的评审、对相关方的需求和期望的评审、原因分析、对偶然事件的评审、创新、审核发现（内部的或外部的）、管理评审等。值得注意的是，在国际贸易中，部分区域施行产品的碳足迹和碳税可能会形成新型的风险和机遇。企业应该制定应对这些风险和机遇的措施，思考如何将这些措施整合到其碳管理体系过程中并予以实施，以及如何评价所实施措施的有效性等问题。此外，当组织确定碳管理体系的变更需求时，应以一种有策划的方式来进行变更。

3.2.3 企业碳管理体系建立

1. 建立碳管理组织机构

碳管理是一项专业化很强的工作，涉及碳排放核算、碳资产管理和交易等专业技术，因而企业要实现碳资产的集中有效管理，应成立工作领导小组和下属企业碳管理与执行机构，建立自上而下的部门协调机制和反馈机制。碳管理机构是企业碳减排及碳资产管理的执行主体，可以有效贯彻企业低碳战略并实现企业低碳目标。分工明确、权责清晰、协调配合是保障碳管理体系高效运行的关键。应确定机构岗位设置和人员安排，明确相应的职责和权限。其职责主要有：①研究制定碳管理相关制度和发展战略；②加强外部沟通，积极与政府相关主管部门沟通，争取获得更多配额；③开展企业碳盘查试点及普查管理工作，制定企业配额分配方案，研究碳资产管理模式；④积极推进企业碳排放权的交易，密切跟踪国内和国际碳交易市场进展的情况；⑤建立企业碳管理信息系统并维护运行。

2. 研究低碳发展战略

低碳布局是决定控排企业在全国碳排放权交易市场中能否保持竞争力的根本，也关系到控排企业未来能否真正形成低碳发展模式，这就决定了控排企业需要将低碳发展纳入企业战略规划中。首先，碳管理领导小组或主管部门应以建立控排企业在全国碳排放权交易市场中的竞争优势为出发点，分析自身在全国碳排放权交易市场中的竞争优劣势，结合控排企业产业发展规划，研究控排企业在碳排放权交易市场领域需要重点发展的相关业务模式，分析控排企业在碳排放权交易市场领域需要着重布局的环节，明确控排企业参与全国碳排放权交易市场的路径。其次，要加强研究控排企业碳减排潜力的挖掘及减排成本，详细评估和测算不同碳减排途径的减排潜力、成本效益，明确控排企业实施减排的重点或优先领域。最后，要合理评估控排企业低碳技术发展方向和低碳技术储备，做好源头减碳和末端减碳的基础研究。

3. 制定碳管理制度体系

政策规章制度体系是企业碳管理体系的基本保障。企业应研究分析国际碳市场发展形势和国内碳交易机制相关政策，跟踪国内碳交易试点的进展情况，在此基础上制定符合企业自身发展的碳管理战略、规章制度，指导企业各部门的碳排放控制、碳资产经营和交易工作。对于一些特大型企业来说应编制碳排放管理规划，摸清家底，统一规划和部署企业内部碳资产和碳排放交易管理工作，制定低碳战略落实制度、碳排放监测制度、监督制度、碳资产产权制度、碳排放交易奖罚制度和一系列管理办法，如《企业低碳发展考核评价办法》《企业碳资产统计与报送制度及碳资产交易管理办法》等，并在实践过程中，探索制定低碳技术标准和研究碳减排方法。总之，企业碳排放管理战略、规章制度体系的建设是一个由总体到局部、由粗线条到细致的过程，并不是一蹴而就的，需要企业在低碳经营管理的过程中逐步完善。

4. 建立碳管理业务体系

根据前面的分析与策划，企业应依照相关标准的要求，建立包括四个子体系的碳管理业务体系。具体而言，要构建碳排放管理体系、碳资产管理体系、碳交易管理体系、碳中和管理体系，明晰所需的过程和它们的相互作用。

碳排放管理体系包括明确碳排放管理目标及实现方案、温室气体排放源、碳减排绩效参数、温室气体基准线、数据收集的策划、温室气体排放核算与报告、碳减排绩效分析和应对风险和机遇的措施。碳资产管理体系包括明确碳资产管理目标及实现方案、碳资产评审程序与方法，碳资产管理相关数据收集，碳资产监测，评价、分析、应对风险、机遇的机制。碳交易管理体系包括碳交易管理目标及实现方案、碳交易管理相关数据收集，碳交易管理方案，碳交易行为准则，碳交易绩效监测，评价、分析、应对风险、机遇的措施。碳中和管理体系包括碳中和管理目标及实现方案、碳中和相关数据收集、碳中和举措的实现方式、路径和时间策划、碳中和绩效监测与评价分析和应对风险和机遇的措施。

5. 建立碳管理支持体系

1）资源支持

组织应确定并提供建立、实施、保持和持续改进碳管理体系所需的资源。碳管理体系所需的资源可能包括但不仅限于：人力资源（人员）；特定学科的能力；组织的知识；组织的基础设施（建筑物、通信线路、设施设备、计量器具/测量仪器等）；信息资源，其中包括与碳管理体系相关的数据；相关技术；财力资源；工作环境或过程运行的环境；时间（如为了实施方案、项目等）。

特别要强调的是碳排放信息管理平台构建。实现企业碳排放减排目标并将减排指标分解至企业各个生产运营环节，关键是需要掌握企业碳排放减排现状。因此必须采集并统计企业碳排放量，建立碳排放数据管理体系和信息平台，并根据排放数量实时更新数据库。碳排放信息管理平台主要包括以下几个功能：数据采集、统计分析、查询功能、排放水平评价识别、预测与预警功能、决策支持和交易管理等。尤其是大型集团企业涉及不同产业，碳资产和碳排放信息管理系统有利于企业碳核算和报告工作的程序化、规范化、统一化，实现高效运转和管理。

此外，组织用于测量能源相关数据的计量器具配备应按 GB17167—2006《用能单位能源计量器具配备和管理通则》的规定执行。用于测量工艺过程排放温室气体相关数据的计量器具配备应按工艺技术要求进行。在用计量器具时应按规定的时间间隔实施有效的测量学溯源。

2）意识与能力支持

员工低碳意识决定其碳管理行为。在组织控制下进行工作的人员应意识到：碳中和对应对全球气候变化的重大意义；碳管理方针；他们对碳管理体系有效性的贡献，其中包括改进碳管理绩效的收益；不符合碳管理体系要求时的影响。

员工碳管理能力决定其碳管理绩效。组织应确定在其控制下从事影响其碳管理绩效工作的人员所必须具备的能力；确保这些人员基于适当的教育、培训或经验，是能胜任的；适用时，采取措施以获得所必需的能力，并评价所采取措施的有效性。

3）沟通机制

组织应确定与碳管理体系有关的内部和外部的沟通，其中包括：将就什么进行沟通；在什么时候去沟通；与谁去进行沟通；如何去进行沟通。碳管理体系要求有效沟通的主题包括有效的碳管理与符合碳管理体系标准要求的重要性、碳管理方针、职责和权限、碳管理体系的绩效、碳管理目标、审核的结果等。

4）文件化信息

组织的碳管理体系应按照相关标准，对企业碳管理体系的有效性所必需的文件信息化。组织在确定相关过程是否需要创编文件化信息时，宜考虑：是否能确保该过程活动实施的一致性；是否能确保该过程输出结果的有效性；是否格式规范统一；是否能进行适宜性和充分性的评审及批准；文件化信息是否适合使用和有效控制。

3.3 企业碳管理体系运行

3.3.1 运行策划与控制

企业应策划、实施并控制满足要求所需的碳排放管理、碳资产管理、碳交易管理、碳中和管理过程，并通过下列活动来落实策划方案中确定的措施：①确立过程的准则；②依照准则实施对过程的控制。

文件化信息应在必要的程度上供使用。企业应控制所策划的变更并评审非策划变更的后果，必要时采取措施以减轻任何负面影响，并应确保外部提供的，与碳管理体系有关的过程、产品或服务是受控的。

3.3.2　温室气体排放核算与报告

1. 温室气体排放核算

企业定期按国家、地方和行业的相关技术规范来实施温室气体排放核算，以全面掌握组织内温室气体排放的实际情况，并确定相应的温室气体减排方案。作为核算与报告证据的适当文件化信息应可供使用。

2. 温室气体排放报告

企业定期按规定的要求和程序，规范地向相关政府部门报告其排放的温室气体，含二氧化碳（CO_2）、甲烷（CH_4）、氧化亚氮（N_2O）、氢氟碳化物（HFCs）、全氟化碳（PFCs）、六氟化硫（SF_6）排放的真实情况，以确保报告的完整性、一致性、透明性和准确性。报告的具体内容包括：①报告主体的基本情况；②温室气体的排放情况；③其他相关情况。作为企业温室气体排放报告证据的文件化信息应可供使用。

3. 配合第三方机构的温室气体排放核查

企业按相关政府部门的规定，接受第三方机构对其进行的温室气体排放情况的核查。

3.3.3　定期监控与不定期抽查

有效地执行监测与测量程序中的多级监控措施，可以及时发现碳管理体系中存在的问题，从而可以及时解决问题，以保证体系的实施与运行。企业内部的监控措施一般有：基层部门日常自查、PAS 2060 推进部门的定期检查与不定期抽查等多层手段。

1. 基层部门的日常自查

该监控措施一般关注本部门重要环境因素的控制情况、落实到本部门的环境指标和方案的进展情况、操作规范的执行情况，并抽查培训的效果。各部门做好监督检查工作，可以保证体系的程序文件和作业规程在基层工作中得到落实，保证目标指标得以实现，并使环境因素得到有效控制。在检查过程中如发现文件内容的遗漏与不可行，可按文件控制程序及时修改与完善文件，从而增加文件的适用性与可操作性。在检查中，要着重加强对目标指标的管理控制，尤其是目标指标的完成情况，更要做好分析工作，遵循“PDCA”循环模式，目标未完成的，要做好原因的分析，制定有效的纠正措施；目标完成并取得不错效果的，也要进行目标完成情况的总结，把好的经验留下来，并持续运用。对于在目标指标及方案执行中出现的问题，应及时与主管部门交流并协调解决，必要时应由最高管理者主持召开临时性管理评审会议，对该项目的目标指标方案进行合理的修订与调整。

2. PAS 2060 推进部门的定期检查与不定期抽查

在体系日常运行过程中，应加强体系的不定期检查，保证体系每时每刻有效运行。该监控措施为了解重要环境因素的控制情况、碳管理方案的完成情况、排污情况、各部门对程序文件作业规范的执行情况、各部门日常检查的力度和效果等多方面的信息，就要依据监测与测量程序要求及监测计划做定期监控并进行经常性的不定期抽查。碳管理部门可将在监控工作中了解到的情况及时向碳管理者代表汇报，使碳管理者能掌握体系整体运行情况并及时解决发现的问题，完成“实施与保持碳管理体系”的职能。

3.4 企业碳管理体系优化

3.4.1 实施有效的内审

1. 内部审计内容

内部审计例行实施，每月审计一个或几个部门，半年或一年内覆盖全部碳管理体系要素及所涉及的部门。内部审计要对高层管理部门、各中层管理部门以及各级员工工作所涉及的各个环境要素逐一进行审计监督，以便发现不符合情况并及时采取补救措施。因而，内部审计监督是一种有效的监督手段。内部审计的内容如下。

（1）企业低碳合规性审计

在低碳社会责任审计中，内审机构内审人员一方面应掌握组织应该使用哪些相关的环境方面的政策、制度或标准，以及法律法规对被审单位所作出的特殊规定。另一方面内审人员要组织检查过去和现在的经营管理活动中是否违反过低碳经济政策、法规，若有违反则结果如何，及时告知企业管理当局违法、违规行为可能承担的责任及受到的处罚，并提出切实可行的改进建议。此外，对于不同的行业企业，尤其是高能耗、高污染企业，除了应遵循国家、地方政府发布的政策法规外，内审人员也应协助企业生产经营和管理机构从企业发展战略出发，规定企业的资源利用效率、温室气体减排目标、生产过程的低碳标准及其他为实现可持续发展所需做出的努力。

（2）企业生产经营活动低碳审计

首先，内审人员应对企业低碳管理系统进行审查和评估，确保企业低碳管理制度的科学性和有效性，对企业低碳管理的机构设置、人员配备、工作效率发表客观、独立的评价建议，并随时改进企业在低碳管理中可能存在的薄弱环节。其次，内审人员还应具体了解企业现行低碳管理制度的执行情况。根据产品生命周期，企业生产经营活动可以分为产品设计、材料采购、产品制造、产品销售和产品使用及循环再利用五个阶段。最后，内审人员应检查和评价每个阶段活动对环境产生的影响，比如，企业是否使用了可再生能源、新型环保材料，是否已将温室气体排放量降至了最低，是否建立了绿色物流系统，等等。对存在改进空间的生产环节，通过企业流程再造，重新设计低碳管理制度，并确保制度的贯彻执行，提升环境绩效。

（3）企业低碳资金使用绩效审计

企业的环保资金是企业资金运动的重要组成部分，环保资金的有效利用对组织的现实运作和未来发展具有重要影响。企业低碳建设资金的主要来源包括政府提供的财政专项资金、税收减免和贷款贴息，以及企业以低碳方式取得的绿色专项贷款。内审人员要发挥其监督作用，检查低碳资金的取得、管理、使用的合规性、真实性，重点考察资金划拨使用的授权审批制度，资金管理过程中有无中间环节的截留、挪用现象，资金的使用是否遵循了效益最大化原则，是否达到了预期的使用效果。

（4）企业碳排放量审计。

企业生产经营过程中，所有直接或间接排放的温室气体都在碳排放报告中进行记录。具体而言，对温室气体排放的审计是指碳能源，如煤、石油、天然气等碳氧化物、硫化物等。在对企业碳排放的内部审计中，需要内审人员对温室气体排放信息的真实性、准确性进行核算，并审计温室气体排放是否达到预期的低碳减排促进效果。

2. 内部审计的程序与要求

在环境问题日益严重的今天，开展碳管理体系审计必须积极发挥内部审计的作用。这要求内审人员在企业承担低碳社会责任方面发挥检查、监督、咨询及评价职能，进行事前规划、事中监督、事后评价。首先，根据企业所处的环境、战略目标，确立低碳内部审计活动的目标计划；其次，内审部门通过咨询、确认活动具体监督和评价企业低碳社会责任的履行情况；最后，出具企业低碳社会责任内部审计报告，提出相关建议和改进措施，督促管理层履行低碳社会责任，从而提升企业价值，实现可持续发展。具体内部审计流程如图 3-2 所示。

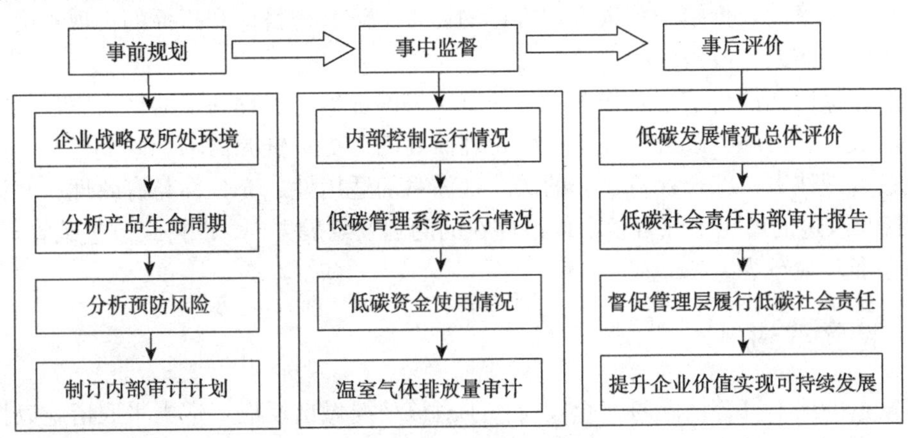

图 3-2　碳管理体系内部审计流程

企业可参考认证机构监督审核的时间，合理地安排年度内审计划。内审应能覆盖认证注册范围内的全部部门和 ISO 14001 的全部要素，对于在体系中有重要环境职责的部门应安排重点审核。碳管理者代表应任命审核组长在计划的内审日期按照企业的内审程序组织内审员实施内审，内审员不仅要发现体系文件执行方面的问题，还要从方针、环境因素、目标指标、管理方案的一致性、目标指标的进展与完成状况、新增环境因素的及时识别与重要环境因素的更新、新增法律法规的获取与传达、监控程序的执行及对不合理情况的纠正等方面努力发现体系中存在的深层次问题，从更高角度审核建立的碳管理体系的适用性与有效性。

3.4.2 实施管理评审

管理评审是由组织的最高管理者进行的评审活动，以在组织内外部变化的条件下确保环境管理体系的持续适用性、有效性和充分性。碳管理者代表要充分重视内审开具的不符合报告，分析不符合项在 PAS 2060 要素中及在部门的分布特点及严重程度，掌握体系的整体运行情况，发现体系运行过程中存在的潜在问题，并提出建设性意见提交管理评审。

管理评审会议应对以下几方面进行评审：①碳管理方针的适用性及宣传贯彻情况。方针的适用性可从以下几方面考虑：适用于本企业的环境法律法规要求、相关方的愿望和要求、公司的产品/活动/服务的变化、科技发展、市场导向、吸取的环境教训等。②环境目标指标完成情况及方案的实施情况，并考虑目标指标的适用性以及与碳管理方针的协调性。在目标指标完成后，要对照评价给出的重要环境因素及企业的实际情况，以源头控制、节约资源、能源、原材料的思想制定新一轮的目标指标。③法律法规的符合性评价。④企业碳管理体系文件的修订情况。⑤内审实施情况与内审结果：碳管理体系的运行状况，存在的问题及需要改进的领域。⑥相关方的要求。

策划和实施管理评审时应考虑下列情况：以往管理评审所采取措施的情况；与碳管理体系相关的内外部因素的变化；碳管理绩效的评审；应对风险和机遇所采取措施的有效性；合规义务的评价结果；碳管理方针的评审；碳管理目标和指标的实现程度；碳管理体系的审核结果；改进的机会。

组织应保留文件化信息，作为管理评审结果的证据。管理评审的输出应包括下列事项相关的决定和措施：改进的机会；碳管理需要的变更；资源需求。

通过管理评审，综合评价建立的碳管理体系的适用性、充分性与有效性，并以预防污染、持续改进的思想来综合考虑体系存在的问题及发展方向，以持续改进碳管理体系，并提高企业环境行为。

3.4.3 持续改进

当发生一项不符合情况时，企业应：①对该情况做出反应，适当采取措施以控制且纠正它；②评价所采取的措施，并分析原因，以便使它不再发生或不在别处发生；③执行任何必需的措施；④评审所采取的纠正措施的有效性；⑤必要时，对碳管理体系进行变更。一般情况下，企业可以从下面几方面开展工作，提高优化碳管理体系，提高碳管理绩效。

（1）健全碳管理制度

在企业内部，制度是一切行为和观念的支撑，只有拥有了制度支持，才能使低碳思想深入人心，使各项活动落到实处。企业在碳管理过程中出现的很多问题，都跟制度不完善有关系，因此，企业要在碳管理体系运行中发现问题的基础上，及时分析原因，完善相关流程与制度，让企业管理者和员工都能够做到有制可依、有制必依。在碳管理制度建设过程中，特别要完善激励与约束制度。

（2）加大碳管理投入

企业应在碳管理工作中加大相关投入：首先，在人力资源方面加大投入，通过各种招聘方式招聘专业性强的人才，让他们负责碳管理工作，凭借他们的专业知识，解决环境方面中出现的问题，并且随时做到积极与公司进行相关问题的沟通，保障公司碳管理方面的工作顺利进行。除此之外，定期举办交流会，为公司员工提供技术交流学习的机会。其次，在碳管理工作方面设立单独的运作资金，可将公司部分的经营收入作为碳管理专项资金，为开展碳管理工作做好资金保障。最后，在碳管理工作方面需要有先进的技术作为支撑，公司可以通过向国内外优秀公司学习碳管理的先进技术，使技术得到全面提升，并且可与高校以及有关研究机构进行合作，实现技术人才资源共享。

（3）提升低碳文化意识

企业想要培养低碳文化意识，就必须依照企业的现实情况，制定低碳文化战略，与此同时，还要推动低碳意识与企业总体价值观、企业的经营思想融合，从而推动低碳发展思想深入人心。为了更好地提升低碳文化意识，公司应充分利用文化宣传活动、教育活动和建设活动等方式对低碳发展进行大力的宣传，展示低碳发展文化的优势，让员工感知到它所带来的良好收益，增强公司员工对低碳发展的关注度，通过这些活动突出低碳理念的所有特点，解决低碳文化建设中出现的问题，提倡全体员工开展低碳活动，聚集全员的力量，共同推进企业低碳文化建设的进程。

课后习题

1. 简述企业碳管理体系的内涵及构建的重要性。
2. 企业如何构建碳管理体系？
3. 企业碳管理体系运行中有哪些工作要点？
4. 如何优化企业碳管理体系实现持续改进？

第4章

企业碳排放管理

本章学习目标：

通过本章学习，学员应该能够：

1. 了解碳排放管理的含义、意义与原则。
2. 熟悉企业碳排放管理的内容与流程。
3. 熟悉企业碳排放核查方式与规范。
4. 熟悉企业碳排放量、排放强度核算方法。
5. 了解企业碳排放数据在线监测与综合管理。

2016年，某电厂的夏部长突然接到通知，政府要求从今年开始提交电厂温室气体排放报告。温室气体？和其他兄弟电厂的同行打听了几天，夏部长才终于明白了，原来是要报告每年电厂排放了多少二氧化碳。在不同的发电厂，这个“夏部长”可能是安全环境部或者环保部的部长，也可能是生产部的部长，甚至有可能是副总或者财务负责人。总之这一年，在全国2000多家发电厂的“夏部长”的工作安排里，都多了“碳排放报送”这一项。

4.1 企业碳排放管理的内涵、意义与原则

4.1.1 碳排放管理的内涵

碳排放管理是指企业基于碳排放数据来降低碳排放总量和碳排放强度的管理过程。碳排放数据是碳排放管理的基础，也是碳排放管理的重点。碳排放数据管理是指碳排放的量化与数据质量保证的过程，包括监测、报告、核查，是碳排放管理的核心工作。监测是指对温室气体排放或其他有关温室气体排放的数据的连续性或周期性的评价；报告是指向相关部门或机构提交有关温室气体排放的数据以及相关文件；核查是指相关机构根据约定的核查准则对温室气体声明进行系统的、独立的评价，并形成文件的过程。碳排放管理要做到可监测、可报告和可核查，这三者关系密切：监测的技术与结果影响了

报告信息的准确性和可靠性；监测是依据特定的标准而进行的，相应的，其结果应该具有可核查性；核查的价值在于保证报告的结果数据能相互比较与验证。企业依据相关法规进行的温室气体排放数据监测是后续提交温室气体排放报告的前提，企业的温室气体排放数据监测和报告是第三方机构进行核查工作的基础，同时核查工作的开展又可以帮助企业完善和改进自身的温室气体排放数据监测和报告。这三个方面相互支撑，是相辅相成、缺一不可的。

可见，碳排放管理需要以特定的标准进行监测，以公开和标准化的方式进行报告，并且保证该信息的准确性和可靠性可以用于比较和核实碳排放绩效。这既是碳排放权交易的前提，也是企业进行碳资产管理的基础。

4.1.2 企业碳排放管理的意义

企业碳排放管理的重点在于碳排放数据管理，企业开展碳排放管理的重要意义主要概括为以下几点。

（1）企业开展碳排放管理获得数据是控排企业参与碳交易的关键工作。控排企业必须按要求开展碳盘查工作，碳盘查的结果将直接决定企业碳资产是正资产还是负资产，而且碳盘查的结果也有可能影响来年企业碳配额发放。因此，按时保质保量地完成碳排放的数据对于控排企业来说是刚性要求。

（2）企业开展碳排放管理是满足国内外碳政策法规的基本要求。在碳交易制度下，企业对碳排放的数据进行管理首先要满足国内法律法规的需要。另外，如果企业参与国际贸易会受到国外与碳排放相关的制度或规定的制约，如碳关税、碳标签，这些都是以企业碳排放的数据为基础的。因此，加强碳排放管理，能有效增强企业合法性和竞争力。

（3）企业开展碳排放管理是降低成本的重要依据与路径。企业通过碳排放的数据，能够清楚地了解各个时期、各个部门或各个环节的二氧化碳排放量，从而制定针对性更强的节能减排方案，最终节省成本，提高企业竞争力。另外，各大银行在信贷业务方面更倾向于选择符合节能环保要求的企业，碳排放的数据管理工作的开展也将为企业降低融资成本提供坚实基础。

（4）企业开展碳排放管理有助于满足绿色供应链企业需求。在经济全球化和绿色化背景下，对企业而言，无论是参与国际贸易，还是开拓国内市场，客观上都要求企业构建绿色低碳供应链。对某一产品而言，碳排放数据的盘查也要求整个供应链的联动，如苹果公司要求其供应商提供碳排放报告，作为供应商的富士康公司必须掌握生产过程中的碳排放数据。因此，加强碳排放管理有助于企业嵌入绿色供应链。

（5）企业开展碳排放管理有利于提升软实力。企业进行碳排放管理是积极承担社会责任的表现，也是将经济效益与生态效益相统一的表现，对提升企业的品牌形象、引导消费者的绿色消费行为有积极意义，这也将有力提升企业软实力。

4.1.3 企业碳排放管理的原则

科学完善的碳排放数据管理是碳排放权交易机制建设运营的基本要素，也是企业低碳转型决策的重要支撑。企业若参加碳贸易或开展社会责任报告，均需要公布其温室气体排放量并接受核证。目前，国际通行的碳盘查标准是由世界资源研究院与世界可持续发展商会共同颁布的温室气体核算标准（GHG Protocol）。在碳排放数据管理的过程中要遵守相关性原则、平衡性原则、可靠性原则、可理解性原则和可比性原则。

相关性要求碳信息能够帮助信息使用者对企业碳活动做出评价和预测，实现或者修正决策预期。要反映企业过去在碳减排方面取得的绩效，即反馈价值，要包含企业为取得历史碳减排绩效而实施的行动和未来在碳减排方面的具体规划，即预测价值；企业还应明确报告的时间和报告期，以保障信息的时效性和及时性。

平衡性即中肯性，即要求企业报告所有碳信息，无论好坏，都要立场中立，不能偏向或诱导任何一方利益相关者。考虑碳信息披露不具有强制性，企业会选择性“报喜不报忧”，因此碳信息使用者对平衡性有较高要求，企业应如实披露报告期内发生的碳排放负面信息。

可靠性要求企业应如实反映碳活动的真实情况，通过披露数据来源和核算方法以保证不同的独立提供者在采用相同的方法条件下从实质上复制出来，能够聘请第三方审计机构对报告的真实性提供保证。

可理解性要求信息易于使用者理解。碳排放数据的内容比财务信息更加广泛，文字性表述更多，信息使用者对碳排放有关的专有名词相对陌生，要提高碳排放数据报告的可理解性，企业可以通过增加术语表对专有名词进行解释，通过图片、表格的使用让碳信息表述更加直观，并遵循统一的报告编制标准。

可比性要求不同企业之间或者同一企业不同时期之间信息可比。通常来说可以被量化的信息可比性更强，比较也更直观，但前提是信息量化的标准必须统一。同一家企业的碳核算量化标准相对一致，而要实现不同企业之间信息可比，则要求企业披露的碳核算数据单位是被普遍认可和采用的大众性标准。

4.2 企业碳排放管理的内容与流程

对企业而言，准确核算并监测自身排放和能源使用情况是减排工作及参与碳交易的第一步，也是关键的一步。企业开展温室气体核算与报告主要依据《企业标准》、ISO 14064-1 和《工业企业温室气体排放核算和报告通则》，这三个标准均采用了一致的框架和基础方法学，因此互相之间高度相通，企业使用时也可以三方借鉴。一般而言，企业碳排放管理可分为以下五步：①确定排放清单边界；②量化碳排放；③确定基准年并在必要时重算基准年排放；④评估数据不确定性，进行碳排放清单的质量管理；⑤撰写碳排放报告。下面对碳排放管理的内容与流程进行详细介绍。

4.2.1 确定排放清单边界

进行碳盘查的首要任务是确定进行盘查的组织和运营边界。只有确定了组织和运营边界，才有可能选取合适的标准，选择或排除全部排放源，最终计算出正确的结果。组织边界一般采用股权比例法或控制权法来确定。在确定了组织边界之后，需要定义运营边界，识别与运营相关的直接排放和间接排放。

1. 组织边界

一个企业可以由一个或者多个设施、子公司、关联企业、合资企业、特许经营等业务单元组成。组织边界是确定企业某个业务单元的排放量是否计入企业温室气体清单的边界。根据相关标准，有两种确定组织边界的方法：股权比例法和控制权法。企业一旦选定一种方法界定其组织边界，那么这种方法必须被一致地运用到整个企业排放清单中，即企业不能对两个不同的业务单位应用不同的界定方法。

股权比例法：企业根据其在业务单元中的股权比例核算温室气体排放量。例如，一家公司占某工厂 80%的股权，那么该工厂 80%的温室气体排放量应当计入这家公司排放清单中。

控制权法：对于受其控制的业务单元，企业核算其所有的温室气体排放量；对于企业占有股权但不受企业控制的业务单元，企业不予核算其温室气体排放量。控制权法可以从运营控制权和财务控制权两个角度进行分析：前者是指公司享有提出和执行一项业务的运营政策的完全权力，而后者是指公司通过对一项业务做出财务和运营政策方面的决策来获利。

在实际操作中，多数企业选择运营控制权作为企业组织边界的界定方法，将企业拥有运营控制权的业务单元的全部排放 100%计入本企业的排放清单。如企业对某业务单元不拥有运营控制权，则不将其排放计入本企业的排放清单。

2. 运营边界

运营边界决定了直接排放和间接排放是否被纳入排放清单。根据企业是否拥有或控制排放源，温室气体排放可以分为直接排放和间接排放两类。直接排放又称范围一排放，是指由核算企业直接控制或拥有的排放源所产生的排放。间接排放则是指由被核算企业的活动所导致，但由其他企业直接控制或拥有的排放源产生的排放。间接排放又分为能源间接排放和其他间接排放。能源间接排放又称范围二排放，是指企业自用的外购电力、蒸汽、供暖和供冷等产生的间接排放。其他间接排放又称范围三排放，是指企业除范围二之外的所有间接排放，包括价值链上游和下游的排放。排放范围关系如图 4-1 所示。

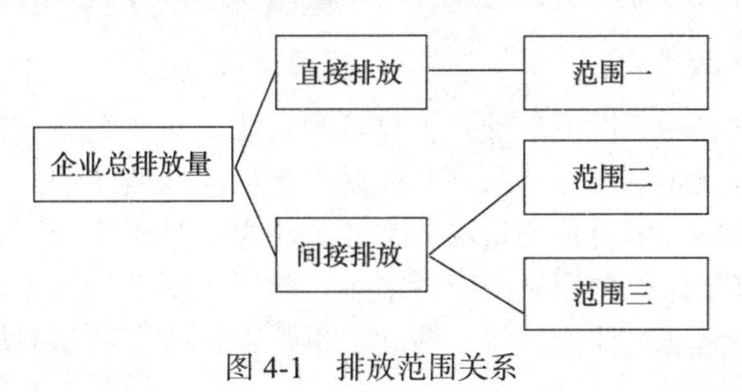

图 4-1 排放范围关系

根据相关标准，企业必须分别核算范围一和范围二内的二氧化碳（CO_2）、甲烷（CH_4）、氧化亚氮（N_2O）、氢氟碳化物（HFCs）、全氟化碳（PFCs）和六氟化硫（SF_6）排放。2012 年《联合国气候变化框架公约》（United Nations Framework Convention on Climat Change，UNFCCC）在上述六类温室气体的基础上，在国家温室气体排放清单中增加了对三氟化氮（NF_3）的核算与报告要求。企业若有三氟化氮（NF_3）的排放，为了与 UNFCCC 保持一致也可以考虑进行核算。

范围三（其他间接排放）的核算不是大多数标准的要求，企业可以选择重要的、相关的范围三排放进行核算和报告。大多数情况下，范围三排放占企业总排放的大部分。例如：卡夫食品发现企业边界外的价值链上、下游排放占其业务导致的总排放的 90% 以上。

此外，由燃烧生物质能产生的二氧化碳不计入范围一、范围二、范围三中，而是单独进行报告。而燃烧生物质能产生的其他温室气体，如甲烷、氧化亚氮等，则应按照运营边界的定义，计入范围一、范围二或范围三的排放中。

4.2.2 量化碳排放

1. 识别碳排放源

企业的温室气体排放通常来自下列四种排放源：①固定燃烧。固定设备，如锅炉、熔炉、燃烧器、加热器、焚烧炉、引擎和燃烧塔等内部的燃料燃烧。②移动燃烧。运输工具，如汽车、卡车、巴士、火车、飞机、汽船、轮船、驳船等的燃料燃烧。③过程排放。物理或化学工艺产生的排放，如水泥生产过程中煅烧环节产生的二氧化碳，石化工艺中催化裂化产生的二氧化碳，以及炼铝产生的全氟碳化物等。④无组织排放（逸散排放）。设备的接缝、密封件、包装和垫圈等发生的有意和无意的泄漏，以及煤堆、废水处理、维修区、冷却塔、各类气体处理设施等产生的无组织排放。

首先，企业应当识别上述四类排放源中的范围一（直接）排放源。许多制造业企业拥有固定燃烧排放源，而拥有或控制运输工具的企业则有移动燃烧排放源。过程排放通常只发生在某些特定行业，如石油天然气、钢铁、炼铝、水泥、化工、石油化工等行业。大部分无组织（逸散）排放依据行业而不同，多数企业通过空调设备会有少量的无组织排放产生。

其次，企业应当识别外购的电力、热力或蒸汽所产生的范围二（能源间接）排放源。几乎所有企业都在服务过程中因消耗外购的电力而产生了间接排放。

最后，对于范围三的排放量，企业可以根据需要进行有选择的识别。

2. 选择量化方法

常用的量化方法主要有以下三种：①直接测量法。对于温室气体排放，最直观、准确的方法就是直接监测温室气体的浓度和流量，包括连续监测和间歇性测量，即通过装置测量烟气来测排放量，但直接测量法通常较为昂贵且难于实现。②排放系数法。当无法进行直接监测或直接监测费用过高时，采用排放因子估算法，即活动水平数据乘以相应的排放因子以获得温室气体排放量。活动水平数据是指在特定时期内（1 年）以及在界定地区里，产生的温室气体排放或清除的人为活动量，如锅炉燃烧耗煤的吨数和企业的用电量等。温室气体排放因子是指每一单位的活动水平（如每吨煤或每度电）所对应的温室气体排放量，如“x t CO_2 排放量/t 原煤”或“x t CH_4 排放量/t 原煤”。通过燃料的使用量数据乘以排放系数得到温室气体排放量。常用的排放系数包括中华人民共和国国家发展和改革委员会（简称“国家发展改革委”）每年公布的电力系统排放因子，联合国政府间气候变化专门委员会（intergovermental panel on climate change，IPCC）公布的燃煤排放系数等。这是最为常用的计算方法。③质量平衡法。通过监测过程输入物质与输出物质的含碳量和成分计算出过程中温室气体排放量。

3. 收集活动水平和排放因子数据

数据收集是企业碳核算的重要组成部分，既包括一手数据的收集又包括二手数据的收集。一手数据即由直接测量来源获得的数据，二手数据则是从直接测量以外的来源获得的数据。企业核算的活动水平数据一般都是一手数据，当无法获得一手数据或者获得一手数据不切实际时，则使用二手数据。收集的活动水平数据和排放因子需要配套使用。如果收集的是分燃料品种、行业和设备的活动数据（如工业锅炉使用的褐煤量），则应使用相应的排放因子。

大多数企业的范围一、二排放量主要来自燃料消耗、工业过程、外购电力及外购热力等，相对应地，企业需要收集燃料消耗量、工业过程活动数据、外购电量及外购热量等信息。重点耗能企业可参考《重点用能单位能源利用状况报告》中上报的数据作为活动水平数据。排放因子可从不同来源获得，一般而言，企业级排放因子优于省级排放因子，省级排放因子优于国家级排放因子，国家级排放因子优于国际级排放因子。企业如果没有企业级排放因子，可以参考《省级温室气体清单编制指南（试行）》《能源消耗引起的温室气体排放计算工具指南》《2006 年 IPCC 国家温室气体清单指南》（简称《IPCC 指南》）等文献。

4. 进行计算

以温室气体为例，使用排放因子计算时，基本温室气体量化公式为

活动水平数据 × 排放因子 = 温室气体排放量

上式中的温室气体可能是二氧化碳，也可能是其他温室气体。在得出各种温室气体排放量后，再根据其相应的全球增温潜势，换算出相应的二氧化碳当量。

4.2.3　确定基准年和重算基准年排放

1. 确定基准年

基准年是企业温室气体核算中比较独特的概念。企业为了对不同时间的排放量进行比较，设定一个排放基准点，据此比较当前的排放量。这个排放基准点的年份称为基准年，该排放基准点的排放称作基准年排放量。

大多数企业选择单一年份作为基准年，企业也可以选择多个连续年份的平均排放量作为基准。例如，选择将 1998—2000 年的平均排放量作为跟踪减排量的参照值。有时温

室气体排放量的异常波动使单一年份的数据不能反映企业正常的排放特征，而多年平均值有助于减少这种波动。各企业宜选择其有可靠数据的最早相关时间点作为基准年。

2. 重算基准年排放

为了使基准年与当前情况具有可比性，在某些情况下需要对基准年的排放量进行重算。各企业须制定基准年排放量重算政策，明确规定重算的依据和相关因素。这项政策应当尽可能指出确定重算历史排放量所采用的“重要限度”。是否重新计算基准年取决于变化是否重要。确定一项变化是否重要，则要考虑多起小型收购或剥离对基准年排放量的累积影响。相关标准并没有就什么情况构成“重要”变化提出的具体建议,可以参考的是在优良实践中，“重要限度”一般定在5%～10%。

发生以下情况时，意味着产生碳排放的活动或业务有了结构性变化，企业应重算基准年排放，包括：①合并、收购和资产剥离；②产生排放的活动的外包和内包；③计算方法发生变化；④排放系数或活动数据的准确性得到提高；⑤发现重大错误或多个累积错误。

发生下述情况时，可不重算基准年排放量：①对基准年不存在的设施，不重新计算其基准年排放量；②如果公司收购（或内包）的业务在基准年不存在，则不重新计算基准年排放量，这同样适用于公司剥离（或外包）在基准年不存在的业务的情形。

4.2.4 评估数据不确定性

企业可以采用定性或定量的方法对数据进行不确定性评估。可参照《工业企业温室气体排放核算和报告通则》《IPCC 指南》，以及 ISO 和世界资源研究所发布的相关工具进行不确定分析。工业企业应按照 GB 17167—2006《用能单位能源计量器具配备和管理通则》的要求配备相应的能源计量器具。为了系统性地保证数据的质量，企业可以设立一系列的机制、流程和方法，为数据质量提供制度保障。

4.2.5 撰写碳排放报告

1. 必报信息

企业在撰写碳排放报告时，一般需要包括以下信息：公司说明；联系人信息；组织边界；运营边界，如果包括范围三，则具体列明包括的活动类型；报告涵盖的期间；范围一和范围二的总排放量和削减量，不考虑碳补偿，碳排放权许可转卖等活动，只考虑实际排放量；分开报告外购电力、热力、蒸汽等各排放源的范围二排放；分别报告范围一和范围二的排放活动；分别报告六种温室气体的排放数据，以 t 和 t CO_2e 为单位分别报告，如 100 t CH_4，相当于 2500 t CO_2e；选定的基准年、基准年排放量，以及基准年排放量重算政策；如果量化了碳削减量，以 t CO_2e 的形式报告；如果重算了基准年排放量，说明引起基准年排放量重算的概况；生物源碳排放的直接排放数据（生物燃料）在各范围以外单独报告；排放量的计算方法，如选用的排放系数出处和（全球增温潜势，global warming potential）值等；若量化方法有变化，要报告方法变化的原因；数据准确性的不确定性影响的描述，说明任何排除在外的排放源或业务；制定报告所使用的标准名称；报告是否经过核实，如经过核实，核实的类型（自我核实或第三方核实），以及获得的核实保证级别（有限保证或合理保证）。

2. 选报信息

企业可以选择报告的信息包括：在可以取得可靠排放数据时，相关的范围三的活动的排放；按照业务单元/设施、国家、排放源类型（固定燃烧、工艺、无组织排放等）和活动类型（电力生产、运输、出售给终端用户的发电等）进一步细分的排放数据；由于出售或转移给其他机构的自产电力、热力或蒸汽而引起的排放量；由于转售给非终端用户的采购电力、热力或蒸汽而引起的排放量；简要描述根据内部和外部基准测算的绩效；UNFCCC（联合国气候变化框架公约）没有规定的温室气体（如氯氟烃和氮氧化物）的排放量，在范围一、范围二和范围三以外单独报告；相关的绩效比率指标（如每千瓦时发电量，原料产量吨数或销售额分别对应的排放量）；概述温室气体管理/减排计划或战略；针对温室气体相关风险和义务的合同条款规定；造成排放量变化，但没有引起基准年排放重算的有关原因（如工艺改变、效率提高、工厂关闭）；基准年与报告年之间所有年份的温室气体排放数据（如果有发生重算的话，提供详细的重算原因和结果）；关于温室气体捕获的信息；排放清单包含的设施列表。

4.3　企业碳排放核查方式与规范

4.3.1　碳排放核查方式

国家发展改革委办公厅分批公布了《企业温室气体排放核算方法与报告指南》（发改办气候〔2013〕2526 号、〔2014〕2920 号、〔2015〕1722 号（以下简称《核算指南》），要求控排企业建立碳排放监测、报告、核查体系，主要包括选择适用的核算和报告指南、制订监测计划、监测计划审核、排放报告、排放报告第三方核查及抽查等工作。基本流程如图 4-2 所示。

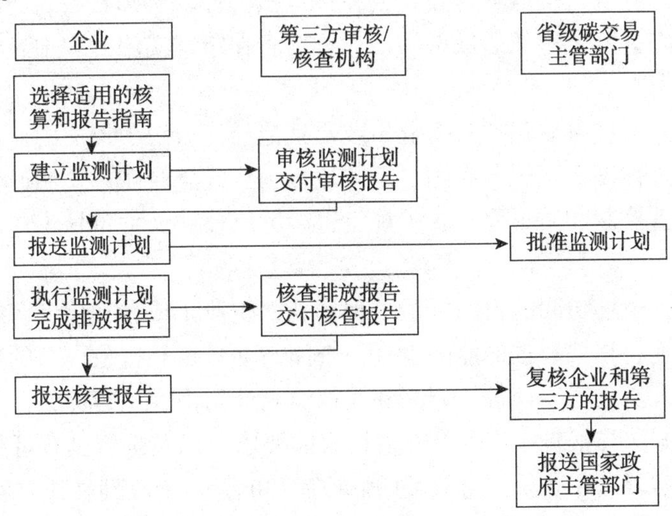

图 4-2　监测、报告、核查体系基本流程

1. 监测计划内容

监测、报告、核查体系需要明确使用与碳排放配额分配及履约相关的量化核算标准或指南。在全国碳市场建设过程中，已经发布或应用的《核算指南》主要采用两种核算方法——排放因子法、物料平衡法，也提及了在线监测的方法。核算方法的制定考虑了不同规模企业的数据基础、知识基础、经济性及数据可获得性等因素。依据给定的核算方法，需要对不同的活动水平数据、排放因子等开展监测工作。对于同一行业制订适合的符合核算方法并满足配额分配与纳入控排企业履约等的监测计划，可以使同类企业获得相对公平的机会。

为更好地满足《核算指南》的要求，确保监测能够为配额分配和企业履约提供高质量数据和保障，根据国家政府主管部门的要求，纳入全国碳排放权交易的控排企业要建立监测计划并执行。纳入控排企业的监测计划包括五部分内容，分别为监测计划的版本及修改、报告主体描述、核算边界和主要排放设施描述、活动水平数据和排放因子的确定方式及数据内部质量控制和质量保证相关规定。在制订监测计划过程中，需要特别注意核算边界的确认、排放源的识别等内容。

2. 监测计划审核

（1）审核流程

监测计划需要进行第三方审核机构的审核。审核机构应按照规定的程序对企业（或者其他经济组织）的监测计划的符合性和可行性进行审核，主要步骤包括签订协议、审核准备、文件审核、现场访问、审核报告编制、内部技术复核、审核报告交付及记录保存等八个步骤。审核机构可以根据审核工作的实际情况对审核程序进行适当调整，但调整的理由应在审核报告中予以详细说明。具体审核流程如下。

①签订协议。核查机构与委托方签订审核协议。

②审核准备。核查机构应在与委托方签订审核协议后选择具备能力的审核组。审核组要制订审核计划并确定审核组成员的任务分工。在审核实施过程中，如有必要可对审核计划进行适当调整。

③文件审核。文件审核包括对企业（或者其他经济组织）提交的监测计划和相关支持性材料（组织机构图、厂区分布图、工艺流程图、设施台账、监测设备和计量器具台账、数据内部质量控制和质量保证相关规定等）的审核。文件审核工作应贯穿审核工作的始终。

④现场访问。现场访问的目的是通过现场观察企业（或者其他经济组织）的核算边界、主要排放设施、相关数据的监测设备、查阅活动数据和排放因子的数据获取方式，以及与现场相关人员进行会谈等，判断和确认监测计划内容是否完整、是否满足行业企业温室气体核算方法与报告指南和补充数据表的要求，以及是否具有可行性。

⑤审核报告编制。在确认不符合关闭后或者 30 天内未收到委托方和/或企业（或者其他经济组织）采取的纠正及相关证明材料，审核组应完成审核报告的编写。

⑥内部技术复核。审核报告在提供给委托方和/或企业（或者其他经济组织）之前，应经过核查机构内部独立于审核组成员的技术复核，避免审核过程和审核报告出现技术错误。

⑦审核报告交付。当内部技术复核通过后，核查机构可将审核报告交付给委托方和/或企业（或者其他经济组织），以便于企业（或者其他经济组织）于规定的日期前将经审核确认符合要求的监测计划报送至注册所在地省级政府主管部门。

⑧记录保存。核查机构应保存审核记录以证实审核过程符合《核算指南》的要求。核查机构应以安全和保密的方式保管审核过程中的全部书面和电子文件，保存期至少10年。

（2）审核要求

审核机构对监测计划审核具体要求主要包括监测计划版本的审核、报告主体描述的审核、核算边界和主要排放设施描述的审核、各项活动数据和排放因子获取方式的审核、数据内部质量控制和质量保证相关规定的审核。具体审核要求如表4-1所示。

表4-1　审核机构对监测计划审核要求及内容

序号	审核要求	审核内容
1	监测计划版本的审核	对于初次发布的监测计划，审核机构应确认其发布时间与实际情况符合。如对监测计划实施了修订，审核机构应确认修订的时间和版本与实际情况符合；对于根据自身需要对监测计划进行的修改，审核机构应确认其修改时间和实际情况符合，修改内容满足《核算指南》的要求
2	报告主体描述的审核	对包括企业（或者其他经济组织）的基本信息、主营产品、生产设施信息、组织机构图、厂区平面分布图、工艺流程图进行审核
3	核算边界和主要排放设施描述的审核	包括法人边界的核算范围、补充数据表的核算范围及主要排放设施
4	各项活动数据和排放因子获取方式的审核	对核算所需要的所有活动数据和排放因子以及这些数据的计算方法涉及参数的单位、数据获取方式、相关监测测量设备信息以及数据缺失时的处理方式进行审核
5	数据内部质量控制和质量保证相关规定的审核	包括负责监测计划制订和排放报告专门人员的指定情况；监测计划的制订、修订、审批以及执行等管理程序；温室气体排放报告的编写、内部评估及审批等管理程序；温室气体数据文件的归档管理程序等内容

3. 排放报告

温室气体排放报告是指企业作为报告主体根据政府主管部门发布的《核算指南》和报告要求编写的年度排放报告，并提交给政府主管部门。排放报告以二氧化碳当量进行统计。温室气体排放报告流程为企业提交温室气体排放报告、第三方机构核查、主管部门确认或开展抽查、最终核查或抽查、确认的排放报告。

报告主体应按照对应行业的《核算指南》附录一以及补充数据表的要求进行报告填报。补充数据表中增加了企业法人边界的温室气体排放总量、二氧化碳排放总量等数据的报告要求。《核算指南》中报告主体填报项目与内容如表4-2所示。

表 4-2 《核算指南》中报告主体填报项目与具体内容

填报项目	具体内容
报告主体基本信息	报告主体基本信息应包括企业名称、单位性质、报告年度、所属行业、组织机构代码、法定代表人、填报负责人和联系人信息
温室气体排放量	报告主体应报告在核算和报告期内温室气体排放总量，并分别报告化石燃料燃烧排放量、脱硫过程排放量、净购入使用的电力产生的排放量
活动水平及其来源	如果企业生产其他产品，则应按照相关行业的企业温室气体排放核算和报告指南的要求报告其活动水平数据及来源
排放因子及其来源	报告主体应报告消耗的各种化石燃料的单位热值含碳量和碳氧化率、脱硫剂的排放因子、净购入使用电力的排放因子。如果企业生产其他产品，则应按照相关行业的企业温室气体排放核算和报告指南的要求报告其排放因子数据及来源

4. 排放核查

为确保核查工作客观独立、诚实守信、公平公正、专业严谨地完成，《关于做好2016、2017 年度碳排放报告与核查及排放监测工作制定工作的通知》（发改办气候〔2017〕1989 号）的附件 5《排放监测计划审核和排放报告核查参考指南》中，对核查提出了具体要求。

（1）核查流程

根据《核查指南》，核查活动主要包括三个阶段，即准备阶段、实施阶段和报告阶段。核查程序及核查要求详细内容参见国家政府主管部门或地方政府发布的相关文件。第三方核查机构开展碳排放核查工作流程如图 4-3 所示。

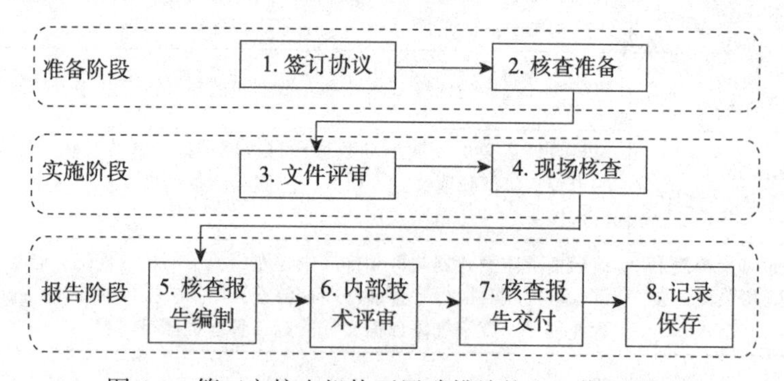

图 4-3 第三方核查机构开展碳排放核查工作流程图

具体核查流程如下：①签订协议。机构与核查委托方签订核查协议。②核查准备。核查机构在与核查委托方签订核查协议后选择具备能力的核查组长和核查员组成核查组，核查组长制订核查计划并确定核查组成员的任务分工。③文件评审。文件评审包括对企业（或者其他经济组织）提交的温室气体排放报告和相关支持性材料（排放设施清单、排放源清单、活动数据和排放因子的相关信息等）的评审。文件评审工作应贯穿核查工作的始终。④现场核查。通过现场观察企业（或者其他经济组织）排放设施、查阅排放设施运行和监测记录、查阅活动数据产生、记录、汇总、传递和报告的信息流过程、评审排放因子来源及与现场相关人员进行会谈，判断和确认企业（或者其他经济组织）

报告期内的实际排放量。⑤核查报告编制。在确认不符合关闭后或者30天内未收到核查委托方和/或企业（或者其他经济组织）采取的纠正措施，核查组应完成核查报告的编写。⑥内部技术评审。核查报告在提供给核查委托方和/或企业（或者其他经济组织）之前，应经过核查机构内部独立于核查组成员的技术评审。⑦核查报告交付。内部技术评审通过后，核查机构将核查报告交付给核查委托方和/或企业（或者其他经济组织），企业（或者其他经济组织）于规定的日期前将经核查的年度排放报告和核查报告报送至注册所在地省级政府主管部门。⑧记录保存。核查机构保存核查记录以证实核查过程符合《核算指南》的要求。核查机构应以安全和保密的方式保管核查过程中的全部书面和电子文件，保存期至少10年。

（2）核查要求

核查内容主要包括基本情况、核算边界、核算方法、核算数据、质量保证和文件存档五个方面，排放报告核查指南对各方面都提出了具体要求。核查机构核查的内容及要求如表4-3所示。

表4-3　核查机构的核查内容及核查要求

序号	核查内容		核查要求
1	基本情况		企业（或者其他经济组织）名称、单位性质、所属行业领域、统一社会信用代码、法定代表人、地理位置、排放报告联系人等基本信息；企业（或者其他经济组织）内部组织结构、主要产品或服务、生产工艺、使用的能源品种及年度能源统计报告情况
2	核算边界		是否以独立法人或视同法人的独立核算单位为边界进行核算；核算边界是否与相应行业的《核算指南》一致；纳入核算和报告边界的排放设施和排放源是否完整；与上一年度相比，核算边界是否存在变更
3	核算方法		确定核算方法符合相应行业的《核算指南》的要求，对任何偏离指南要求的核算都应在核查报告中予以详细的说明
4	核算数据	活动数据及来源	对每一个活动数据的来源计数值进行核查，核查的内容包括活动数据的单位、数据来源、检测方法、监测频次、记录频次、数据缺失处理（如适用）等内容、对每一个活动数据的符合性进行报告
		排放因子及来源	对排放报告中的每一个排放因子和计算系数的来源及数值进行核查
		温室气体排放量	对法人边界范围内分类排放量和汇总排放量的核算结果进行核查；对排放报告中的排放量的核算结果进行核查
		配额分配补充数据	核查的内容至少应包括数据的单位、数据来源、监测方法、监测频次、记录频次、数据缺失处理（如适用）等内容，并对每一个数据的符合性进行报告；应将每一个数据与其他数据来源进行交叉核对
5	质量保证和文件存档		是否指定了专门的人员进行温室气体排放核算和报告工作；是否制定了温室气体排放和能源消耗台账记录，台账记录是否与实际情况一致，是否建立了温室气体排放数据文件保存和归档管理制度，并遵照执行；是否建立了温室气体排放报告内部评审制度，并遵照执行

5. 排放报告抽查

当各场所的业务活动、核算边界和排放设施的类型差异较大时，每个场所均要进行现场核查；仅当各场所的业务活动、核算边界、排放设施及排放源等相似且数据质量有保证和质量控制方式相同时，方可对场所的现场核查采取抽样的方式。核查机构考虑抽样场所的代表性、企业（或者其他经济组织）内部质量控制的水平、核查工作量等因素，制订合理的抽样计划。核查机构对企业（或者其他经济组织）的每个活动数据和排放因子进行核查，当每个活动数据或排放因子涉及的数据数量较多时，核查机构可以考虑采取抽样的方式对数据进行核查，抽样数量的确定应充分考虑企业（或者其他经济组织）对数据流内部管理的完善程度、数据风险控制措施及样本的代表性等因素。

4.3.2 碳排放规范

企业温室气体核算的标准与方法为企业开展排放清单提供具体的技术和流程指导，也是企业碳排的量化数据质量保证的过程（monitoring、reporting、verfication，MRV）机制的技术基础。世界资源研究所（world resources institute，WRI）和世界可持续发展工商理事会（world business coancil for sustainable development，WBCSD）开发的《温室气体核算体系：企业核算与报告标准》（简称《企业标准》）和国际标准化组织（ISO）开发的 14064-1《组织层次上对温室气体排放和清除的量化和报告的规范及指南》（简称 ISO 14064-1）是国际通用的企业温室气体核算方法。中国标准化研究院开发的《工业企业温室气体排放核算和报告通则（征求意见稿）》在上述标准的基础上，为国内企业核算提供更有针对性的指导。

扩展阅读 4-1

1. 温室气体核算体系

《企业标准》是温室气体核算体系系列标准中的旗舰标准，用于指导企业进行温室气体核算和报告。温室气体核算体系是由 WRI 和 WBCSD 主持开发，在众多利益相关方的参与下共同制定的系列温室气体核算标准。《企业标准》的制定工作始于 1998 年，并于 2001 年和 2004 年分别发布了第一版和修订版。《企业标准》为企业核算与自身运营相关的温室气体排放提供了方法。另外，温室气体核算体系的《温室气体核算体系：企业价值链（范围三）核算与报告标准》（简称《范围三标准》）于 2011 年出版，这项标准为企业核算价值链上的间接排放提供了方法。《范围三标准》是建立在《企业标准》的要求之上的，并作为《企业标准》的补充。企业若应用《范围三标准》，则必须以满足《企业标准》的要求为前提。温室气体核算体系还有《温室气体核算体系：项目温室气体方法和指南》（简称《项目方法》）和《温室气体核算体系：产品告标准》等“姊妹”标准。

《中国国民经济和社会发展“十二五”规划纲要》中提出要“建立完善温室气体统计核算制度，逐步建立碳排放权交易市场”，国务院《“十二五”控制温室气体排放工作方案》（国发〔2011〕41 号）中明确提出“建立温室气体排放核算的统计体系，研究制定重点行业和企业温室气体排放核算指南，构建国家、地方、企业三级温室气体排放核算工作体系，实行重点企业直接报送能源和温室气体排放数据制度”。政府应对气候变化主管部门发布了《关于组织开展重点企（事）业单位温室气体排放报告工作的通知》（发改气候〔2014〕63 号），对指导原则、报告主体、报告内容、报告程序等做了规定。随着中国碳交易的开展，国家发展改革委及各试点碳交易省市先后发布了 24 个行业温室气体排放核算方法与报告指南和行业碳盘查标准，如表 4-4 所示。

表 4-4 中国主要碳盘查标准

名称	发布日期	发布者	核心内容
深圳市组织的温室气体排放的核查规范及指南	2012 年 11 月 7 日	深圳市场监督管理局	深圳市碳交易试点控排企业碳排放数据核查依据
上海市温室气体排放核算与报告指南（试行）	2012 年 12 月 11 日	上海市发展和改革委员会	上海市碳交易试点控排企业碳排放数据核算与报告依据
北京市企业（单位）二氧化碳排放核算和报告指南	2013 年 11 月 22 日	北京市发展和改革委员会	北京市碳交易试点控排企业碳排放数据核算和报告依据
天津市电力热力行业碳排放核算指南（试行）	2013 年 12 月 24 日	天津市发展和改革委员会	天津市碳交易试点电力热力行业控排企业碳排放数据核算依据
广东省企业碳排放信息报告与核查实施细则（试行）	2014 年 3 月 18 日	广东省发展和改革委员会	广东省碳交易试点控排企业碳排放数据报告与核查依据
重庆市工业企业碳排放核算和报告指南（试行）	2014 年 5 月 28 日	重庆市发展和改革委员会	重庆市碳交易试点控排企业碳排放数据核算与报告依据
关于印发首批 10 个行业企业温室气体核算方法与报告指南（试行）的通知	2013 年 10 月 15 日	国家发展改革委办公厅	10 个行业企业温室气体核算方法与报告指南（发电、电网、钢铁、化工、电解铝、镁冶炼、平板玻璃、水泥、陶瓷、民用航空）
关于印发第二批 4 个行业企业温室气体核算方法与报告指南（试行）的通知	2014 年 12 月 3 日	国家发展改革委办公厅	4 个行业温室气体核算方法与报告指南（石油天然气、石油化工、煤炭、独立焦化）
关于印发第三批共 10 个行业企业温室气体核算方法与报告指南（试行）的通知	2015 年 7 月 6 日	国家发展改革委办公厅	10 个行业温室气体核算方法与报告指南（机械设备、电子设备、食品/饮料/烟草/茶、纸浆/造纸、公共建筑、陆上交通、矿山、其他有色金属、氟化工、其他行业）

2. ISO 14064 系列

ISO 14064-1《组织一级温室气体排放量和清除量的量化和报告规范及指南》（简称 ISO 14064-1）是国际标准化组织（ISO）在 2006 年推出的组织层面的温室气体清单编制标准。由于 ISO 14064-1 参照《企业标准》制定，在大多数情况下，如果企业的温室气体清单符合 ISO 14064-1 的要求，也就符合了《企业标准》的要求，反之亦然。

扩展阅读 4-2

ISO 14064 系列标准还有 ISO 14064-2《项目层次上对温室气体减排或清除增加的量化、监测和报告的规范和指南》（简称 ISO 14064-2）和 ISO 14064-3《有关温室气体声明审定和核实的规范及指南》（简称 ISO 14064-3）。ISO 14064-2 参照温室气体核算体系的《项目方法》制定，而 ISO 14064-3 则提供了对组织或者项目层面的温室气体声明进行核实和核证的要求和指引，包括但不限于根据 ISO 14064-1 和 ISO 14064-2 进行的核算和报告。一般认为，ISO 14064-3 也可以用来核实根据《企业标准》和《项目协议》编写的报告。

此外，ISO 还推出了 ISO 14065《温室气体：在认可或其他形式的承认时对温室气体核实和认定机构的要求》（简称 ISO 14065）和 ISO 14066《对温室气体核实团队和认定团队的能力要求》（简称 ISO 14066），对温室气体核实和认定机构及其从业人员提出了要求。

ISO 14064 系列和温室气体核算体系标准是目前国际通行的组织和项目碳核算标准。建立在温室气体核算体系基础之上的 ISO 14064，也进一步支持和推广了温室气体核算体系相关标准的应用。国际标准化组织与世界资源研究所以及世界可持续发展工商理事会签订备忘录，共同推广两套标准的使用。

3. 国家标准 GB/T 32150—2015

国家标准 GB/T 32150—2015《工业企业温室气体排放核算和报告通则（征求意见稿）》是由中国标准化研究院开发的针对中国工业企业温室气体核算和报告的规范化文件。该通则在参考国际相关标准的基础上，根据中国工业企业的情况进行了相应的调整。

扩展阅读 4-3

4. 碳排放数据管理制度要求

2016 年 1 月，国家发展改革委发布了《关于切实做好全国碳排放权交易市场启动重点工作的通知》（发改办气候〔2016〕57 号），对纳入控排企业排放数据填报、补充数据核算报告填报、第三方核查机构及人员要求、第三方核查的程序和核查报告的格式、核查报告审核与报送等监测与报告及核查体系的相关方面做出了详细的规定。

2017 年 12 月 4 日，为推动全国碳市场建设和更好地开展监测、报告、核查等工作，国家发展改革委印发了《关于做好 2016、2017 年度碳排放报告与核查及排放监测计划制定工作的通知》（发改办气候〔2017〕1989 号）（以下简称“1989 号文”），对“发改办气候〔2016〕57 号”文件做了进一步的补充和完善。与之前的核查相比，该通知主要修改的内容有：①修改了碳排放补充数据表，增加了机组负荷和运行小时数，将外购电力排放因子统一确定为 0.610 t/MW·h。②鼓励采用实测值，对于氧化率和单位热值含碳量的缺省值，今后将逐渐采用高限值。③增加了排放监测计划以及对监测计划的核查参考指南。2019 年 1 月 17 日，生态环境部办公厅印发了《关于做好 2018 年度碳排放报告与核查及排放监测计划制定工作的通知》（环办气候函〔2019〕71 号），进一步指导和要求 2018 年度碳排放数据报告与核查及排放监测计划制定工作。

4.4 企业碳排放量、排放强度核算方法

世界气象组织（WMO）与联合国环境规划署（UNEP）在 1988 年共同组建成立 IPCC，

IPCC 通过《IPCC 指南》为 UNFCCC 提供国家温室气体清单方法支持，旨在协助全球各国编制完整的国家温室气体排放清单，既能使有较多信息和资源的国家利用更为详细的特定国家的碳计量方法，又能保持各国碳计量方法之间的兼容性、可比较性和一致性。《IPCC 指南》最初发布于 1996 年，包括《1996 年国家温室气体清单指南修订本》等三项文件；2006 年的《IPCC 指南》是目前的最新版本，2019 年推出的《2019 年修订版指南》对 2006 年的《IPCC 指南》进行补充更新后共同使用。

4.4.1 基本概念

温室气体排放的核算方法以若干关键概念为基础，对这些概念有共同理解，有助于确保温室气体排放数据在各国与各企业之间的可比性，避免重复计算或漏算，也确保了依照时间序列反映的是真实的排放量变化情况。

（1）温室气体

温室气体是指大气中那些吸收和重新放出红外线辐射的自然的和人为的气态成分，包括水汽、二氧化碳、甲烷、氧化亚氮等。《京都议定书》中规定了六种主要温室气体，分别是二氧化碳（CO_2）、甲烷（CH_4）、氧化亚氮（N_2O）、氢氟碳化物（HFC_s）、全氟化碳（PFC_s）和六氟化硫（SF_6）。

（2）排放源和吸收汇

排放源是指向大气中排放温室气体、气溶胶或温室气体前体的任何过程或活动，如化石燃料燃烧活动。吸收汇是指从大气中清除温室气体、气溶胶或温室气体前体的任何过程、活动或机制，如森林的碳吸收活动。

（3）关键排放源

关键排放源是指无论从绝对的排放量还是从排放趋势来看，或者两者都对温室气体清单有重要影响的排放源。

（4）排放源和吸收汇的活动水平数据

其是指特定时间内（1 年），以及在界定地区里产生温室气体排放或清除的人为活动量，如燃料燃烧量、水稻田面积、家畜动物数量等。

（5）排放源和吸收汇的排放因子

气候变化领域排放因子是与活动水平数据相对应的系数，用于量化单位活动水平的温室气体排放量或消除量，如单位燃料燃烧的二氧化碳排放量、单位面积稻田的甲烷排放量、每 1 万头猪的消化道甲烷排放量等。

（6）全球增温潜势

全球增温潜势是指某一给定物质在一定时间积分范围与二氧化碳相比而得到的相对辐射影响值，被用于评价各种温室气体对气候变化影响的相对能力。如 IPCC 第二次评估报告中给出的甲烷 100 年全球增温潜势是 21，氧化亚氮 100 年全球增温潜势是 310，即 1 t 甲烷相当于 21 t CO_2e 的增温能力，1 t 氧化亚氮相当于 310 t 二氧化碳当量的增温能力；IPCC 第四次评估报告中给出的甲烷 100 年全球增温潜势是 25，氧化亚氮 100 年全球增温潜势是 298。

（7）清单的不确定性及不确定性分析

清单的不确定性是指由于缺乏对真实排放量或吸收量数值的了解，排放量或吸收量被描述为以可能数值的范围或可能性为特征的概率密度函数。有很多种原因可能导致不确定性，如缺乏完善的活动水平数据、排放因子抽样调查存在一定的误差范围、采用的模型是真实系统的简化因而不精确等。不确定性分析旨在对排放或吸收值提供量化的不确定性指标，研究和评估各因子的不确定性范围等。分析不确定性并非用于评价清单估算结果的正确与否，而是用于帮助确定未来的努力方向以提高清单的准确度。

（8）质量控制和质量保证

质量控制是一个常规技术活动系统，用以在编制清单时评估其质量，由编制清单人员执行。质量控制活动包括对数据收集和计算进行准确性检验，排放和吸收计算、测量、估算不确定性、信息存档和报告等使用业界已批准的标准化方法。质量控制活动还包括对活动水平数据、排放因子、其他估算参数及方法的技术评审。质量保证是一套设计好的评审系统，由未直接涉足清单编制过程的人员进行评审。在执行质量控制程序后，最好由独立的第三方对完成的清单进行评审。评审确认可测量目标已实现并确保清单是在当前科技水平及数据的条件下可获得的。

4.4.2 不同生产活动的碳排放数据核算

1. 能源活动的碳排放数据核算

能源活动的温室气体清单编制和报告的范围主要包括化石燃料燃烧活动中产生的二氧化碳和氧化亚氮排放、生物质燃烧活动中的甲烷排放、煤矿和矿后活动中的甲烷逃逸排放及石油和天然气系统中的甲烷逃逸排放。本节对化石燃料燃烧活动中产生的二氧化碳和氧化亚氮排放及煤矿和矿后活动中的甲烷逃逸排放进行介绍。

1）化石燃料燃烧活动

（1）排放源

化石燃料燃烧温室气体排放源界定为边界范围内能源生产（开采）、加工转换、输送至终端，利用各过程不同设备燃烧不同化石燃料的活动。

化石燃料燃烧活动分部门的排放源可分为：第一产业农业部门；第二产业工业部门和建筑部门，其中工业部门又可进一步拆分为钢铁、电力、石油加工和炼焦业、有色金属、化工、建材和其他行业等；第三产业交通运输部门（包括民航、公路、铁路、航运）和服务部门（扣除交通流动源部门）；居民生活部门（城镇和农村）等。

化石燃料燃烧活动分设备（技术）排放源可分为：静止排放源和移动排放源。静止排放源设备主要有：发电锅炉、工业锅炉、工业窑炉、户用炉灶、农用机械、发电内燃机及其他设备。移动排放源主要有：各类型航空机具、公路运输机具、铁路运输机具和船舶运输机具等。

化石燃料燃烧活动分燃料品种排放源可分为固体燃料（煤炭、焦炭、型煤等，煤炭又分为无烟煤、烟煤、炼焦煤、褐煤等），液体燃料（原油、燃料油、汽油、柴油、煤油、喷气煤油、其他煤油、液化石油气、石脑油、其他油品等）和气体燃料（天然气、炼厂干气、焦炉煤气、其他燃气等)。

(2)核算方法

《IPCC 指南》对化石燃料燃烧活动的温室气体排放清单推荐两种方法进行编制，即参考方法(也称方法 1)和详细技术为基础的部门法(也称方法 2)。方法 1 是根据各种化石燃料的表观消费量与各种燃料品种的单位发热量、含碳量及消耗各种燃料的主要设备的平均氧化率，并扣除化石燃料非能源用途的固碳量等参数综合计算而得。方法 1 是基于一次燃料的表观消费状况，对不同燃料类型排放量进行总的估算。方法 2 是以详细技术为基础的部门方法(自下而上方法)，基于分部门、分设备、分燃料品种的活动数据水平，各种燃料品种的单位发热量和含碳量以及消耗各种燃料的主要设备的氧化率等参数，通过逐层累加综合计算得到总排放量的方法。我国温室气体清单在编制时同时采用了《IPCC 指南》推荐的参考方法 1 和以详细技术为基础的方法 2。

按照《IPCC 指南》的要求，以详细技术为基础的部门法应基于各部门的分设备、分燃料品种的温室气体排放量，这就必须了解各部门的主要用能设备类型、所使用的燃料品种、燃料品种的发热量与含碳量、用能设备在使用某种燃料时的氧化率等参数，才能对温室气体排放量进行计算。这种方法比方法 1 复杂，不仅需要通过大量工作获得详细分设备类型的活动水平数据，同时也需要通过分析、测试等方式来确定相应设备的排放因子。

(3)所需活动水平数据及其来源

应用方法 1 估算化石燃料燃烧温室气体排放需要收集分燃料品种的活动水平数据，以及各种非能源利用的活动水平数据。具体的活动水平数据包括：各种燃料的生产量、进出口量、调入调出量、库存变化量及水运和民航部门中的国际燃料舱部分。方法 1 的活动水平数据来源包括《中国统计年鉴》、《中国海关统计年鉴》、中国海关统计资料、《中国化学工业年鉴》、中国化工统计资料等。应用方法 2 估算化石燃料燃烧温室气体排放量时需要收集分部门、分能源品种、分主要燃料设备的能源活动水平数据。方法 2 的活动水平数据来源包括省市能源平衡表和工业分析行业终端能源消费，电力部门、交通运输部门、航空公司等相关统计资料，具体拆分到部门(如钢铁、有色金属、化工纺织等)时，还需相应行业统计数据及专家进行估算。

2)煤炭开采和矿后活动逃逸排放

(1)排放源

我国煤炭开采和矿后活动主要有以下三类排放源。井工开采过程排放源：在煤炭井下采掘过程中，煤层甲烷伴随着煤层开采不断涌入巷道和采掘空间，并通过通风、抽气系统排放到大气中形成甲烷排放。露天开采过程排放源：露天煤矿在煤炭开采过程中释放的和邻近暴露煤(地)层释放的甲烷。矿后活动排放源：煤炭加工、运输和使用过程(煤的洗选、储存、运输和燃烧前的粉碎等过程)中产生的甲烷排放。

(2)核算方法

根据《IPCC 指南》，估算甲烷排放分为三个等级的方法，选择哪个等级的方法取决于数据的可获得性，等级越高，需要的数据越详细，则编制结果越科学、精确，清单质量越高。另外，方法的选取还应根据区域排放量，及煤矿甲烷在区域清单中的重要程度来决定。

方法 1 为全球平均法：用 IPCC 推荐的每 t 煤生产过程中甲烷的平均排放系数和该地区煤炭产量数据来估算该区域的甲烷排放量，同时，煤炭甲烷都在不同程度上被再次利用，在计算甲烷排放量时，应该扣除甲烷的利用量。方法 2 为地区或煤田平均法：利用地区或煤田的平均甲烷排放系数和相应的产量来估算该地区的甲烷平均排放量，但利用平均甲烷排放系数必须考虑煤炭中的甲烷含量及其排放特征。方法 3 为矿井实测法：利用各个矿井的实测甲烷涌出量求和，计算地区的甲烷排放量。实测量的数据是最直接、精确和可靠的数据，矿井实测的甲烷涌出量即甲烷排放量，无须确定排放因子。根据我国煤炭生产、煤矿体制、煤层甲烷赋存规律与矿井甲烷排放的关系等情况及数据的可得性，国家温室气体清单编制采用了方法 2 和方法 3 混合的方法。将煤矿分为国有重点、国有地方和乡镇（包括个体）煤矿三大类，分别确定排放因子和产量，以计算排放量。

（3）活动水平数据及其来源

如采用方法 3，活动水平数据为区域内各矿井甲烷实测排放量和甲烷实际利用量。如采用方法 2 和方法 3 结合的方法，需要的活动水平数据有：不同类型煤矿（国有重点、国有地方和乡镇）的甲烷等级鉴定结果和分等级矿井的原煤产量、实测煤矿甲烷排放量和抽放量、甲烷实际利用量等方面的数据。活动水平数据来源包括《中国煤炭工业年鉴》《矿井瓦斯等级鉴定结果统计》、省市国有重点煤矿所属矿务局统计资料等。由专家在这些数据的基础上，分析整理出清单编制工作所需要的高、低甲烷矿井及露天煤矿原煤产量，国有重点煤矿实测甲烷排放量，抽放矿井采煤量，甲烷涌出量，排放甲烷量及抽放率及煤矿抽放甲烷利用量等活动水平数据。

2. 工业生产过程温室气体核算

工业生产过程存在两种温室气体的排放来源。一种排放来源是化石燃料的燃烧，另一种排放来源则是工业生产过程中存在的一些其他化学反应或物理变化。根据《IPCC 指南》，前者属于能源燃烧排放，应在能源部门清单中报告；而后者属于工业生产过程排放，应在工业生产过程清单中报告。例如，石灰窑燃料燃烧产生的温室气体排放属于能源排放，石灰石分解产生的温室气体排放属于工业生产过程排放。工业生产过程温室气体清单范围包括：水泥生产过程二氧化碳排放清单，石灰生产过程二氧化碳排放清单，钢铁生产过程二氧化碳排放清单，电石生产过程二氧化碳排放清单，己二酸生产过程氧化亚氮排放清单，硝酸生产过程氧化亚氮排放清单，铝生产过程全氟化碳排放清单，镁生产过程六氟化硫排放清单，电力设备生产和使用过程六氟化硫排放清单，半导体制造过程氢氟碳化物、全氟化碳和六氟化硫排放清单、臭氧消耗物质替代品生产和使用过程氢氟碳化物排放清单。本节重点介绍水泥生产过程二氧化碳排放清单。

（1）排放源

水泥生产过程中的二氧化碳排放主要来自其中间产品——熟料的生产过程，熟料是由水泥生料经高温煅烧发生一系列物理化学变化后形成的。水泥生料主要由石灰石及其他配料配制而成，生料中碳酸钙和碳酸镁在煅烧过程中都要分解排放二氧化碳。水泥生产过程的排放源范围为本地区所有煅烧水泥熟料的水泥窑。

（2）核算方法

《IPCC 指南》提供了两种估算方法，一种基于熟料产量，另一种基于水泥产量。对于没有熟料统计的国家来说，《IPCC 指南》提供了使用水泥产量数据计算排放量的方法。其推荐的以水泥熟料产量为活动水平计算排放量和以水泥产量为活动水平计算排放量这两种方法都适用于我国的情况。由于二氧化碳只在熟料煅烧过程中排放，因此排放量估算应基于熟料中的氧化钙和氧化镁含量及熟料的产量。由于以熟料产量为活动水平的计算方法更直接、准确，而且我国也有熟料产量统计数据，因此我国在 1994 年国家水泥生产过程排放清单中采用的是以熟料产量为活动水平计算排放量的方法。《IPCC 指南》和《IPCC 国家温室气体清单优良作法指南和不确定性管理》提供的水泥生产过程排放量计算方法仅考虑了碳酸钙分解的二氧化碳排放，没有计算碳酸镁的分解排放。为更加贴近实际排放情况，我国在编制国家清单时增加了碳酸镁分解排放量。

（3）所需活动水平数据及其来源

如选择熟料法估算排放量，活动水平数据为各省市的水泥熟料产量。如选择水泥产量法估算排放量，则活动水平数据相应变为水泥产量。活动水平数据来源主要为各省市相应统计部门或行业协会，如地方没有相应的统计资料，可采取专家估算或调查方法获得。

扩展阅读 4-4

3. 农业活动温室气体清单

农业活动是温室气体甲烷和氧化亚氮的最主要排放源。据 1994 年国家温室气体清单估算，我国 92%的氧化亚氮和 50%的甲烷均来自农业活动。农业活动排放源包括水稻田及其他施肥农田、家畜肠道及其粪便等废弃物等。因此水稻田、农田面积大的省份及牧业发达的省份该部分排放量也相应较大。农业活动温室气体排放共包括四部分，即稻田甲烷排放、农田氧化亚氮排放、反刍动物消化道甲烷排放及家畜粪便甲烷和氧化亚氮排放，本节重点介绍稻田甲烷排放。

（1）排放源

在淹水的条件下，稻田土壤中的腐烂植物体等有机物被产甲烷细菌分解，这个过程中就产生了甲烷。我国的稻田按照种植系统分为双季早稻、双季晚稻和单季稻三大类型。除常年淹水稻田（冬水田）以外，其余稻田仅考虑水稻生长季的甲烷排放，其余阶段的排放或吸收量相对于生长季太小而忽略不计。但对于冬水田来说，由于全年淹水，不仅要考虑水稻生长季的甲烷排放，还要考虑非水稻生长季的甲烷排放。

（2）核算方法

国家清单总体上遵循《IPCC 指南》基本方法框架和要求，即首先分别确定分稻田类型的排放因子和活动水平，然后根据其提供的公式计算排放量。《IPCC 指南》中稻田甲烷排放量的计算公式为

$$\mathrm{E}_m = \sum_i \sum_j \sum_k \mathrm{EF}_{i,j,k} \times A_{i,j,k} \times 10^{-12}$$

式中，E_m 为甲烷排放总量（$\mathrm{MtCH_4a^{-1}}$）；$\mathrm{EF}_{i,j,k}$ 为排放因子（$\mathrm{gCH_4m^{-2}}$）；$A_{i,j,k}$ 为活动

水平，即收获面积（m^2a^{-1}）。

i、j、k代表不同类型的水稻田，水稻田的类型按不同稻田水管理方式及其他影响因素来划分。稻田类型的划分应考虑的因素包括:水管理方式（水养、深水、连续淹水、间歇灌溉等）、有机肥的施用（绿肥、秸杆、堆肥等）。并且推荐了模型用来计算稻田甲烷排放因子。

（3）所需活动水平数据及其来源

如按国家清单方法估算稻田甲烷排放量，需要的活动水平数据为栅格化分类型（双季早稻、双季晚稻、单季稻）水稻收割面积、单产、化肥氮使用量、秸杆还回量、农家肥和绿肥施用量、水稻田间水分管理及冬水田面积，数据来源有《中国农村统计年鉴》及省市级相关统计数据。辅助性数据包括土壤质地、逐日气温数据、对应于统计单元的行政区划数据等。

4. 土地利用变化和林业温室气体清单

土地利用变化和林业部分主要考虑两种人类活动引起的二氧化碳吸收和排放，即森林等木质生物碳储量的变化与森林转化。森林和其他木质生物碳储量的变化包括林分、竹林、经济林及疏林、散生木和四旁树生长碳吸收，以及商业采伐、农民自用材、森林灾害、薪炭材利用和其他各类森林资源总消耗引起的排放；森林转化包括森林转化为非林地引起的碳排放。

（1）排放源

省级土地利用变化和林业部分的排放源为商业采伐、农民自用材、森林灾害、薪炭材利用和其他各类森林资源总消耗引起的二氧化碳排放，以及森林转化为非林地引起的二氧化碳排放；吸收汇为林分、竹林、经济林及疏林、散生木、四旁树生长吸收的二氧化碳。暂时不包括土壤碳变化引起的排放源与吸收汇。

（2）清单编制方法

①森林和其他木质生物质碳储量变化。森林和其他木质生物质碳储量变化计量范围包括林木（森林、疏林、散生木和四旁树）生物质碳储量及其变化。方法为根据相邻两次全国森林资源清查数据核算其碳储量，再计算其碳储量变化。

②森林转化温室气体排放。森林转化是指现有森林转化为其他土地利用方式，如农地、牧地、城市用地、道路等。森林转化相当于毁林。这里考虑的森林转化引起的温室气体排放主要包括地上生物质燃烧引起的碳排放和地上生物质分解引起的碳排放。

（3）所需活动水平数据及其来源

需要的活动水平数据主要有：省区内各树种（或树种组）活立木蓄积量（包括林分、疏林、散生木、四旁树、天然林、人工林蓄积量），天然林、人工林、灌木林、经济林和竹林面积，省区内森林年转化面积。以上活动水平数据来源于全国森林资源清查资料或更详细的各省区二类森林资源清查资料。其他活动水平数据要求如下。

①灌木林、经济林、竹林的单位面积生物量。建议通过大样本实测获得各类型灌木林、经济林、竹林的单位面积生物量，并做全省区内加权平均。其中竹林可分为毛竹和

其他竹两大类。也可以通过文献资料获得相关数据，或参考第一次国家信息通报土地利用变化与林业温室气体清单所采用的全国平均值。

②森林转化前、后地上部分单位面积生物量。森林转化前地上部分单位面积生物量：建议运用生物量转换系数，将各树种（或树种组）蓄积量换算成地上部单位面积生物量，结合面积数据，求得本省区森林的地上部单位面积生物量的加权平均值。森林转化后地上部分单位面积生物量：我国森林转化以国家和省级重点工程、开发区、乡镇和农村建设征占用林地，以及国有企事业单位改变林地用途为主。因此，这里假定转化后地上生物量为零。

5. 废弃物处理温室气体清单

废弃物处理温室气体清单编制和报告的范围主要包括城市固体废弃物填埋处置的甲烷排放、城市生活污水和工业生产废水的甲烷排放等。下面着重介绍城市固体废弃物填埋处理的甲烷排放。

（1）排放源

固体废弃物处理排放源包括城市和城镇居民生活垃圾、机关事业和企业废弃物、商城超市和餐饮等单位的废弃物。处理方式包括填埋、焚烧和堆肥等，本书将排放源界定为到垃圾处理场填埋处理的固体废弃物。

（2）核算方法

IPCC 介绍了两种计算固体废弃物填埋处理甲烷排放的方法。我国采用了《IPCC 指南》中的方法 1 估算垃圾填埋处理甲烷排放。

方法 1 的计算公式为

$$CH_4\text{（Gg/4）} = [(MSW_T \cdot MSW_F \cdot L_O) - R]\cdot(1 - OX)$$

式中，MSW_T 为城市固体废弃物产生量；MSW_F 为城市固体废弃物处理到垃圾处理场的比例；L_O 为甲烷产生潜力（MCF · DOC · DOCF · F ·（16/12）），MCF 为甲烷修正因子，DOC 为可降解有机碳储量，DOCF 为可降解有机碳比例，F 为甲烷在垃圾填埋气中的比例，R 为甲烷回收量，OX 为氧化因子。

方法 2 是一阶衰减方法，可以表示为：

$$CH_4\text{在某年产生量(Gg/a)} = A\cdot k\cdot MSW_T(x)\cdot MSW_F(x)\cdot L_O(x)\cdot e^{-k(t-x)}$$

式中，(x)为起始年至估算当年；t 为清单计算当年；x 为计算开始的年；a 可通过$(1-e^{-k})/k$ 进行计算，是修正总量的归一化因子；k 为甲烷产生率常数；$MSW_T(x)$为在某年 x 城市固体废弃物（MSW）新生事物的总量；$MSW_F(x)$为某年在城市废弃物处理场处理的废弃物比例；$L_O(x)$为甲烷产生潜力，可以表示为 $L_O(x)=MCF\cdot DOC\cdot DOC_F\cdot F\cdot(16/12)$。

或通过以下公式进行计算：

$$CH_4\text{在某年}(t)\text{的排放量} = [CH_4\text{在某年的}(t)\text{的生产量} - R(t)]\cdot(1 - OX)$$

式中，$R(t)$为计算清单中当年甲烷回收利用量，OX 为氧化因子。

（3）所需活动水平数据及其来源

需要的活动水平数据是各省市的城市废弃物产生量、排放量及处理量。如城市废弃物产生量实在难以统计，可用我国统计体系中的垃圾清运量估算。其来源为各省市统计年鉴、环境统计公报等。

4.5 企业碳排放数据在线监测与综合管理

4.5.1 企业碳排放数据在线监测

1. 碳排放数据在线监测介绍

企业碳排放在线监测系统主要包括排放单位信息管理、计量器具和终端设备管理、排放数据填报管理、排放量核算管理、排放预警管理、排放量统计分析、碳排放地理信息系统数据展示、数据质量分析、行业标准化数据和系统管理等功能模块，主要实现企业碳排放数据的收集、排放量核算、数据统计分析、查询功能和展示功能。

目前，国内外不少企业已经开发了碳排放数据系统，为企业提供碳排放数据在线监测的服务。英国的 Best Foot Forward 公司是世界上第一家专注于碳足迹领域的公司。该公司已经开始使用温室气体议定书的第三范畴标准来计算欧洲之星的足迹。德国的 PE 国际公司是一家以产品生命周期为主的咨询服务公司。该公司开发的加比软件（GaBi Software）实现了客户的产品碳足迹的分析，揭示了其减排的潜力和减排的价值分析。杭州青绿蓝环境技术有限公司是我国成立较早的一家环境咨询服务公司，该公司主要依托加比软件，并没有其自主知识产权的碳足迹或是碳排放管理软件。碳足迹（北京）科技有限公司是中国第一家专注于环境领域的软件企业，旨在为企业机构及政府部门提供碳足迹计量和管理的软件和咨询服务。该公司目前拥有一套独立研发的碳足迹计量和管理的软件产品营地（CAMP）。CAMP 是一套计量和管理碳足迹的软件，面向国内外大中型企业或政府机构及个人，为客户提供碳排放管理的软件解决方案。

2. 碳排放在线监测系统主要目标

构建系统的碳排放在线监测系统主要有以下四个目标：①建立统一的能源环境智慧城市互联网应用平台，全面优化政府节能减排管理和企业能源及碳经营模式，提高整体管理及经营收益；加强城市排污实时监控，大气环境监测数据采集，增强大数据、云服务功能，为政府节能减排工作及环境整治工作提供坚实的数据分析和决策建议。②建立用能和碳排放分布式实时化监测系统，一级监测可实现对用能单位总体用能情况的监测和预警；二级、三级监测可实现对用能单位主要线路、重点用电（水、气）设备的用能监测和实时预警；四级以上监测可根据用户需求细化监测点分布和功能实现。③建立整合科研院所、高级专家和技术团队的后台技术服务力量，确保对能耗及碳排放数据的有效分析，并有针对性地提出解决方案。④建立开放式的功能平台，积极对接政府能源及碳排放管理运行系统，不断拓展碳交易、新能源利用、循环经济建设等功能模块，提供绿色经济产业的综合性服务。

3. 碳排放在线监测系统层次

企业碳排放在线监测系统主要分为以下七个层次：①展示层。展示层主要为各级监管部门、企业管理人员及社会公众提供碳排放在线监测数据的在线查看和共享用户应用层，包含综合管理端、政府端、企业端、公众端等端口。可以为政府在线监测、企业咨询服务、单个用户需求及服务管理提供端到端的解决方案。②应用层。应用层由企业碳排放在线监测系统组成，主要实现企业碳排放数据的收集、排放量核算、数据统计分析、查询功能和展示功能等。③应用支撑层。应用支撑层由应用支撑平台和应用集成与接口建设两部分组成，其中应用支撑平台主要包括统一表单、工作流引擎、用户权限和日志管理等。应用集成与接口建设充分依托福建省现有能耗公共平台，实现数据互联互通、共享共用。④数据资源层。按照“统一集中、高度共享”的思路和“一数一源、准确唯一”的原则，建成汇集碳排放在线监测数据库，在数据资源层建设了基础信息数据库、业务数据库、应用数据库、综合数据库和管理数据库，并在此基础上加强数据资源的管理与服务，为应用层提供数据资源。⑤基础设施层。基础软硬件设施是整个平台的基础工程，部署在政务外网云计算平台互联网接入区。网络使用省政务外网承载。⑥标准规范体系。根据国家及福建省相关的标准规范体系，开展碳排放数据采集、传输协议等标准规范的制定工作。⑦安全保障体系。信息安全保障体系为网站提供稳定、可靠、安全的运行环境。在建设过程中，通过建设从物理层到管理层的整体安全防护体系，达到安全等级保护三级的要求，保障系统安全。

4. 碳排放在线监测系统意义

碳排放在线监测系统依托物联网、云计算等技术基础，以信息化智能系统实现能源消耗及温室气体排放的可视化、可量化和智能化分析；通过对各类能源消耗及碳排放数据的采集、监测、分析及管理，帮助企业准确判断能源消耗过程、能耗水平、费用支出等是否合理，挖掘节能潜力，量化节能减排技改效果，进一步开展精细化能源及碳排放管理；同时，碳排放在线监测系统还整合了众多技术资源，对企业节能减排技术改造工程提供一整套服务。具体而言，碳排放在线监测系统的意义包括以下六方面。

（1）碳排放在线监测系统依托物联网、云计算等技术基础，能够满足企业碳排放量核算要求，企业可通过系统对企事业单位的用电量等能耗进行监测，通过用能支路进行计量，将数据采集器上传到能耗监测系统，实现对能耗的在线监测和动态分析。以信息化智能系统实现能源消耗及温室气体排放的可视化、可量化和智能化分析，便于政府和企业实时了解最新能耗情况。

（2）碳排放在线监测系统通过进行相关数据的在线监测、搜集汇总、统计分析，节约大量人力物力，实现碳排放数据的精细化管理，查找生产过程中的薄弱环节，最终通过管理手段和技术改造等途径实现节能减排增效。辅以能效及碳减排专家组的后台联网服务，通过对各类能源消耗碳排放数据的采集、监测、分析、管理，帮助客户准确判断能源消耗过程、能耗水平、费用支出等是否合理，挖掘节能潜力，量化节能减排技改效果，进一步开展精细化能源及碳排放管理。

（3）碳排放在线监测系统整合众多技术资源，对企业节能减排技术改造工程提供咨询、设计、建设、运维的一整套服务，不断提升企业能效、降低排放水平。

（4）碳排放在线监测系统以开放式的功能架构，从基础的能耗及碳排放数据监测、大数据分析发展到后台专家库定向跟踪服务、能耗及碳排放预警、能源结构模型构建等功能模块，为区域经济低碳发展提供了最大助力。平台积极对接省市经济和信息化委员会（简称经信委）、发改委能源及碳排放管理服务系统，会同相关科研单位研发了碳交易及碳资产经营、新能源交通监管、循环资源利用等新功能模块，不仅更加贴近市场需求，还加强了平台在后“互联网＋时代”的核心竞争力。

（5）管理权限。通过现场部署的用能数据采集点，将准确的用能数据进行采集和汇总，通过预设的标准接口传送到以云计算为基础架构的后台，通过初步的数据处理后，将数据或应用通过预定义标准服务的方式进行发布，以提供给最终用户进行能耗、能效的分析和改进。同时，考虑到目前用能单位的多样性，系统专门为此建立了一套完善的权限管理体系来解决不同用户管理不同区域的能耗数据。

（6）企业碳排放在线监测系统不仅可以提供真实可靠的数据，还可作为第三方核查机构开展数据核查交叉比对的数据来源，提高碳排放报告、核查的准确性、公平性，有利于推进碳排放权交易市场活动有序开展。各级碳排放主管部门可查询管辖区域企业的实时排放情况，实现高效精准的监管，为实现我国企业控制温室气体排放、碳强度下降目标、分解落实考核指标提供更为科学的技术手段。

4.5.2 企业碳排放数据综合管理

企业作为碳排放数据产生的源头和数据流向的起点，应对所上报的数据承担主体责任，加快从被动配合完成外部核查到自主建立碳排放数据管理体系的转变，对碳排放数据进行综合管理，从而避免偏差和失误带来的不可忽视的影响和经济损失。企业对碳排放数据进行综合管理是企业确保温室气体排放量核算数据的准确性、提升温室气体管理能力的重要手段。企业在开展碳排放核算与报告工作的同时，加强碳排放数据综合管理能力，使核算和报告的碳排放数据准确性不断提高。碳排放数据综合管理工作需要参考 ISO 9001 质量管理体系的思路，从制度建立、数据监测、数据流程监控、记录管理、内部审核等几个角度着手，建立健全企业温室气体排放数据流（数据的监测、记录、传递、汇总和报告等）的管控和数据质量管理工作。

扩展阅读 4-5

（1）从管理层面上对碳排放核算和报告工作进行规范。首先在组织结构上进行保障，为此项工作指定管理机构，设置专人负责，并明确相关工作的职责和权限；制定规范性流程性管理文件，明确核算和报告工作的流程及每个节点需要完成的工作内容，对明确性的工作内容制定详细的工作方法，便于岗位人员尽快有效地完成，也有利于此项业务长期可持续进行。

（2）对排放源进行分类管理。原则上，企业对于所有排放源对应的活动水平数据和排放因子都应统一管理，严格确保数据的准确性，在实际操作过程中，排放源类别也可根据排放占比情况进行排序分级，对不同排放源类别的活动水平数据和排放因子进行分类管理。企业要充分掌握能源品种的排放情况和各单位的排放情况，进而分析变动趋势，研究能源消费结构对排放量的影响，以确保在合理范围内有效控制碳排放核算，降低报告的成本。

（3）要加强数据采集与实时监控。在能源系统监控中心部署实时数据库，与碳排放管理系统进行远程通信，实现远程数据采集、设备运行监控、对工艺生产区进行监测报警。加强对园区各建筑能源消耗及碳排放情况的自动监控和管理，保障系统的安全和经济运行。主要的监测范围包括建筑能耗、生产能耗、碳排放量、多联供系统能源转化情况等。同时要完善实时监控系统，通过客户端/服务器（client/server，C/S）模式或浏览器/服务器（browser/server，B/S）模式，显示系统当前运行状态下各项数据实时参数，方便操作人员进行监视、查看及控制。用户可以自行对其用能单位设定日、周、月能耗及碳排放上限，一旦建筑设备能源消耗接近报警阈值，平台就会通过软件、短信、邮件等形式发送警示信息，提醒用户。

（4）监测计划是确保活动水平数据和排放因子数据准确性的重要工具。企业要根据现有的监测条件，结合现有计量器具和数据管理流程，提前制订每一个排放源的监测计划，内容包括：①燃料消耗量和低位发热值等相关参数的监测设备、监测方法及数据监测要求。②数据记录、统计汇总分析等数据传递流程。③定期对计量器具、检测设备和在线监测仪表进行维护管理等计量设备维护要求。④对数据缺失的行为制定措施，将每项工作内容形成记录。

（5）建立碳数据记录管理体系。碳数据记录管理体系是在监测计划的基础上对其中所涉及的核算相关参数进行记录管理的要求。包括企业每个参数的数据来源、数据监测记录、统计工作流转的时间节点及每个节点的相关责任人。注意要在数据流转时建立审核制度，建议对于每一份记录均设置记录人和审核人，并重视数据的溯源，确保企业不会因存在多个流转环节而对数据的准确性产生影响。

（6）定期进行内部审核。在企业内部定期开展碳排放报告内部审核制度是参考体系管理的思路。通过定期自查的方式进一步确保温室气体排放数据的准确性。在选取活动水平数据和排放因子时，注意采用交叉校验的方式对同一组数据进行核对，从而识别问题点，并对可能产生的数据误差风险进行识别，提出相应的解决方案。例如，某发电企业为了满足以上要求，策划了温室气体报告数据质量管理活动，并制订了监测计划，对数据流的产生、记录、传递、汇总和报告的全过程进行管控。

（7）进行能耗公示与能耗对标。一方面，企业应在相关网站上对能耗统计结果或能源审计结果进行公示，接受监督。用户可以从平台上下载自己单位的详细用能数据，便于今后的统计分析、能源审计等。另一方面，企业应该主动将自身企业的能耗数据与同行业先进企业的能耗数据进行对比与分析，通过对年度、季度的整体综合能源数据统计与分析，掌握与同行业企业先进水平的差距，及时将工艺优化及设备改造的能耗对标有效地进行展示。

（8）实施节能监察。企业用能单位能耗数据库要全面掌握各建筑能源利用状况，实现对企业建筑生产过程中产品能耗指标、耗能设备、生产工艺、能源消费结构等的监察，并对节能法律、法规和相关标准的执行情况进行监督检查，加强节能减排管理，提高能源利用效率，对监察过程中出现问题的企业给出相应的监察意见和说明，以书面监察、现场监察等形式建立完善的节能减排监察查询系统。

课后习题

1. 简述企业碳排放管理需要遵循哪些原则。
2. 有哪些生产活动会产生碳排放？请简要说明。
3. 企业碳排放管理的基本流程是什么？

第5章

企业碳资产管理

本章学习目标：

通过本章学习，学员应该能够：

1. 理解碳资产内涵与分类。
2. 熟悉企业碳资产管理的内容与流程。
3. 熟悉和掌握企业碳资产会计处理方法。
4. 了解碳配额分配方法。
5. 了解CCER开发与管理的方法与规范。

2022年7月4日，岳阳林纸股份有限公司发布公告，其全资子公司湖南森海碳汇开发有限责任公司与甘肃会宁通宁建设发展有限公司签署了《温室气体自愿减排项目林业碳汇资源开发合作合同》，合同标的为甘肃省白银市会宁县100万亩林业碳汇开发项目。

5.1 碳资产的内涵与分类

5.1.1 碳资产的概念

在全球应对气候变化的大背景下，温室气体排放的活动要受到制约，二氧化碳的排放权变得稀缺，并成为一种有价的产品。欧盟根据议定书的减排任务将指标分解到主要温室气体排放行业和企业，于2005年启动了欧盟碳排放交易体系（European union emisson trading scheme，EUETS），此后碳排放权交易作为一种有效的市场减排机制被逐渐认可，并在全球各个区域陆续启动，碳市场的出现使碳排放配额和碳减排信用具备了价值储存、流通和交易的功能，从而催生了"碳资产"。对碳资产的定义一般是由碳排放权交易机制产生的新型资产，主要包括碳配额和碳信用。

从会计计量的角度看，企业拥有的碳资产一般符合无形资产的特征，无形资产在进行确认时要同时满足两方面的条件，即与该无形资产有关的经济利益很可能流入企业及该无形资产的成本能够被可靠地计量。在会计准则下的碳资产就可以表示为在低碳经济领域由企业过去的交易或事项形成的、由企业拥有或控制的、预期会给企业带来经济利益的碳排放权及其他形态减排相关资源，主要包括碳排放权、碳固资源及企业为实现节能生产或提供节能减排业务而持有的相关具有固定资产、无形资产等形态的资产。

从经济学角度来看，碳资产是在低碳经济领域中具有价值属性的对象身上体现或潜藏的可能适用于储存、流通或财富转化的有形和无形资产。它涵盖当前和未来的资产，还包括清洁发展机制（clean development mechanism，CDM）资产和一切由于实施低碳策略而产生的增值，碳资产在经济学角度的定义主要体现在碳资产是在低碳经济领域中，与碳减排相关的整个系统都具备一定价值的有形资产和无形资产的统称。

从宏观层面上看，碳资产是由碳吸收和减少温室气体排放而产生的一系列有价值的活动。从微观层面上看，碳资产是指特定主体拥有或控制的、不具有实物形态、能持续发挥作用且能带来经济效益的资源，是碳交易市场的客体，如碳交易衍生产品、碳排放权产品等。

5.1.2 碳资产的特征

碳资产的特征依赖于狭义的碳排放权资产，区别于企业的一般资产，如企业的存货、应收账款等，碳排放权资产同时具有存货、无形资产和金融资产的多种特征，从而形成碳资产的稀缺性、消耗性等特点，并兼具金融属性和商品属性。

1. 稀缺性

根据稀缺资源理论的观点，一种资源只有在稀缺时才具有交换价值。碳资产作为一种环境资源，随着社会对温室气体排放的日益重视，其稀缺性日益显露，随着全国碳排放权市场的建立完善，碳资产在碳交易中的价值逐渐得到社会的肯定。碳资产的价值在于可以通过直接和间接两种方式产生经济利益。直接产生经济收益是指通过直接在市场上进行交易的方式换取经济利益的流入，目前这种方式已经在世界各地得到发展，相关交易物有碳排放权、碳减排量等，随着碳交易制度的不断完善和发展，碳资产的市场交易会更加活跃、品种会更加齐全。间接产生经济收益是通过间接参与生产过程的方式，间接产生经济利益的流入。在特定制度下，碳资产会作为企业正常生产的一项必要条件，同企业的其他资源如厂房、机器、原材料、工人等一起发挥作用，使企业通过生产经营活动而获利。

2. 消耗性

碳资产的最终用途是在生产中被企业消耗，这里的消耗性包含了两种途径，一种是控排企业所拥有的碳配额在履约机制中直接被持有企业所消耗，另一种是通过在碳市场交易后所获得的自愿减排量或碳配额被其获得方企业所消耗。碳资产作为一种环境资源，消耗性是它的一种本质属性。

3. 投资性

在具有活跃的碳交易市场的情况下，将碳资产在碳交易市场上进行交易以换取经济利益的流入，是其投资性的表现，因此使碳资产具有金融资产的一些特点。在欧美等发展较成熟的碳排放交易市场，可以进行碳资产的相关投资性交易，并有具体的定价机制。在美国的产权法中，还赋予了碳排放权等同于金融衍生工具的地位，且允许其以有价证券的方式在银行进行存储。目前，我国全国性的碳排放权交易市场已基本建立，在全国碳排放权交易机构成立前，由上海环境能源交易所股份有限公司承担全国碳排放权交易系统账户的开立和运行维护等具体工作，碳资产的投资性逐渐体现出来。

4. 风险性

由于碳资产交易机制的特殊性，企业在将拥有的盈余配额或CCER进行置换交易时，会存在政策风险、市场风险、流动性风险等影响，同时企业在利用碳资产进行融资和投资交易时（如开展碳债券、碳配额抵押等方式的融资活动和碳期货、碳期权和CCER开发等投资活动）也会存在市场和交易风险，这就使得碳资产在具备一定金融属性的基础上，在交易市场中承受了来自各方面的风险。

5.1.3　碳资产的分类

根据碳市场交易的客体不同，可以将碳资产分为碳交易基础产品和碳交易衍生产品。

1. 碳交易基础产品

碳交易基础产品也称碳资产原生交易产品，包括碳排放配额和碳减排信用额。碳排放配额是主管部门基于国家控制温室气体排放目标的要求，向被纳入温室气体减排管控范围的重点排放单位分配的规定时期内的碳排放额度。碳减排信用额是项目主体依据相关方法学开发温室气体自愿减排项目，经过第三方的审定和核查，依据其温室气体减排量化效果所获得签发的减排量。

2. 碳交易衍生产品

碳交易衍生产品主要集中在碳金融及创新产品中，随着全国碳交易市场的启动，越来越多的碳金融产品出现在市场中。从近年试点地区的碳金融产品发行情况来看，其主要集中于碳资产售出回购、碳资产质押、碳资产拆借、碳资产托管、碳掉期与碳期权等。

5.2　企业碳资产管理的内容与流程

5.2.1　企业碳资产管理内容

1. 企业碳资产调配管理

2021 年 7 月 16 日，全国碳排放权交易市场上线交易启动仪式在北京举行，全国碳市场的碳排放权注册登记系统由湖北省牵头建设、运行和维护，交易系统由上海市牵头建设、运行和维护，数据报送系统依托全国排污许可证管理信息平台建成。全国碳市场第一个履约周期为当年全年，纳入发电行业重点排放单位 2162 家，覆盖约 45 亿 t 二氧化碳排放量，是全球规模最大的碳市场。全国碳市场的成功组建，成为制造业重点碳排放企业减少碳排放的有效政策性工具。

表 5-1 反映近年国内试点地区的碳交易价格。与全球主要碳市场相比，我国碳交易价格远低于各国的碳交易价格。对比海外，我国从碳达峰到碳中和仅 30 年，减排任务十分艰巨，预计碳达峰后配额总量将加速大幅收紧，目前随着全国统一的碳排放权市场启动，我国的碳交易价格有望进一步上升，这将加大纳入碳市场的控排企业的减排压力，在控排企业未能完成碳配额履约的情况下，通过参与碳交易市场购买配额履约或购买 CCER 进行抵消履约。随着碳配额价格的上升，投资并开发 CCER 项目成为部分控排企业在进行企业碳资产管理时的一种重要的管理业务。

表 5-1　全球碳市场交易价格表

国家/地区	碳交易价格（货币/ t CO_2）	备注
中国	30 元/t	此价格为国内 8 个碳交易市场均价
欧盟	42 欧元/t	
美国	10～20 美元/t	加州市场价格约为 20 美元/ t
韩国	10～20 美元/t	

2. 企业碳资产增值管理

碳资产增值一般有交易和金融两种手段，碳交易增值主要通过“高抛低吸”操作，即对碳市场的交易价格进行监测，适时买入碳配额或 CCER 资产再出售赚取差价。而碳金融相对多样化，与传统金融、实物资产的管理相同，碳资产可以通过运用碳金融工具实现保值增值，以及将资产变现，获得资金并用于扩大生产或投资增值。碳金融主要包括交易工具和投融资工具两大类。其中交易工具包括碳期货、期权远期和掉期等；投融资工具包括碳资产托管、拆借、碳资产质押贷款、碳资产售出回购、碳债券、碳资产支持证券和碳基金等。其中，在近年的试点碳交易市场中最为常用的手段是 CCER 和碳配额的置换，可直接为企业实现低成本履约及碳资产增值。

对控排企业而言，碳排放权期货能提供较为明确的碳价预期和碳价波动风险管理工具，降低转型升级压力。企业可以利用碳排放权期货管理风险，提前锁定碳成本，安排自身排放项目的节能技术改造或市场交易。目前，我国的碳交易市场基本都是现货交易。碳排放权现货市场采用的是一对一的全额交易机制，碳价的形成不够透明，不利于控排企业等市场主体管理及控制碳价波动风险，对于金融机构来说，现货交易机制透明度不够、流动性不足、资金占用成本高，容易衍生风险。而碳排放权期货实质上是一种以碳买卖市场的交易经验为基础、以碳排放权为标的、将碳排放权交易与期货相结合、为应对碳市场风险而衍生的一种金融产品。碳排放权期货作为一种期货产品，具备价格发现、规避风险、套期保值等功能，比现货市场更为丰富且是现货市场的有力补充。企业需要进一步关注全国碳交易市场建设情况，组织企业参与碳期货交易，完成碳资产的保值增值。

5.2.2　企业碳资产管理流程

建立健全企业碳资产管理体系对于企业完成减排目标、降低减排成本至关重要。企业碳资产管理体系是指以企业整体为管理边界、以企业统一管理为核心、以专业碳资产管理机构为驱动，构建辐射至各级企业和组织的碳资产管理网络。在企业组织层级设置碳资产管理专业部门与专业公司对接，结合企业生产的具体情况，向项目级层面乃至设备级层面做出内部管理延伸，向企业外部的碳市场外部参与方（如碳市场管理机构、交易参与方、第三方审核方等）层面做外部管理延伸。建立从生产流程控制、人才队伍建设、组织制度完善、交易过程管理到体系监督考核一系列的完整管理体系。通过对企业碳资产的全生命周期管理，建立科学决策流程，结合企业战略，将碳资产有计划、有步骤、有指向地投入碳交易体系，选择优势策略参与碳市场价格博弈，通过深度参与碳市场活动切实开展碳减排行动，承担企业社会责任，确保完成国家层面的“双碳”目标。碳资产管理流程如图 5-1 所示。

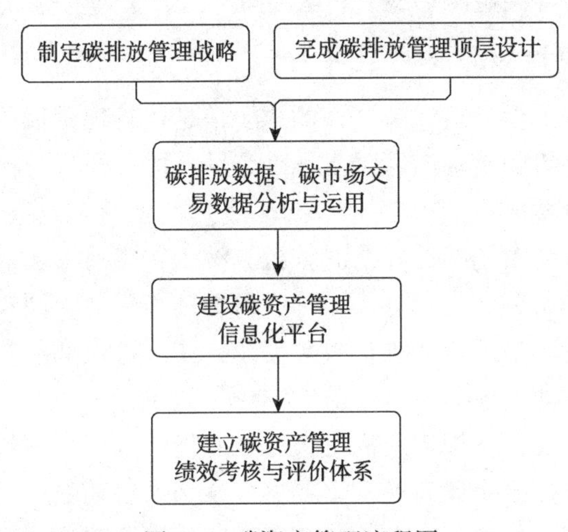

图 5-1　碳资产管理流程图

1. 制定碳排放管理战略

在碳交易市场中，成熟的碳排放管理直接关乎控排企业的日常经营成本收益，同时关乎企业碳减排收益及企业整体的碳资产平衡、碳履约成本和碳管理效益，在更深层面上可关乎能源转型、可再生能源配额制、节能技改、发展理念、发展战略等，因此要合理制定企业碳排放管理专项规划和战略，以企业的实际排放数据和控排能力为切入点，积极将合理有序的碳排放管理计划融入整体发展战略中，实现企业的减排目标。

2. 完成碳排放管理顶层设计

碳排放管理具有集中化管理的特点，特别需要企业进行自上而下的统一管理并完成顶层设计，其内容包括组织机构建设、规章制度建设、工作机制建设等。组织机构建设主要是明确主管机构及参与部门职能，建立总公司、分子公司、电厂、CCER 项目单位、碳资产管理公司等的职能定位和职责划分。规章制度建设主要包括碳排放管理的相关政策、办法、制度等。工作机制建设主要包括各项工作流程、程序、标准、规范等。通过碳排放管理顶层设计，建立“统一规划、统一核算、统一开发、统一交易、统一资产管理”的碳排放管理体系。

3. 碳排放数据、碳市场交易数据分析和运用

碳市场配额分配的基础性数据来自各已纳入碳市场企业的排放数据，深入挖掘企业排放数据，全面分析、深刻总结、发现规律，发现数据异常和背后的实际问题，可以为控排企业碳排放管理的顶层设计提供直接依据。通过结合排放数据，根据配额分配方法测算企业在未来履约时配额缺口情况，提早预判形势、采取对策，为企业优化产能结构、节能技术改造乃至发展战略提出建议，在最大程度上保障电力企业在碳市场建立后的履约工作，实现电力企业配额和 CCER 交易效益最大化。同时，研究推动碳资产管理和碳金融创新，充分利用碳资产和碳交易的内在金融化属性，积极探索碳债券、碳质押、碳借贷、碳托管、碳期货等碳金融形式，可为企业碳资产管理创造更高附加值。

4. 建设企业碳资产管理信息化平台

碳资产管理信息化平台是企业碳资产的重要信息化管理手段之一。建立碳资产管理信息系统，有利于提高集团碳资产管理水平，帮助集团公司履行社会责任，降低履约成本，实现碳资产价值最大化。

根据近年来各地区碳市场的试点情况分析，纳入碳交易市场的电力企业涉及碳排放数据管理、碳资产管理、碳交易管理、减排项目管理等环节，同时企业上级部门还需要碳管理的决策分析支持。虽然依托碳排放数据统计体系可以部分实现上述管理需求，但涉及的信息量巨大，数据来源众多。建设 “排放、减排、资产、交易、决策”五位一体的碳管理信息化平台，可以从根本上满足大型企业集团全面、高效、准确的碳排放管理需求。因此，对于大型控排企业来说，需要尽早规划和启动碳资产管理信息化平台建设工作，利用碳资产管理信息化平台对不同地区企业的大量碳排放和碳资产数据进行统计和分析，将碳资产管理贯穿于集团的一体化经营模式中，以提升自身的核心竞争力。在系统设计上，可以利用网络信息技术架设区域企业碳资产管理信息平台，同时利用电力企业已有的实时采集系统，与碳资产管理信息平台对接，实时记录、监控、查询碳排放活动数据。在实现信息交互的同时，建成完整的企业碳资产数据库系统，在条件允许时将信息平台与区域碳交易系统挂钩，对碳资产交易行情等市场信息进行实时获取和分析，辅助企业实施碳交易行动。系统可定期生成排放分析报告，为企业决策提供数据与市场分析支撑。

5. 建立碳资产管理绩效考核和评价体系

碳交易市场机制是机制体制的创新，在实践中经不断创新、反复完善才能建立切实可行、行之有效的碳交易市场机制。因此，作为碳交易市场机制建设和运行的重要参与者，企业必须持续开展能力建设，在人才培养、资本储备等多方面做好能力建设的保障，

致力于构建长效能力建设机制，注重提高企业对碳交易和绿色低碳发展的认识和企业碳排放管理、碳资产管理的能力及专业化队伍培养，注重提高开展碳交易能力建设的积极性和成效，注重为建设全国碳交易体系营造良好的社会环境和氛围，使得企业在完成自身控排目标的同时也能成为碳市场建设的重要贡献者和引领者。

扩展阅读 5-1

企业为确保完成各项碳资产管理计划，还应主动建立全面的碳指标考核体系。由专业公司和辅助集团公司制定碳排放及管理目标，结合其他相关目标指标，形成“集团公司、区域公司、基层工厂”的层层考核体系，并与企业经营指标挂钩，计入企业绩效考核。

5.3　企业碳资产会计处理方法

5.3.1　企业碳资产会计计量

1. 碳资产的计量属性

会计计量是用货币数额来确定和表现各个资产项目的获取、使用和结存。碳资产会计计量的主要问题是碳资产计量属性的问题。碳资产计量属性的选择取决于将碳资产划分为何种资产类别，主要类别有三种：历史成本计量、可变现净值计量和公允价值计量。

历史成本计量属性是财务会计资产计价所使用的传统属性。历史成本又称实际成本，就是取得或制造某项财产物资时所实际支付的现金或其他等价物。虽然在碳资产的购买日，该项资产的历史成本是有凭证为依据的，是可信的，但是在碳交易市场中碳资产价格经常波动的情况下，相同的碳资产在不同日期的取得成本会有很大差异，如果维持历史成本记录，将会使资产负债表上的碳资产价值汇总失去可比的基础，合计数就变得难以解释。

可变现净值是指在正常生产经营过程中，以预计售价减去进一步加工成本和销售所必须的预计税金、费用后的净值。在可变现净值计量下，资产按照其正常对外销售所能收到现金或现金等价物的金额扣减该资产至完工时估计将发生的成本、估计的销售费用及相关税金后的金额计量。碳资产采用可变现净值计量主要是为了将碳资产确认为存货。

公允价值是指在公平交易中，熟悉情况的交易双方自愿进行资产交换或债务清偿的金额。在公允价值计量下，资产和负债按照在公平交易中熟悉情况的交易双方自愿进行资产交换或者债务清偿的金额计量。采用公允价值计量的一个前提条件是碳资产的公允价值能够从市场中得到，基于合理的市场预期。

基于以上对历史成本、可变现净值与公允价值的分析，单一的历史成本计量虽然能够可靠地计量企业有偿购得的碳资产，但是在计量无偿取得碳资产方面不尽如人意。而选择可变现净值和公允价值的其中之一进行碳资产的期末计量又不能满足不同类型企业对于碳资产的计量要求。因此，应当对碳资产的会计计量采取多重计量属性，企业可以根据自身的实际情况进行合理选择。

2. 碳资产会计处理

我国碳市场还处于初期建设阶段，国家层面对于如何处理碳资产相关的会计问题还没有给出明确的处理办法或准则，碳会计制度的建立还在起步阶段。依据现有的会计准则，目前对于碳资产的处理大部分都集中在现有会计科目的存货、无形资产、交易性金融资产等。2016 年 9 月，我国财政部针对碳会计问题，发布了《碳排放权交易试点有关会计处理暂行规定（征求意见稿）》，旨在规范试点地区控排企业碳资产的会计处理方法，并为将来全国碳市场的会计处理做好准备工作。2019 年 12 月 16 日，财政部发布《关于印发〈碳排放权交易有关会计处理暂行规定〉的通知》，要求重点排放企业于 2020 年 1 月 1 日起实施。如表 5-2 所示反映了目前碳资产会计处理的几种方式。

表 5-2　碳资产会计处理方式

无形资产	存货	金融资产	碳排放权资产
碳排放权不具有实体形态，且能够用于转移、出售，出售时能为企业带来经济利益的流入	碳排放权视为企业日常生产经营活动中必须耗用的资源，且碳排放权最终服务于产成商品并销售获利	碳排放权兼具无形和可交易的属性，且其碳排放信用、碳排放证券、碳期货等衍生品正逐步被开发	《碳排放权交易有关会计处理暂行规定》：重点排放企业应当对有偿获得的碳排放配额在碳排放权资产科目中进行确认和计量

1）碳资产归属于无形资产

根据《企业会计准则第 6 号——无形资产》，无形资产是指企业拥有或控制的没有实物形态的可辨认非货币性资产。如果配额或 CCER 被企业用于履约，那么被确认为无形资产是可行的，而如果是企业从外部购入的配额或 CCER 且将来用于交易，将其记为无形资产可能不太符合会计准则的相关定义，原因是无形资产一般使用年限较长且属于非流动性资产，而配额或 CCER 往往用于每年度的履约或相对频繁地在市场当中交易，流动性相对高于传统的无形资产计量方面，政府发放的免费配额和企业购入的配额或 CCER，其初始计量宜从实际情况出发分别考虑。若企业将免费配额看作是变相的政府补助，根据《企业会计准则第 16 号——政府补助》，免费配额为非货币性资产，应按公允值或名义金额计量并确认递延收益。而企业从外部购入的配额或 CCER，为考虑成本应以历史成本计量。进行后续计量时，由于配额或 CCER 不会随时间变化而出现损耗，因此无须进行摊销。

2）碳资产归属于存货

目前已有很多控排企业选择将碳资产按存货入账，《企业会计准则第 1 号——存货》中定义，存货是指企业在日常活动中持有以备出售的产成品或商品、处在生产过程中的在产品、在生产过程或提供劳务过程中耗用的材料和物料等。按其属性来讲，碳资产符合存货的部分定义，即属于企业在生产终端产品过程中所需要消耗的一种原料，但和一般生产资料不同的是，企业可以先排放再购入所对应的配额或 CCER，而且可以在企业之间进行交易。然而，将配额或 CCER 等碳资产记为存货所存在的一个显著问题是，即使配额或 CCER 以待出售，但是买卖配额或 CCER 并不是企业的日常活动，尤其是部分企业仅在临近履约期才购入配额或 CCER 用于履约。另外，配额或 CCER 并没有实物形态，因此是否将其记为存货还有待商榷，并不完全满足确认为企业存货的条件。在计量方面，按照存货科目的要求，初始计量按成本计价，期末计量则比较成本与可变现净值以“孰低”原则计量。在 CDM 交易活跃时期，有不少企业选择将 CCER 记为存货，理由是减排量是由于执行出售合同而存在的，企业开发出来的 CCER 最终是为了出售，而这符合存货的定义，因此可以在初始时按历史成本计量为存货。

3）碳资产归属于金融资产

从交易目的考虑，企业可以将碳资产记作金融资产。企业持有的配额或 CCER 不管是免费还是其他方式购得，如果这些配额或 CCER 短期内会被出售或最终目的是出售，则部分符合按照金融资产入账的要求。目前，依照财政部 2006 年发布的《企业会计准则第 22 号——金融工具确认和计量》，可以将带有出售或回购目的的配额或 CCER 记作以公允价值计量的交易性金融资产。根据相关定义，能够将资产划分为交易性金融资产或负债的条件之一是取得该金融资产或承担该金融负债，其目的主要是近期出售或回购。因此带有这一性质的配额或 CCER 可以被确认为交易性金融资产并以公允价值计量。

4）碳资产归属于碳排放权资产

根据财政部发布的《关于印发〈碳排放权交易有关会计处理暂行规定〉的通知》，要求重点排放企业于 2020 年 1 月 1 日起实施。其中规定的会计处理原则是，重点排放企业通过购入方式取得碳排放配额的，应当在购买日将取得的碳排放配额确认为碳排放权资产，并按照成本进行计量。重点排放企业通过政府免费分配等方式无偿取得碳排放配额的，不作账务处理。重点排放企业应当设置“1489 碳排放权资产”科目，核算通过购入方式取得的碳排放配额。

5.3.2　企业碳配额会计处理

1. 碳配额会计分录要求

“碳排放权资产”属于流动资产，借方发生额表示企业碳排放配额的增加，但仅包括通过购入方式取得的碳排放配额，不包括通过政府免费分配等方式无偿取得的碳排放配额；贷方发生额表示企业因使用、出售、自愿注销而减少的碳排放配额，仅包括通过购入方式取得的碳排放配额的减少，不包括通过政府免费分配等方式无偿取得碳排放配额的减少。该科目期末余额一般在借方，表示企业尚未使用的碳排放配额。“碳排放权资产”明细账不仅是借贷余三栏账，还是数量金额账，这就意味着其借方、贷方和余额均有数量、单价和金额。

企业购入碳排放配额时，在按照购买日实际支付或应付的价款，包括交易手续费等相关税费，借记“碳排放权资产”，贷记“银行存款”“其他应付款”等，无偿取得碳排放配额的，不作会计处理。

企业使用购入的碳排放配额履行减排义务时，应按照所使用配额的账面余额，借记“营业外支出”，贷记“碳排放权资产”，使用无偿取得的碳排放配额履约的，不作会计处理。

企业出售购入的碳排放配额时，应按照出售日实际收到或应收的价款，扣除交易手续费等相关税费，借记“银行存款”“其他应收款”等，按照出售配额的账面余额，贷记“碳排放权资产”，按其差额，贷记“营业外收入”或借记“营业外支出”；企业出售无偿取得的碳排放配额时，应按照出售日实际收到或应收的价款（扣除交易手续费等相关税费），借记“银行存款”“其他应收款”等，贷记“营业外收入”。

企业自愿注销购入的碳排放配额时，应按照注销配额的账面余额，借记“营业外支出”，贷记“碳排放权资产”；企业自愿注销无偿取得的碳排放配额时，不作会计处理。

2. 碳配额的披露与列示

“碳排放权资产”科目的借方余额在资产负债表中的“其他流动资产”项目列示。重点排放企业应当在财务报表附注中披露下列信息：列示在资产负债表“其他流动资产”项目中的碳排放配额的期末账面价值，列示在利润表“营业外收入”项目和“营业外支出”项目中碳排放配额交易的相关金额，与碳排放权交易相关的信息（包括参与减排机制的特征、碳排放战略、节能减排措施等），碳排放配额的具体来源（包括配额取得方式、取得年度、用途、结转原因等），节能减排或超额排放情况（包括免费分配取得的碳排放配额与同期实际排放量有关数据的对比情况、节能减排或超额排放的原因等）。碳排放配额变动情况披露表格式参照表 5-3。

表 5-3　碳排放配额变动情况披露表

项目	本年度		上年度	
	数量/t	金额/元	数量/t	金额/元
1. 本期期初碳排放配额				
2. 本期增加的碳排放配额				
（1）免费分配取得的配额				
（2）购入取得的配额				
（3）其他方式增加的配额				
3. 本期减少的碳排放配额				
（1）履约使用的配额				
（2）出售的配额				
（3）其他方式减少的配额				
4. 本期期末碳排放配额				

5.3.3　企业 CCER 项目会计处理

由表 5-4 可见，CCER 项目开发的不同阶段具有不同的业务流程和业务特点，其核算内容存在明显的阶段性区分，需要有针对性地进行分步骤、差异化核算。

表 5-4 CCER 项目的开发流程及对应核算方式

阶段	CCER 开发流程	核算内容
前期准备	项目评估、项目文件设计、项目审定及备案	按实际发生的费用支出，计入“碳排放权资产开发——费用化支出（CCER）”，期末结转至管理费用
项目落实	项目开发、监测、第三方核查及向有关机构进行 CCER 备案	在费用发生时计入“碳排放权资产开发——资本化支出（CCER）”,在获得经备案的“国家核证自愿减排量(CCER）”之后，按实际发生成本，形成“碳排放权——非法定碳排放权（CCER）”
后期管理	按经营需要安排 CCER 的自用、出售或注销	公允价值的变动计入“公允价值变动损益”科目；企业在选择自用或出售 CCER 时，需要对“碳排放权——非法定碳排放权（CCER）”进行核销并确认处置损益

1. 前期准备阶段

该阶段的开发投入将来是否能够转入正式开发，以及是否能够形成碳排放权资产等后期结果，均具有较大的不确定性。因此，在前期准备阶段发生的支出应全部予以费用化，计入“碳排放权资产开发——费用化支出（CCER）”，期末转入“管理费用”。若对接《碳排放权交易有关会计处理暂行规定》，则转入“营业外支出”。即在发生费用支出时，借记“碳排放权资产开发——费用化支出（CCER）”，贷记“银行存款”（或“其他应付款”）；在期末结转时，借记“管理费用”（或“营业外支出”），贷记“碳排放权资产开发——费用化支出（CCER）”。

2. 项目落实阶段

在这一阶段主要进行的工作包括项目的实施与监测、减排量的核证及国家核证自愿减排量（CCER）备案等。相较于前期准备阶段，这一阶段的项目实施等工作很可能会促成碳排放权资产的形成，其投入构成资产的价值实体。并且在获得 CCER 的备案后，企业可以自行使用或在碳市场上进行出售，因而在这一阶段发生的能够可靠计量的支出，如项目实施的材料费用、劳务成本、采用规定的方法学对减排量的监测费用等，应予以资本化，在发生时计入“碳排放权资产开发——资本化支出”科目，即借记“碳排放权资产开发——资本化支出（CCER）”，贷记“银行存款”（或“其他应付款”）；最终将这一成本内容归集到非法定配额部分的碳排放权资产，即借记“碳排放权——非法定碳排放权（CCER）”。若是考虑对接《碳排放权交易有关会计处理暂行规定》，则应借记“碳排放权资产——CCER”，贷记“碳排放权资产开发——资本化支出（CCER）”。

3. 后期管理阶段

企业在经过前两个阶段的一套开发流程并最终获得 CCER 后，进入对非法定碳排放权资产的后续管理阶段。在这一阶段，企业主要进行对非法定碳排放权的后续计量以及处置的会计核算。在持有期间，企业需按照公允价值进行后续计量。当公允价值上升时，借记“碳排放权——非法定碳排放权（CCER）”，贷记“公允价值变动损益——碳排放权资产公允价值变动”。当公允价值下降时，则做相反的会计分录。在处置方法上，企业可以基于不同管理情境选择将其出售或自用。若考虑对接《碳排放权交易有关会计处理暂行规定》，则应借记“碳排放权资产——CCER”。但其中没有提及公允价值调整的问题。

在企业未发生超排的情形下，企业可将CCER放在碳市场上出售，在会计核算上需要将出售的非法定配额部分的碳排放权资产进行核销，并确认处置损益。当企业将CCER对外出售时，应当按实际出售的价款扣除相关税费确认为收入，将相关税费确认为“应交税费——碳排放权管理费”。即借记“银行存款”，贷记“碳排放权资产——非CCER”“应交税费——碳排放权管理费”“营业外收入”。

在发生超排的情形下，企业可将获得的CCER用于弥补超排量带来的法定配额的不足，以履行清缴的义务。在企业发生超排当月，两个对应账户“碳排放权——法定碳排放权”和“应缴碳排放权——法定配额义务”已核销至零，而对确定的超排部分，应按公允价值借记“管理费用”（若考虑对接《碳排放权交易有关会计处理暂行规定》，则为“营业外支出”），贷记“应缴碳排放权——非法定配额义务（超排）”，其表示企业现在发生了超过法定配额的碳排放行为并有责任在未来碳排放清缴前购买或开发出不低于超排额度的碳排放权。这样的核算处理可以将企业经营发生超排应负担的支出归入当期费用，而不会转移到清缴履约的下一年。因此，在清缴时，企业需动用其已开发的“碳排放权——非法定碳排放权（CCER）”，与超排后累计形成的“应缴碳排放权——非法定配额义务”进行抵销，反映企业的配额清缴活动。即借记“应缴碳排放权——非法定配额义务（超排）”，贷记“碳排放权——非法定碳排放权（CCER）”（若考虑对接《碳排放权交易有关会计处理暂行规定》，则贷记“碳排放权资产——CCER”）。账户“应缴碳排放权——非法定配额义务（超排）”只是记录超排带来的购买或开发非法定配额的责任，以及该责任在清缴时的履行过程。若企业已开发的CCER不足以弥补超排量，则企业须在碳市场中另行购买。而若CCER还有剩余，仍可在碳市场上出售。《碳排放权交易有关会计处理暂行规定》对于超排核算未做明确规定，即在超排到清缴履约前不作账务处理，而只是到清缴期需用外购碳排放配额或CCER履约时，如以CCER为例，借记“营业外支出”，贷记“碳排放权资产——CCER”。

5.4 碳配额分配方法

5.4.1 碳配额分配方法

配额分配是将配额发放到纳入碳市场的控排企业的过程，确定单个控排企业发放的配额量，主要有历史法、基准法两种方法。历史法是根据控排企业特定时段的历史排放量，确定当前配额总量，并确定逐年递减的程度，由此确定各控排企业的应得配额。基准法则是根据纳入控排行业的整体排放水平，确定一条或数条行业基准线，相应的控排企业则按照基准线确定配额发放量。

历史法也称祖父法，是根据已有的排放确定未来的排放权，是早期碳市场常用的配额确定方法。以EUETS为例，由于在气候框架协议下发达国家有强制的排放总量下降目标，通过控排企业现有的排放量确定配额量，且每年按一定比例递减，促使整体排放总量相应减少，确保碳市场在减排目标期限内有规划地完成排放总量降低的目标，主管机构对社会排放总量下降的进度有较强的掌控。但相应的，历史法也存在一定问题，例如，企业由于外部因素突然增产或减产都会影响其排放，可能造成企业获得的配额与实际排放不符，EUETS 第一期的后期因为没有预计到经济下行和产业转型导致的产量下降，导致控排企业配额数量总体供大于求，进而造成碳市场价格崩盘。

基准法一般通过行业基准排放强度核定碳配额，先对一个行业同一类型设施设定一个基于单位产品排放强度的基准值，再根据设施履约年的实际产量乘该基准值来确定配额数量。基准法适用于生产流程及产品标准化程度较高的行业，其产品单一、主要生产工艺流程相近，适合用统一行业标准进行评估。基准法的优势是对一个类型的排放设施设定基准值，相当于定义了这个类型设施排放水平的标杆值，再用碳市场的市场交易倒逼企业完成优胜劣汰的产业升级。在减少碳排放的同时，对提高能效、降低污染具有协同效应。基准法的缺点是，对于某些工艺多样、产品复杂的行业（如化工、石化）来说，用一个甚至多个行业基准都不能反映企业的实际工艺，可能会对某些企业不公平。

上述两种常见的配额分配方法，各有优缺点和适用性，需要针对控排企业情况和经济形势统筹分析和选择。全国碳市场由于要实现优化产业结构等附带目标，目前采取的是以强度控制为基本思路的行业基准法，实行免费分配。这个方法基于实际产出量，对标行业先进碳排放水平，配额免费分配且与实际产出量挂钩，既体现了奖励先进、惩戒落后的原则，也兼顾了当前我国将二氧化碳排放强度列为约束性指标要求的制度安排。对于一些不适用基准法的行业，也应当采用历史法，以控排企业的历史排放强度作为发放配额的依据，避免产量变化带来的配额发放松紧失调和市场价格动荡。

5.4.2 国外碳配额分配方法与实践

国外碳配额分配方式发展经历了从历史法向基准法过渡的阶段，国外配额分配方式主要存在拍卖、免费和两种形式的混合方式。表 5-5 展示了国外主要碳配额分配方式的优缺点和应用。

表 5-5 国外主要碳配额分配方式优缺点和应用

特点	有偿拍卖	免费	混合
优点	无须事前测算避免过多分配配额 资金收益用于减排	初期吸引力大、有利于解决碳泄漏问题	针对交易的时期和行业的特征区别对待
缺点	企业负担重	要事前核查需协调利益诉求配额相对多发	与免费类似
应用	美国区域温室气体计划（regional greenhouse gas initative，RGGI）	EUETS 东京都碳排放总量控制和交易体系（简称东京 ETS）	EUETS 第三阶段新西兰碳交易市场（New Zoaland emissions troding scheme，NZETS）

1. EUETS

EUETS 第一阶段几乎全部采用免费分配，且以历史法为主；第二阶段拍卖的比例只有 3%，其他为免费分配，历史法仍旧占据了较大比例，德国、英国等国部分采用了本国的基准法。基准法是德国第二阶段的主要分配方式，对 2003 年以前建的年排放超过 25

万t二氧化碳的能源设施和2003年以后建的所有设施均采用基准法分配配额，仅对2003年以前建的年排放小于2.5万t二氧化碳的能源设施采用历史法进行分配。EUETS第三阶段分配方式发生了大幅改变，拍卖逐步成为主要的分配方式，免费分配方式的比例逐步降低，由历史法和基准法相结合的方式改为使用统一的欧盟基准法进行分配。2013年的拍卖配额比例至少为40%，并在接下来的几年中逐步上升。

电力部门（利用废气发电和部分中东欧国家的除外）以及捕获、传输和储存二氧化碳的部门将全部通过拍卖获得配额。对于电网建设较为落后或能源结构较为单一且经济较不发达的10个成员方，欧盟提供了“减损”选择（optional derogation），允许其在第三阶段的电力部门配额从免费分配逐渐过渡到拍卖，2013年时可以获得最多70%的免费配额，比例逐年递减，到2020年时需要全部通过拍卖获得。

2. 新西兰碳交易市场（NZETS）

只有部分行业可以获得免费配额。部分种植业和受国际贸易影响或无法将成本转嫁到消费者的企业可以获得一定的免费配额，但是必须满足两个条件：有一定的贸易风险和排放强度达到标准以上。

获取免费配额资格的生产活动通过以下公式计算所能获取的配额数：

$$\text{Allocation} = [\text{LA} \times \sum \text{PDCT} \times \text{AB}]/2$$

式中，Allocation是指可得的配额数，依照公式计算；LA是指协助水平，以百分比表示并且由生产活动的碳排放强度决定，可以分为高强度协助水平（90%）和低强度协助水平（60%）；PDCT是指产品的数量，法规中有对产品进行严格的定义，计算前需要认真阅读；AB是指分配基准，基准的设定受产品碳强度的影响，数值可在法规中查询。

3. 东京ETS

东京 ETS 配额分配采用祖父原则（grandfathering），即配额分配基于设施历史排放水平，每一阶段减排目标由履约因子确定。配额计算公式如下：

排放配额＝基准排放量×（1－履约因子）×执行时期（5年）

基准排放量是2002—2007年中任意连续3年的排放平均值。第一阶段履约因子：对于集中供暖或供冷的设施，其履约因子是6%，其他设施则是8%。第二阶段履约因子：计划为17%。如果排放设施的减排成绩很好，被认定为顶级设施，其履约因子可以降低到原来的1/2～3/4。

4. 韩国碳排放市场

韩国碳排放市场主要考虑到企业的参与积极性及竞争性的影响，碳市场的配额分配将从免费分配开始，第一阶段100%免费分配，第二阶段97%免费分配，第三阶段开始低于90%免费分配。

免费配额的计算将考虑历史总量法和基准法。该比例的确定主要考虑了排放交易对国内产业国际竞争力的影响、气候变化相关国际谈判的发展动向、物价水平等因素对国民经济发展的影响等。另外，出口比例高于一定标准或因温室气体减排导致的生产成本高于一定标准的企业可以无偿获得全部排放权。排放权的分配程序为企业编制“排放权分配申请书”并向主管当局提交。

5. 美国区域温室气体计划（RGGI）

RGGI 的免费配额主要有两类，一类是早期（2006—2008 年）减排的企业可获得的早期减排配额（carbon emission allowarsce，CEA），另一类是属于补贴或奖励性质的储备配额，各州可自主规定。从第二阶段开始，不仅没有 CEA，免费发放的储备配额也将减少，因此绝大部分配额都将通过拍卖获得。

第一阶段共有 89%的配额进行拍卖，其中成功拍出的有 70%，未拍出配额中有 14%注销，5%转到下一个控制期。1%的配额以固定价格出售：10%作为储备配额（其中 4%成功发放，3%注销，3%转到下一个控制期）。每个控制期结束后，剩余的拍卖配额或储备配额由各州自行决定处置方式，有的州将其注销，有的州将其转移到下一个控制期。配额拍卖在每个季度的第三个月举行一次。2008 年 9 月进行第一次拍卖，截至 2015 年 3 月，已完成 27 次拍卖。

5.4.3 国内碳配额分配方法与实践

当前我国碳市场以免费分配配额为主，小部分配额为有偿分配，其中主要是拍卖分配。其中，全国碳市场采取行业基准线法免费发放配额，而基于企业历史数据的方法和行业基准法是试点地区两种使用最为广泛的分配方法。从初始配额分配计算方法来看，试点初期，各试点碳市场分配配额采用历史法，即根据企业过去 2～3 年的排放量和初步预测分配配额，部分地区对于数据条件较好、产品单一的行业，如电力、水泥等行业的企业分配配额采用基准法。目前，各碳试点均针对不同行业或生产过程设置不同的计算方式。具体如表 5-6 所示。

表 5-6 我国碳市场配额分配方式及方法对比

碳市场	分配方式	分配方法
深圳	97%免费分配、3%拍卖	基准法：供水行业、供电行业、供气行业。 历史法：公交行业、地铁行业、港口码头行业、危险废物处理行业、污水处理行业、平板显示行业、港口码头行业、制造业及其他行业。
北京	免费分配	基准法：火力发电行业(热电联产)、水泥制造行业、热力生产和供应、其他发电、电力供应行业、数据中心重点单位。 历史总量法：石化、其他服务业(数据中心重点单位除外)、其他行业(水的生产和供应除外)。 历史强度法：其他行业中水的生产和供应。 组合方法：交通运输行业(历史总量法和历史强度法)。
上海	免费分配、拍卖	基准线法：发电企业、电网企业、供热企业。 历史强度法：工业企业、航空港口及水运企业、自来水生产企业。 历史排放法：对商场、宾馆、商务办公、机场等建筑，以及产品复杂、近几年边界变化大、难以采用行业基准线法或历史强度法的工业企业。

续表

碳市场	分配方式	分配方法
广东	免费分配、拍卖(50万t)	基准线法：水泥行业的熟料生产和水泥粉磨，钢铁行业的炼焦、石灰烧制、球团、烧结、炼铁、炼钢工序，普通造纸和纸制品生产企业，全面服务航空企业。 历史强度下降法：水泥行业其他粉磨产品、钢铁行业的钢压延与加工工序、外购化石燃料掺烧发电、石化行业煤制氢装置、特殊造纸和纸制品生产企业、有纸浆制造的企业、其他航空企业。 历史排放法：水泥行业的矿山开采、石化行业企业(煤制氢装置除外)。
天津	免费分配	历史强度法：建材行业。 历史排放法：钢铁、化工、石化、油气开采、航空、有色、矿山、食品饮料、医药制造、农副食品加工、机械设备制造、电子设备制造行业企业。
湖北	免费分配	历史强度法：热力生产和供应、造纸、玻璃及其他建材(不含自产熟料型水泥、陶瓷行业)、水的生产和供应行业、设备制造(企业生产两种以上的产品、产量计量不同质、无法区分产品排放边界等情况除外)。 标杆法：水泥(外购熟料型水泥企业除外)。 历史排放法：其他行业。
重庆	免费分配、拍卖	行业基准线法：水泥行业的熟料生产工序、电解铝生产工序。 历史强度下降法：水泥行业熟料生产工序、电解铝生产工序之外的其他生产线/生产工序中，产品不超过两种，且每种产品同质化程度高且碳排放边界清晰，产品碳排放强度可计算且有可比性的。 历史排放总量下降法：不满足行业基准线法、历史排放强度下降法的其他生产线/生产工序，采用历史排放总量下降法分配配额。 等量法：非二氧化碳温室气体排放、生活垃圾焚烧行业、页岩气开采行业、水泥熟料生产和电解铝生产新建项目投产满一个年度前、其他新建项目投产满两个年度前、历史基准年度有两个及以上年度年累计停产天数大于或等于183天的企业。
福建	免费分配、拍卖	基准线法：电力(电网)、建材(水泥和平板玻璃)、有色(电解铝)、化工(以二氧化硅为主营产品)、民航(航空)。 历史强度法：有色(铜冶炼)、钢铁、化工(除主营产品为二氧化硅外)、石化(原油加工和乙烯)、造纸(纸浆制造、机制纸和纸板)、民航(机场)、陶瓷(建筑陶瓷、园林陶瓷、日用陶瓷和卫生陶瓷)。
全国	免费分配	行业基准线法。

根据我国碳市场发展历程及最新的分配政策，我国碳配额分配有以下特点：

（1）配额核定方法不是固定的。如深圳市行业配额分配方法2021年度发生较大变化，公交行业、港口码头行业、危险废物处理行业、地铁行业由基准强度法调整为历史强度法。北京市2022年度其他发电（抽水蓄能）、电力供应（电网）两个细分行业配额核定方法由历史强度法调整为基准值法。

（2）碳配额也不是每年固定的。每年各地会根据应对气候变化目标、经济增长趋势、行业减排潜力、历史配额供需情况等因素，调整年度配额总量。如湖北由2020年度的1.66亿t提高到2021年度的1.82亿t，上海由2020年度的1.05亿t提高到2021年度的1.09亿t；广东由2021年度2.65亿t提高到2022年度2.66亿t；深圳提高了300万t，天津则保持不变。

（3）碳排放权有偿分配是趋势。尽管在有些省市在碳配额分配方案里没有提及有偿分配，但已着手做相关准备与尝试。例如，2022 年 11 月 23 日，北京绿色交易所组织实施了北京市 2021 年度碳排放配额有偿竞价发放，共 17 家通过资格审核的重点排放单位竞价成功，成交总量 96 万 t。统一成交价为 117.54 元/t，成交总额 1.13 亿元。湖北和天津也都有碳配额拍卖的公告。

5.5　CCER 开发与管理

5.5.1　CCER 产生与发展

1. CCER 的起源

在气候变化作为我国发展的一项重要目标被提上日程的同时，欧盟经济的整体下滑导致了欧盟碳市场进入低谷期，我国政府逐渐将目光转向国内碳市场，自 2011 年以来加快布局建立国内碳排放交易市场体系，颁布了一系列建立碳市场的政策文件。其中，为了调动全社会自觉参与碳减排活动的积极性，发挥碳抵消的作用，2012 年 6 月，国家发展改革委员会发布了《温室气体自愿减排交易管理暂行办法》(简称《办法》)，按照《办法》规定，自愿减排项目是指采用国家发展改革委员会备案认可的减排项目方法学开发，并按照《办法》的规定在国家发展改革委备案登记和产生 CCER 的减排项目。

CCER 是按照国家统一的温室气体自愿减排方法学并经过一系列严格的程序，包括项目备案、项目开发前期评估、项目监测、减排量核查与核证等，将项目产生的减排量经国家发展改革委备案后产生的，同时固化为碳资产。因此，CCER 是国家权威机构核证的碳资产。

2. CCER 项目的重要意义

首先，CCER 项目有利于企业实现低成本减排。国内自愿减排机制是全国碳市场的重要组成部分，也是配额市场的补充机制，其拓宽了控排企业的履约渠道，控排企业使用 CCER 来履约可以适当降低企业的履约成本，同时 CCER 的使用能给减排项目带来一定收益，促进企业从高碳排放向低碳化发展。其次，CCER 项目有利于提升企业社会责任形象，给企业品牌建设及市场开发带来积极影响。再次，CCER 有利于活跃碳市场和盘活碳资产，起到市场调控作用。碳市场的核心目标就是通过市场手段实现低成本减排，因为 CCER 具有低成本的特性，可以通过控制 CCER 来避免市场出现碳价过高或者过低的情况，保障市场的稳定。最后，CCER 是发展碳金融衍生品的良好载体。CCER 具有国家公信力强、多元化、开发周期短、计入期相对较长、市场收益预期较高等特点，因此，CCER 具有开发为碳金融衍生品的诸多有利条件。

扩展阅读 5-2

5.5.2 CCER 项目关键要素

相对于 CDM 而言，CCER 的项目开发是 CDM 项目的中国简化版本。两者都是节能减排的项目，在项目开发领域上基本相同，方法学基本相同，开发方法和流程也基本相同。不同点是 CCER 项目的开发过程中由于不涉及过多的参与方，因此开发流程相对简单。另外在开发过程中，不涉及 CDM 项目在开工 6 个月内备案的申请条件，只要是在中国境内注册的企业都可以开发。

1. CCER 项目实施参与机构

CCER 项目开发的参与方包括项目业主、咨询机构、第三方审核机构（在国家主管部门备案的审定与核证机构）、中国自愿减排交易信息平台、国家主管部门、国家登记簿及交易机构等。CCER 项目开发流程如表 5-7 所示。

表 5-7　CCER 项目开发流程与参与主体

项目开发流程	参与主体
项目设计（咨询费用）	项目业主、咨询机构
项目审定（审定费用）	国家发展改革委指定审核机构
项目注册	国家发展改革委
项目监测（咨询费用）	项目业主、咨询机构
项目核查（核查费用）	国家发展改革委指定审核机构
CCER 签发	国家发展改革委
CCER 交易	碳排放权交易所

2. 我国 CCER 项目方法学

方法学是指用于确定项目基准线、论证额外性、计算减排量、制订监测计划等的方法指南。方法学已基本涵盖了国内 CCER 项目开发的适用领域，为国内的项目公司开发自愿减排项目提供了广阔的选择空间。自愿减排项目需满足国家规定的项目类别，同时符合发改委经过备案的方法学。2013—2016 年，国家发展改革委已在自愿减排交易信息平台上先后发布 12 批温室气体自愿减排方法学备案清单，具体来看，由 CDM 方法学转化 174 个、新开发 26 个。如表 5-8 所示，CCER 开发的主要方法学类型覆盖了风电、光伏等其他可再生能源、煤层气、余热利用、高效照明、生物柴油和锅炉改造等领域。根据最新统计，除了国家发改委发布的 12 批 CCER 方法学以外，广东、北京、四川、贵州、重庆等地区也开发了相关方法学，共计 275 项，包括电力、交通、化工、建筑、碳汇等近 40 个领域。近期，生态环境部发布《关于公开征集温室气体自愿减排项目方法学建议的函》（环办便函〔2023〕95 号），向全社会公开征集温室气体自愿减排项目方法学建议，以逐步建立完善温室气体自愿减排项目方法学体系。

表 5-8　温室气体自愿减排方法学（第一批）部分备案清单

CDM方法学编号	自愿减排方法学编号	中文名称
ACM0002	CM-001-V01	可再生能源联网发电
ACM0005	CM-002-V01	水泥生产中增加混材的比例
ACM0008	CM-003-V01	回收煤层气、煤矿瓦斯和通风瓦斯用于发电、动力、供热和/或通过火炬或无焰氧化分解
ACM0011	CM-004-V01	现有电厂从煤和/或燃油到天然气的燃料转换
ACM0012	CM-005-V01	通过废能回收减排温室气体
ACM0013	CM-006-V01	使用低碳技术的新建并网化石燃料电厂
ACM0014	CM-007-V01	工业废水处理过程中温室气体减排
ACM0015	CM-008-V01	应用非碳酸盐原料生产水泥熟料
ACM0019	CM-009-V01	硝酸生产过程中所产生 N_2O 的减排
AM0001	CM-010-V01	HFC-23 废气焚烧
AM0019	CM-011-V01	替代单个化石燃料发电项目部分电力的可再生能源项目
AM0029	CM-012-V01	并网的天然气发电
AM0034	CM-013-V01	硝酸厂氨氧化炉内的 N_2O 催化分解
AM0037	CM-014-V01	减少油田伴生气的燃放或排空并作为原料
AM0048	CM-015-V01	新建热电联产设施向多个用户供电和/或供蒸汽并取代使用碳含量较高燃料的联网/离网的蒸汽和电力生产
AM0049	CM-016-V01	在工业设施中利用气体燃料生产能源
AM0053	CM-017-V01	向天然气输配网中注入生物甲烷

5.5.3　CCER 项目开发流程

根据《温室气体自愿减排交易管理暂行办法》和《温室气体自愿减排项目审定与核证指南》，CCER 项目开发很大程度上沿袭了 CDM 的开发思路，开发流程包括项目文件设计、审定、项目备案、项目实施与监测减排量核证、减排量备案六个阶段。图 5-2 反映了 CCER 项目设计、开发和交易流程。

扩展阅读 5-3

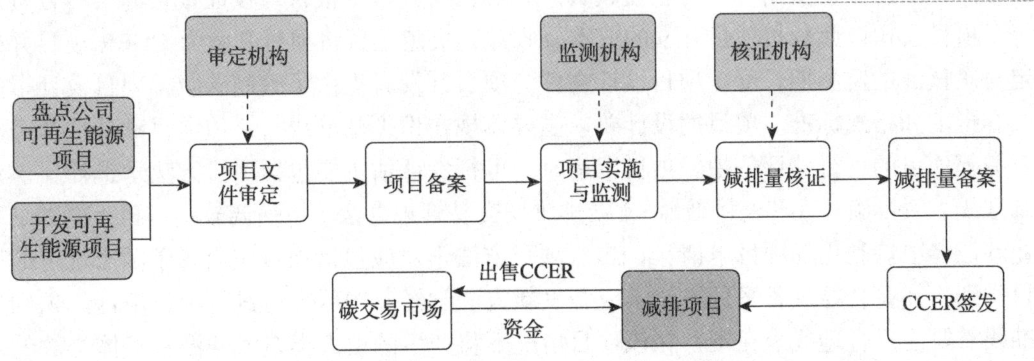

图 5-2　CCER 项目设计、开发和交易流程

1. CCER 项目申请条件

根据《温室气体自愿减排交易管理暂行办法》规定，属于以下任一类别的 2005 年 2 月 16 日之后开工建设的项目可申请备案，涉及能源工业在内的 16 个领域。

（1）采用经国家主管部门备案的方法学开发的自愿减排项目。

（2）获得国家发展改革委批准为 CDM 项目但未在联合国 CDM 执行理事会注册的项目。

（3）获得国家发展改革委批准为 CDM 项目且在联合国 CDM 执行理事会注册前产生减排量的项目。

（4）在联合国 CDM 执行理事会注册但减排量未获得签发的项目。

此外，在抵消机制中需要评估减排相对于在未实施抵消激励措施的情况下产生的减排是否是额外的。《温室气体自愿减排项目审定与核证指南》指出，除已经在联合国清洁发展机制下已经注册为 CDM 项目或所适用的方法学有特别的规定之外，应论证项目活动的额外性符合要求，主要包括以下几点。

（1）事先考虑减排机制可能带来的效益：确认项目开始时间与项目设计文件的公示时间，确认是否事先考虑以及持续寻求减排机制的支持。

（2）基准线的识别：识别项目活动可信的替代方案，确认最现实可行的基准线情景。

（3）投资分析：确定适宜的分析方法（简单成本分析方法、投资比较分析方法、基准值分析方法等）、进行基准值分析（项目全投资税后内部收益率作为基准值）、财务指标的计算与比较（比较项目全部投资内部收益率与基准值的差）。

（4）障碍分析：论证项目面临的障碍会阻止该类项目的实施，但是不会阻止至少一种替代方案的实施。

2. 项目文件设计阶段

项目开发之前需要通过专业的咨询机构或技术人员对项目进行技术评估和风险评估，判断该项目是否可以开发成为 CCER 项目，其主要依据是评估该项目是否符合国家主管部门备案的 CCER 方法学的适用条件以及是否满足额外性论证的要求。

CCER 项目的开发成本主要包括编制项目设计文件（project design document，PDD）与监测计划的咨询费用、电力企业碳资产管理及出具审定报告与核证报告的第三方费用等。项目公司以此分析项目开发的成本及收益，决定是否将项目开发为 CCER 项目并确定每次核证的监测期长度。项目设计文件为项目开发者提供了编制碳减排项目设计书的内容指南和格式标准。项目的设计要求主要体现在识别基准线、评估项目额外性及经济效益等项目的可行性评估中。项目申请时的可行性评估主要包括项目方法学选择、识别基准线、项目额外性和经济效益。《碳排放权交易管理办法》中强调鼓励可再生能源、林业碳汇、甲烷利用等项目申请 CCER。项目方法学对应包括项目应当属于国家规定的项目类别，并符合经过备案的方法学或开发新方法学经备案后方可进行项目申请。识别基准线需要注意合理代表在不存在该项目情况下将产生的由人类造成的温室气体排放的基准情景。项目额外性是要考虑非政府强制性项目或政策、政府重资金扶持项目类型，考核项目的必要性及开发前后的收益率水平变化。估算经济效益时要结合项目减排量评估、成本及收益核算、是否具备开发价值及回收期长短评定。

项目减排量的测算原理可以简易理解为项目排放与基准线排放的差值，减排量测算与项目计入期挂钩，是指项目活动相对于基线情景所产生的额外的温室气体减排量的时间区间，分为可更新计入期（7×3=21 年）和固定计入期（10 年）。图 5-3 为 CCER 碳减排测算原理示意图，即减排量=基准线排放–项目排放–泄漏排放。

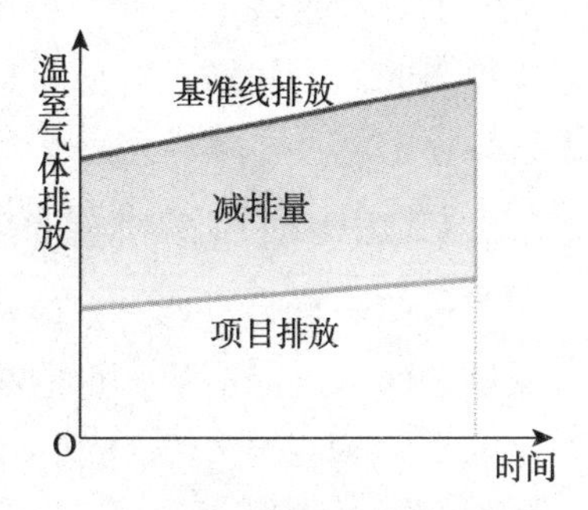

图 5-3　CCER 碳减排测算原理示意图

3. CCER 项目审定

CCER 审定核证资质的取得门槛高，仅有 12 家机构获得。《温室气体自愿减排交易管理暂行办法》指出，参与温室气体自愿减排交易的项目应采用经国家主管部门备案的方法学，并由经国家主管部门备案的审定机构审定。经备案的自愿减排项目产生减排量后，作为项目业主的企业在向国家主管部门申请减排量备案前，应由经国家主管部门备案的核证机构核证，并出具减排量核证报告。截至目前，国家发展改革委气候司共公布 12 家具备自愿减排交易项目审定与核证资质的机构。具体来看，不同的机构可参与审定和核证的专业领域有所不同，其中中国质量认证中心和中环联合（北京）认证中心有限公司以具备 15 项审定核证能力居于首位。

项目设计文件编写完成后，需要由咨询方将项目设计文件交由第三方审定机构，并在中国自愿减排信息平台进行公示，其中三类项目公示期为 7 天，一类项目公示期为 15 天。公示期结束后，需要第三方审定机构安排现场审定工作，通过对项目的文件资料以及现场与项目业主的沟通，得出审定结论，出具问题清单，编制审定报告。项目审定阶段需要提供的材料包括利益相关方调查问卷、项目事先考虑 CCER 的证据文件和项目开工时间证明文件等。

4. CCER 项目备案

相关的技术准备工作完成后需经过审定程序才能在国家主管部门进行备案申请。如果第三方审核机构经过审定后认为此项目符合自愿减排项目的审核要求，会以审定报告的形式向国家发展改革委提出项目备案申请。除此之外，公司申请 CCER 项目备案须准备和通过网络在线以及现场提交须提供的文件，包括项目备案申请函和申请表、项目概况说明、企业营业执照、项目可行性研究报告审批文件、项目核准文件、项目环评审批文件、项目节能评估表、项目开工时间证明文件、项目设计文件和项目审定报告。

国家主管部门收到项目备案申请后，会组织专家进行评估，评估时间不超过 30 个工作日；然后由主管部门对备案申请进行审查，审查时间不超过 30 个工作日。对于通过审查的项目，国家主管部门会出具项目的备案函。

5. CCER 项目实施、监测和报告

CCER 项目备案后，如果项目已经投产并运行，咨询方可以根据经过备案的项目设计文件中的监测计划，对项目的实施活动进行监测，并以监测报告的形式通过第三方核证机构在中国自愿减排信息平台上进行公示。核证公示期为 15 天。

6. CCER 项目减排量的核证

公示期结束后，第三方核证机构需要安排现场核证时间。项目核证是指第三方核证机构以书面形式保证某个自愿减排项目的活动实现了经核实的减排量。需要注意的是，对于低于 15MW 的小项目或年减排量低于 6 万 t 的项目，第三方的审定与核证机构可以选择同一家。否则核证机构需要选择有别于审定机构的其他公司进行核证。核证机构通过文件审核和现场审核的方式对项目的具体情况进行审核，出具问题清单，编写核证报告。

7. CCER 项目减排量备案

如果第三方审核机构经过核证认为此项目符合自愿减排项目的审核要求，会以核证报告的形式向国家发展改革委提出项目减排量备案申请。另外项目业主需要提供的资料包括但不限于项目减排量备案申请函和申请表、项目概况说明、企业营业执照、项目开工投产时间证明文件、项目监测报告、项目核证报告、项目备案函。如果项目通过国家发展改革委专家评审委员会的审查，则此项目可以进行减排量备案，从而完成 CCER 的完整申请备案流程。

5.5.4 国内 CCER 项目开发现状

1. 全国 CCER 开发情况

2013—2017 年国家发展改革委公示 CCER 审定项目共 2871 个，备案项目 861 个，减排量备案项目 254 个，减排量备案 5000 多万 t。其中，涉及可再生能源及再生资源板块的包括生活垃圾焚烧、填埋气利用、餐厨处理、生物质能利用、污水处理、废电回收等项目，主要划入的类别为避免甲烷排放（共 406 个项目）、废物处置（共 180 个项目）、生物质能（共 112 个项目）。

2017 年 3 月，国家发展改革委公告因 CCER 管理施行中存在温室气体自愿减排交易量小、个别项目不够规范等问题，故暂缓受理 CCER 方法学、项目、减排量及备案的申请，当时留有 592 个尚未备案的项目申请，目前生态环境部应对气候变化司正在积极制定《温室气体自愿减排交易管理办法》，未来将依据该办法受理相关申请。截至 2017 年 12 月，全国七个试点地区的项目数量分别为湖北 102 个、广东 82 个、上海 21 个、北京 13 个、重庆 14 个、天津 17 个和深圳 5 个。从 CCER 项目类别来看，第一类项目数量为 2481 个，占项目总数的 87%；第二类项目数量为 93 个，占项目总数的 3%；第三类项目数量 256 个，占项目总数的 9%；第四类项目数量 2 个，占项目总数的 1%。从公示项目

总减排量来看，CCER 项目年减排总量超过 1000 万 t 的省份有 11 个。这 11 个省份分别是：四川（2982 万 t）、内蒙古（2514 万 t）、山西（2423 万 t）、新疆（2321 万 t）、贵州（1604 万 t）、河北（1560 万、甘肃（1496 万 t）、江苏（1469 万 t）、云南（1161 万 t）、山东（1119 万 t）、湖南（1092 万 t）。从公示项目类型来看，以可再生能源项目为主的共计 2032 个，占公示项目总数的 71%，其中风电 947 个、光伏 833 个、水电 134 个、生物质能 12 个、地热 6 个。其次是避免甲烷排放类项目，共计 406 个，占公示项目总数的 14%；再次是废物处置类项目，共计 18 个，占公示项目总数的 0.6%。2023 年 10 月，生态环境部正式公布《温室气体自愿减排交易管理办法（试行）》，2024 年 1 月 22 日，CCER 时隔七年的重启仪式在北京举行，标志着国家核证自愿减排量（CCER）正式重启。

2. CCER 的发展展望

从政策上来看，当前并未明确全国碳交易市场核证减排抵消比例的量化指标。2021 年 3 月，生态环境部发布《碳排放权交易管理暂行条例（草案修改稿）》（征求意见稿）（简称《暂行条例》），《暂行条例》明确提出重点排放单位可以购买经过核证并登记的温室气体削减排放量，用于抵销一定比例的碳排放配额清缴。2021 年 1 月发布的《碳排放权交易管理办法（试行）》（简称《管理办法》）明确了其抵消比例为 5%。《暂行条例》没有明确的量化，为增加核证减排量抵消碳排放配额创造了空间，放宽了实施可再生能源、林业碳汇、甲烷利用等项目以实施碳减排。

此外，《暂行条例》重新纳入自愿减排核证机制已提上日程。《暂行条例》指出可再生能源、林业碳汇、甲烷利用等项目的实施单位可以申请国务院生态环境主管部门组织对其项目产生的温室气体减排量进行核证。2017 年 3 月，由于温室气体自愿减排交易量小、个别项目不够规范等问题，国家发展改革委暂缓受理温室气体自愿减排交易方法学、项目、减排量、审定与核证机构、交易机构备案申请。《暂行条例》重新纳入自愿减排核证机制，《温室气体自愿减排交易管理办法》有望修订，相关方法学、项目等将重新开启申请审核，为后续全国碳交易市场提供有效补充。

从建设上来看，北京将承建全国温室气体自愿减排管理和交易中心。2021 年 3 月，中共北京市委办公厅、北京市人民政府办公厅印发《北京市关于构建现代环境治理体系的实施方案》的通知，其中提到"完善碳排放权交易制度，承建全国温室气体自愿减排管理和交易中心"。生态环境部等部门在《关于加强自由贸易试验区生态环境保护推动高质量发展的指导意见》中进一步强调，"鼓励北京自贸试验区设立全国自愿减排等碳交易中心"。

从发展上来看，CCER 被纳入全球性航空业碳市场，增加了其作为国际碳市场履约产品的新属性。2020 年 3 月，国际民航组织（International Civil Ariation Organization，ICAO）批准 CCER 可用于国际航空碳抵消和减排计划（carbon offsetting and reduction scheme for international avation，CORSIA）抵消，拓宽了 CCER 的使用范围，进一步提升了审定与和核证行业空间。全球航空业发展迅猛，导致 CO_2 排放量快速增长。ICAO 指出，如果不采取措施，到 2050 年全球航空业碳排放量将增长至当前水平的 3 倍，其中国际航空碳排放是主要来源。在此背景下，2016 年，ICAO 通过了 CORSIA，形成了第一个全球性行业减排市场机制，并于 2021 年启动试运行。根据国际航空运输协会

（International Air Transport Assciation，IATA）预测，到 2035 年，如果全球主要国家都参加 CORSIA，预计航空业需要购买 25 亿 t 减排量用于抵消。

5.5.5 国内 CCER 项目开发案例分析

以垃圾焚烧项目“江苏省江阴市垃圾焚烧发电一期工程”为例，其主要采用的方法学为“CM-072-V01 多选垃圾处理方式”，其减排原理主要为通过避免垃圾填埋产生以甲烷为主的温室气体排放以及替代由化石能源占主导的电网产生的同等电量，实现温室气体的减排。

1. 项目边界确定

项目边界的空间范围是在基准线下处理垃圾的固体废物处理场、在基准线中处理有机废水的厌氧塘或污泥池和作为替代垃圾处理方案的场址、现场电力的生产和使用、现场燃料使用、项目发电厂等。项目边界确定见图 5-4。

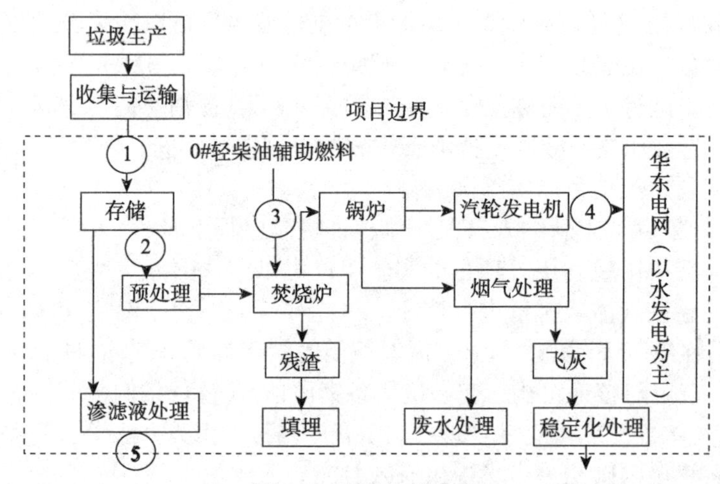

图 5-4 项目边界确定

2. 基准线识别

现有和/或新的并网电厂发电；在没有垃圾填埋沼气（LFG）捕获系统的固体废弃物处理场所（SWDS）处理新鲜垃圾。

3. 额外性

采用基准值分析方法进行投资分析，选择了项目全投资内部收益率（所得税后）为 8%来作为基准值进行投资分析，经过计算，项目全部投资内部收益率（internal rate of return，IRR）为 7.65%，低于 8%的基准值。在考虑了适当的减排收益后，项目的 IRR 有所提高，达到了 8.03%，增加了项目的财务可行性。

4. 减排量计算

（1）减排量=基准线排放量–项目排放量–泄漏量，其中基准线排放量＝SWDS 中产生的甲烷的基准线排放+单独发电的基准线排放，项目排放量=电力消耗产生的项目排放+化石燃料消耗产生的项目排放+项目边界内的燃烧产生的项目排放+排放废水管理产生的排放，泄漏量为0。

（2）判断减排量计入期采用固定的方式，固定计入期10年。通过审定，预计总减排量为93.17万tCO_2e，年均减排量为9.32万tCO_2e。

5. 监测

监测计划包含方法学中所需要监测的参数及相关描述、组织结构、监测手段、监测设备和安装要求、校验和测量要求、质量保证和质量控制及数据管理系统。某工程项目在第一监测期内（2008年3月26日至 2015年12月31日）预计的减排量为74.72万tCO_2e，实际减排量为48.28万tCO_2e，差值占审定预计值的22.76%，详情见表5-9。

表5-9　某工程项目减排量

年份	审定值（tCO_2e）				监测值（tCO_2e）				（监测–审定）/审定
	基准线排放	项目排放	泄漏	减排量	基准线排放	项目排放	泄漏	减排量	
2008/3/26~2008/12/31	76379	71724	0	4655	41800	48786	0	–6986	–22.76%
2009/1/1~2009/12/31	120682	93165	0	27517	105801	98802	0	6999	
2010/1/1~2010/12/31	147604	93165	0	54439	128841	87826	0	41015	
2011/1/1~2011/12/31	170163	93165	0	76998	126214	58665	0	67549	
2012/1/1~2012/12/31	187768	93165	0	94603	144636	67857	0	76779	
2013/1/1~2013/12/31	203586	93165	0	110421	155812	67100	0	88712	
2014/1/1~2014/12/31	216985	93165	0	123820	168942	67996	0	100946	
2015/1/1~2015/12/31	228359	93165	0	135194	179822	70021	0	109801	
2016/1/1~2016/12/31	238036	93165	0	144871					
2017/1/1~2017/12/31	246293	93165	0	153128					
2018/1/1~2018/3/25	57102	21441	0	35661					
合计	1892957	931650	0	961307					
平均值	189295.7	93165	0	96131					

课后习题

一、名词解释

1. 碳排放权
2. 碳资产
3. 碳配额
4. 国家核证自愿减排量

二、简答题

1. 碳资产的特征包括哪些？
2. 碳资产管理流程具体分为哪些？
3. CCER开发与管理的方法与规范有哪些？

第6章

企业碳交易管理

本章学习目标：

通过本章学习，学员应该能够：

1. 了解企业碳交易管理的内涵与意义。
2. 明确企业碳交易管理内容。
3. 掌握企业碳交易基本流程。
4. 了解企业碳交易策略选择。
5. 掌握企业碳交易风险控制。

我国全国性碳市场于2021年7月16日正式启动上线交易。第一个履约周期共纳入发电行业重点排放单位2162家，年覆盖二氧化碳排放量约45亿t，是全球覆盖排放量规模最大的碳市场。启动一年来，市场运行总体平稳，截至2022年7月15日，碳排放配额累计成交量1.94亿t，累计成交额84.92亿元。

6.1 企业碳交易管理背景与内涵

6.1.1 碳交易的定义及功能

碳排放权交易的概念源于1968年美国经济学家戴尔斯（Dales）提出的“排放权交易”。1997年，全球100多个国家签订《京都议定书》，将市场机制作为解决以二氧化碳为代表的温室气体减排问题的新路径，从而形成二氧化碳排放权的交易，简称碳交易。碳交易，即把二氧化碳排放权作为一种商品，买方通过向卖方支付一定金额而获得一定数量的二氧化碳排放权，从而形成了二氧化碳排放权的交易。

碳交易是排放权交易制度理论在应对气候变化领域的实践。碳交易是指以控制温室气体排放为目的、以温室气体排放配额或温室气体减排信用为标的物的交易。与传统的实物商品市场不同的是，碳交易是人为建立起来的政策性市场，其设计初衷是在特定范围内合理分配碳排放权资源，降低温室气体减排的成本。

开展碳交易有助于引导资本流动与绿色低碳转型方向一致，一方面是通过把温室气体排放的外部性内部化而为从事温室气体排放的工业行为带来额外成本，另一方面给减排投资和技术创新带来利润增加值，这样可以增加企业内部减排动力，挖掘和加强企业在低碳技术研发和应用等方面的创造力，加速减排进程。此外，碳交易为排放主体选择减排技术和途径提供了更大的灵活性和经济激励，有助于发掘减排实体的减排潜力，提高减排效率，推动淘汰落后产能和化解过剩产能，为调整产业结构提供新动能，推动企业生产转型和高质量发展。

扩展阅读 6-1

6.1.2 碳交易市场的分类

碳交易是为促进全球温室气体减排、减少全球二氧化碳排放所采用的市场机制，是我国控制温室气体排放和落实二氧化碳排放达峰目标与碳中和愿景的核心工具之一。其基本内涵是碳排放总量控制下的交易，鼓励减排成本低的企业超额减排并将其所获得的剩余配额通过交易的方式出售给减排成本较高的企业，其交易标的为二氧化碳当量（tCO_2e），交易市场称为碳市场。

根据交易形式是否具有强制性，可将碳排放权交易市场分为强制性碳排放权交易市场（或称配额市场）和自愿性碳排放权交易市场（或称减排量市场）。如果一个国家或地区政府法律明确规定了温室气体排放总量，并据此确定纳入减排计划中各企业的具体排放量，为了避免超额排放带来的经济处罚，排放配额不足的企业就需要向拥有多余配额的企业购买排放权，这种为了达到法律强制减排要求而产生的市场就称为强制性碳排放权交易市场。而基于社会责任、品牌建设、对未来环保政策变动等考虑，一些企业通过内部协议，相互约定温室气体排放量，并通过配额交易调节余缺，以达到协议要求，在这种交易基础上建立的碳市场就是自愿性碳排放权交易市场。强制性碳排放权交易市场是目前国际上最普遍的碳排放权交易市场，最初起源于为《京都议定书》中强制规定温室气体排放减排目标的国家有效提供碳排放权交易平台，通过市场交易实现减排，如EUETS、中国碳排放交易体系。

根据交易标的和交易场所，碳排放权交易的市场类型可被分为一级市场、二级市场。一级市场是发行市场，是中央政府向地方政府和履约企业分配配额的市场，其中碳配额的产生主要通过免费分配和拍卖两种途径。二级市场是交易市场，是碳资产现货和碳金融衍生产品交易流转的市场，亦是整个碳市场的枢纽。二级市场又分为场内交易市场和场外交易市场（over-the-counter market，OTC）两部分。场内交易是指在经认可备案的交易所或电子交易平台进行的碳资产交易，这种交易具有固定的交易场所、交易时间和公开透明的交易规则，是一种规范化的交易形式，价格主要通过竞价方式确定；场外交易又称柜台交易，是指在交易场所以外进行的各种碳资产交易活动，采取非竞价的交易方式，价格由交易双方协商确定。

6.1.3 碳交易市场的构成

1. 市场主体

碳市场一级市场的交易标的仅包括了碳排放配额，是中央政府向地方政府和履约企业分配配额的市场，所以一级市场的交易主体皆为履约交易主体。碳排放权交易二级市场的交易主体主要包括履约交易主体和自愿交易主体两大类。

履约交易主体是指被依法纳入碳排放权交易体系的温室气体排放主体。履约交易主体负有在履约期间，向政府主管部门提交与其实际温室气体排放量相当的碳排放配额或符合要求的 CCER 的义务，履约交易主体在碳排放权交易二级市场中，既可能是碳排放配额或 CCER 的需求方，也可能是碳排放配额或 CCER 的供给方。

自愿交易主体是指自愿加入碳排放权交易二级市场进行碳排放配额或 CCER 买卖的非履约交易主体。自愿交易主体与履约交易主体最大的区别在于自愿交易主体在履约期间，没有向碳排放权交易主管机构提交与其温室气体排放量相等的碳排放配额或 CCER 的义务，即没有强制性温室气体减排义务。自愿交易主体主要包括温室气体自愿减排项目的实施方及自愿在交易平台注册并买卖碳排放配额或CCER的企业、社会组织和个人等主体。

除了上述交易主体，碳市场的参与主体还包括银行、投资机构、个人及市场服务机构，如第三方核查机构、节能服务企业、碳资产开发企业等。

2. 交易方式

碳排放权交易市场常见的交易方式有挂牌交易、协议转让、有偿竞价。挂牌交易是指在规定的时间内，会员或客户通过交易系统进行买卖申报，交易系统按照“价格优先、时间优先”原则对买卖申报进行逐笔配对成交的公开竞价交易方式。协议转让是指交易双方通过交易系统进行报价、询价达成一致意见并确认成交的交易方式。交易所可以根据市场需要调整单笔协议转让交易的最低数量限额。有偿竞价是指由交易所统一组织的以公开竞价的形式将配额出售的交易方式。

根据国际经验，从碳排放权交易政策的实际操作看，碳排放权交易的形式可以按以下两种方式分类：是否线上交易和是否现货交易。

①根据是否线上交易分类。碳排放权交易的操作形式可以分为线上公开交易和线下协议转让。公开交易是交易参与人通过交易系统发送申报或报价指令参与交易的方式。协议转让是指符合碳排放权交易主管机构规定的交易双方，通过签订交易协议，并在协议生效后办理碳排放配额交割与资金结算手续的交易方式。根据要求，两个及以上具有关联关系的交易主体之间的交易行为（关联交易），通常规定单笔配额申报数量较大的交易行为（大宗交易）必须采取协议转让方式。

②根据是否现货交易分类，碳排放权交易可以分为现货交易和碳远期交易等碳金融交易形式。配额现货交易是最基本碳排放权交易形式，是指交易双方以已经下发的配额现货为交易标的物。碳远期交易是双方约定在将来某个确定的时间，以某个确定的价格购买或出售一定数量的碳额度或碳单位，是为了规避现货交易风险而产生。在项目启动之前，交易双方就签订合约，规定碳额度或碳单位的未来交易价格、交易数量及交易时

间。碳远期交易与碳现货的价格密切相关，定价方式有固定定价和浮动定价两种。固定定价方式规定未来的交易价格不随市场变动而变化的部分，以确定的价格交割碳排放权。浮动定价是在保底价的基础上，加上与配额价格挂钩的浮动价格，由欧盟参照价格和基础价格两部分构成。

3. 交易规则

全国碳市场交易规则制定的目标是保证碳市场价格平稳和流动性充足，通过市场机制为企业碳排放成本提供价格信号，充分发挥碳市场优化资源配置的功能，引导全社会低成本减排，促进社会经济结构和能源结构低碳转型。

扩展阅读 6-2

交易规则通常会明确交易参与人、交易品种、交易方式、交易设施、交易时间等内容，同时还会对账户开立、交易申报、异常处理、交易结算、风险管理、市场信息披露、市场监督等具体环节进行详细说明。

6.1.4 企业碳交易管理内涵

企业碳交易管理是指在碳交易市场下，企业碳管理部门基于利益最大化或成本最小化的原则对碳资产交易的管理过程，即在控排企业总体配额有盈余的情况下，以高价出售配额获取最大收益；在控排企业总体配额不足的情况下，以最低成本完成履约。企业碳交易管理要把握好以下三点。

扩展阅读 6-3

（1）企业碳交易管理目标

全国碳排放权交易市场启动后，企业主要有三条参与路径：减排、履约和缴纳违约罚金。通常政府罚金会高于交易成本和减排成本。企业碳交易管理目标就是要在多变的政策与碳市场环境中，准确降低履约成本，完成碳资产的保值增值，同时最大化地规避交易风险。

（2）企业碳交易管理基础工作

企业在碳交易管理中有两项基础工作至关重要：一是掌握减排成本的核算方式，且建立企业减排行动评估模型，对在不同的技术条件下减排项目成本合理核算；二是在企业内部减排成本与市场碳价格比对后，企业做好实施自主减排的决策，同时关注碳市场供需变化、价格走势，提前做出交易决策。

（3）企业碳交易管理风险控制

宏观经济、能源价格、配额分配规则、抵消规则、投机行为等因素都会对碳市场的价格走势造成影响，企业在碳交易管理中要注意风险控制，除了加强碳市场研究与监测外，还要完善内部碳交易管理制度，选择合适的碳交易管理人员。

6.2 企业碳交易管理内容

6.2.1 企业碳交易数据管理

真实、可靠的碳排放数据是碳交易的重要前提，因此，企业在碳交易管理中要注重自身碳数据质量，同时充分考量从碳市场中获取的碳交易数据是否合理合规。目前碳交易市场中企业碳排放数据管理主要的表现形式是企业的温室气体排放报告，主要内容是厘清企业碳盘查边界、识别关键排放源、编制碳排放报告清单，这些是企业进行碳交易管理的基础和依据。在企业参与交易前，碳交易主管部门会组织有资质的核查机构对企业完成的温室气体排放报告进行核查，确认最终的排放数据。作为参与碳交易的重要依据，企业对于排放数据的管理要建立专人专岗的责任制，对数据来源建立常态化的收集、汇总、统计机制，并配合年度核查工作，完成参与碳交易和进行碳管理的首要步骤。

6.2.2 企业碳交易资金管理

企业碳交易资金管理是碳排放权交易过程的重要环节。由于碳资产在碳市场中的交易存在很强的时效性，企业需兼顾资金的合法、合理、合规使用和碳资产的保值增值。

碳资产交易资金计划应于每年年底根据各企业实际情况纳入生产预算及资金计划，资金预算经审批后，由控排企业于每年年底编制相应交易资金计划。根据企业年度碳排放情况，预计超排的企业可测算出超排需要支出的费用，预计减排的可测算出减排的部分收益。企业可根据自身碳资产管理策略，制订相应的资金筹措和使用计划。企业可按月编制碳排放权交易资金计划表，记录碳排放权交易资金变化情况。合理的资金计划离不开对企业内部碳预算流程的管理，对企业碳预算进行合理规划能保证对碳交易资金需求的控制。

1）企业碳预算设计思路

根据对企业碳预算进行的科学设想，我们需要把碳预算过程分解为三个阶段，分别是总碳预算、生产经营预算和效果判定。首先，需要根据企业的碳配额情况对总体碳预算进行规划，其次，在产品生命周期的各阶段对预算额度进行合理分配，再次，比较各个生产环节的预算值与实际值，向总预算部门提交意见反馈报告，由总预算部门进行合理调整，最后，得到更为科学的总碳预算方案。

（1）总碳预算

总碳预算公式为

$$\text{上期的碳排放量实际额} - \text{碳排放量配额} = \text{碳排放超支或碳排放盈余}$$

$$\text{碳排放量配额} \pm \text{碳排放超支或碳排放盈余} = \text{碳排放量预算额}$$

在新的政策制度下，为了减少罚金支出，企业所有生产经营活动都将受制于获得的碳排放配额，因此，必须对企业的碳排放过程进行具体分析，进而达到总预算的平衡，从而在生产的各个环节进行有效分配。根据企业的碳预算平衡方程式，在企业首次进行碳预算设计时，既可以对利用专业碳排放测定统计生产过程中产生的碳排放量，也可以选一个参考企业（一般选择同行业中规模和生产工艺相似的企业），再对其结果进行修正，进而计算本企业初次的碳排放量。然后，对比企业按规定获得的碳配额，按照碳配额要求进行科学规划，改进企业未来的碳减排活动，即外购排放权、技术能源投入、工艺改进。

(2)生产经营预算

生产经营预算公式为

上期的碳排放量实际额 + 本期预计碳增排量 − 本期预计碳减排量 = 本期碳排放量预计额

碳排放量预算额 − 本期碳排放量预计额 = 碳排放量净额

事前环保预防成本 + 事后环境保全成本 = 本期碳减排成本

本期碳排放净额交易收入 − 本期碳减排成本 + 再资源化折算收入 = 本期碳减排净收益

企业在产品生产全周期中涉及采购、生产、销售、管理和投资五类活动，而减排活动的投入依据作用时间的不同可进一步分为事前的预防成本和事后的保全成本。在企业的改造活动开始之前，需要进行总体评估，明确具体的改造效果，同时还要符合企业的经济实力，进行科学而有效的改造。区别于原有产品生命周期过程，本文通过参考相关环境会计的资料，新增加了废物的回收环节以提升企业材料的利用率，进而降低企业碳排放量。这一阶段需要对比碳排放预算额，详细分析通过碳减排投入可以带来的碳减排效益，以获得最终的碳排放额度，进而衡量企业的整体收益或损失。

(3)反馈调整

若本期碳减排净收益≥0，判定为有效预算过程；

若本期碳减排净收益＜0，判定为无效预算，循环上述过程，或在市场允许的情况下，分步计入产品成本。

企业进行碳排放投资活动需要保证企业未来能获得收益，而不能一味地盲目投资，这个环节需要企业进行反馈调整。企业合理有效地预算的首要条件就是“净收益大于0”，因为减排投资对于企业来讲是一项巨大的负担，如果不能带来收益，就无法给企业带来竞争优势，会降低企业的市场竞争力，最终威胁到企业的存亡。

整个碳预算控制流程不仅是企业内部的管理，更包括了企业的外部控制，需要进一步明确企业的责任边界。在此过程中，可以通过相关指标进行量化，再进一步结合绩效的考评，同时弥补控制漏洞，最后完成所有流程优化设计的目标。而且，企业需要新增与碳排放相关的直接预算内容，合理地对相关成本效益进行比较，帮助企业形成碳减排理念。

2)资金结算管理

(1)资金审批

企业在完成自身的碳预算管理工作后，可根据申请交易资金数额大小情况，按照各企业财务管理制度执行审批程序。

(2)资金出入

企业完成内部资金审批程序并取得碳排放权交易项目资金后，可根据市场资金出入流程进行入金和出金操作。一般按照如下流程进行：

①入金：

第一步，企业完成交易资金内部审批，获得交易资金。

第二步，由财务人员登录网上银行进行入金操作，财务审核员负责审核，完成资金从网银端向交易端主账户的划转。

第三步，碳排放权交易员登录交易市场资金管理系统进行内部转账操作，将交易资金从结算主账户转入交易子账户即可进行买入操作。

②出金：

第一步，由碳排放权交易员登录交易市场资金管理系统进行内部转账操作，将交易资金从交易子账户转入结算主账户。

第二步，由财务人员登录网上银行进行出金操作，财务审核人员负责审核，完成资金从交易端主账户向网银端的划转即可。

上述出入金操作时间需在交易市场公布的交易时段内进行。由于市场可能存在出入金“T+1”制度，故在履约期临近结束时，企业应特别关注出入金的日期，避免由于冻结期导致未完成交易，造成未按期履约的情况。

6.2.3 企业碳交易决策管理

为适应全国碳排放权市场的建立，控排企业应及时关注企业碳交易的决策流程，在完成企业碳配额履约交易的同时，完成碳资产的保值增值。

1. 企业碳交易决策原则

根据首批纳入重点排放行业的试点地区发电企业的管理经验及实际情况，一般企业的碳交易决策流程可分为以下几步：编制年度交易方案、年度方案审批、年度方案下达、增值交易方案制定、非年度交易方案制定、决策方案执行、整理相关资料。在决策过程中应坚持统一管理原则、细化流程、重视资产增值等。

1）坚持统一管理原则

碳交易决策流程应坚持统一管理原则，由企业内部的碳资产管理部门或专业的碳资产管理公司进行统一方案的编制；集团公司集中审批，统一下达交易方案。专业的碳资产公司编制的交易方案，相较企业内部的碳资产管理部门编制的而言，可以增强交易方案的系统性、科学性，加强集团公司统一布局，减少信息不对称带来的风险，也能促进集团公司碳交易方案的统一审批和下达，可以增强基层企业的执行力，避免因执行力不足而导致缺少市场行情。

2）细化履约交易决策流程

交易决策应分为年度交易方案和非年度交易方案。年度交易方案是为满足履约工作按时按量完成的基础方案，非年度交易方案为年度交易方案的补充。由于年度交易方案的基础性和必要性，需要基层企业高度执行，且涉及大量资金的审批工作，因此年度方案需要大型集团公司做好集团审批并下达到各基层企业。各基层企业可以在配合非年度交易方案的同时，完成履约工作并降低成本。此外，年度交易方案的决策流程应于每年第三季度启动，企业应充分利用年度履约时间，避免仓促决策的情况发生。

3）重视增值交易决策流程

增值交易决策是资产保值增值的重要部分，企业应结合自身碳配额的储备情况做好碳资产的保值增值工作。例如，发电企业配额体量大，就具备很强的增值潜力。企业应充分重视碳资产增值交易决策流程，由于增值交易需要准确把握市场机会，因此在保证决策流程合法合规的前提下，应适当考虑减少审批节点，加快审批速度，迅速落实执行，使企业可以最大程度从市场中获得增值收益。

2. 企业碳交易决策流程

不同企业的组织管理模式存在差异，企业应根据自身情况建立碳排放权交易决策管理体系，明确责任与分工，做好分析决策工作，确保按时高效完成交易工作。在交易决策管理中，企业在明确和坚持交易决策原则后，对于碳交易原则和决策流程应充分考量。

1）明确交易原则

企业在碳排放权交易过程中，应首先明确并遵守不同的交易原则。①遵守市场规则原则。严格遵守国家相关政策法规和碳市场规定。②资产保值增值原则。通过相关操作实现碳资产保值增值。③成本可控原则。尽量降低发电企业碳排放权交易成本和履约成本。④风险可控原则。避免企业因不当操作引发政策风险和交易风险等情况。⑤诚实信用原则。碳排放权交易过程中应诚实守信，杜绝企业信息或排放数据造假等违反诚实信用原则的情况。

2）制定交易决策流程

企业应根据自身情况，针对集中管控、委托管理及自行管理这几种不同的交易管理模式选择审批制、备案制等形式的交易决策流程；确定各个交易执行决策与审批部门，明确各个机构或部门的工作权限、审批节点、审批时间、审批权限等职责。

一般企业开展碳交易决策应首先设置公司的碳交易管理组织机构并颁布管理制度，组织机构实时跟踪自身生产经营情况与碳市场行情，研究市场走势与相关政策，及时进行市场分析。对于交易管理部门而言，要制定交易方案（包含自身生产经营情况和年度排放情况、碳市场走势、碳市场政策、具体交易方法等），形成分析报告并上报公司决策层。公司决策层确定最终交易方案，相关部门根据决策层最终交易方案进行交易，企业年末进行年度交易工作总结分析。

3）进行碳市场分析

企业的碳排放权交易前期工作应包含对碳市场的分析，市场分析应包括交易相关数据收集、市场行情跟踪以及碳市场调研等工作。具体的市场分析工作可采用以下方式进行：①交易相关数据收集。收集企业自身配额、CCER 基本数据，进行相关产业链研究，分析市场内同行业和相关行业配额情况和 CCER 等抵消机制产品的市场情况，建立并完善相关数据库。②市场行情跟踪。每日追踪市场行情，记录相关交易对象的价格，分析价格走势。③碳市场调研。定期组织开展相关市场调研，及时了解配额与 CCER 现货市场状况，把握行业相关政策和发展趋势；④了解咨询机构报告。订阅外部专业碳资产交易价格分析与预测机构相关讯息，全面了解与价格发展趋势相关的讯息。

4）制定交易方案

企业碳资产交易方案应包括履约交易方案和增值交易方案。履约交易方案是以企业完成年度履约工作为目标编制的碳资产交易方案；增值交易方案是以企业碳资产保值增值为目标编制的碳资产交易方案。根据企业实际需求，两种交易方案可采取不同的决策流程以提升交易管理效率和质量。一份完整的交易方案应包含以下内容：①方案类型。包括履约交易方案或增值交易方案。②交易类型。包括现货交易、衍生品交易、质押、托管、互换等多种交易方法。③交易产品。主要交易产品为配额、CCER及核证的减排量等。④交易数量。根据企业配额盈缺情况及碳资产管理目标确定买入或卖出数量。⑤交易价格。综合分析碳市场供需情况，以确定合理的交易价格或价格区间，尽量降低履约成本或提高碳市场收益。⑥交易时间。为了实现自身碳资产保值增值的交易主要集中在非履约期，为了完成履约任务的交易主要集中在履约期。如果交易时间存在重叠，计划交易时间时应注意与碳交易主管部门规定的履约时间节点相协调，以免影响顺利履约。⑦交易方式。分为线上交易和线下交易，两者的交易手续费、所需的过程文件有所不同，企业可以酌情选择相应的交易方式。线上交易应每日盯市，每日开市前确定当日交易安排，交易员执行交易。线下交易（协议转让）可通过询价或招投标方式确定交易对手方和交易价格，价格形式可采用固定价或浮动价，企业应根据自身风险承受能力和市场形势选择合适的线下交易对手方和价格形式。

5）交易方案的实施

企业应按照自身的碳资产交易管理办法及企业决策层审核通过后的交易方案在碳排放权交易市场中实施碳资产交易。

6.2.4 企业碳交易账户管理

按照政府主管部门及试点地区碳排放交易所印发的管理办法及规章制度，企业应根据需求开设相应的碳排放权交易账户。控排企业开设国家碳排放权注册登记系统账户、碳资产交易系统账户，减排企业开设国家自愿减排交易注册登记系统账户。

1. 企业碳交易账户管理原则

1）规范操作

按照试点地区和不同类型企业的开户要求，企业应按时提交对应资料，确保资料的真实性与完整性，完成开户工作。开户资料中，相应联系人应确保相对稳定，账户信息需妥善保存，避免因工作交接造成账户遗失或其他损失。

2）设定权限

权限设定应遵循“与管理工作一致、风险隔离”原则。按照管理工作流程，设计账户分级管理权限，在注册登记系统中用主账户生成相应权限等级的子账户，然后将子账户分发给相应负责人。根据不同的管理模式，权限可参考以下模式进行设定。

①采用集中管控模式的企业集团，应明确账户管理机构和发电企业之间的权利义务，账户管理机构对账户实施集中管理，具备账户操作全部权限，企业应设置专人配合其完成管理工作。

②采用委托管理模式的企业应明确委托方和自身权利义务，委托方具有委托事项操作权限，企业内部应设置专人与其对接。

③采用自行管理模式的企业应在企业内部设置专人管理碳资产相关账户。

2. 企业碳交易账户的维护

1）企业碳交易账户管理内容

（1）开户与账户管理

注册登记系统为市场参与主体提供碳排放权登记账户、资金结算账户及交易账户的开立功能，并提供开户信息变更、账户注销等账户管理功能。市场参与主体开户分为四个步骤：首先，通过注册登记系统提交开户注册信息，包括名称、类别、所属行业、地址等；其次，向登记结算管理机构提交与开户注册信息一致的开户申请表及其相关证明材料，包括企业营业执照复印件、法人代表有效身份证明文件复印件、账户代表授权书等，经审核后完成登记账户开户；再次，要在指定结算银行开立银行账户，通过注册登记系统提交登记账户并与银行账户签约绑卡申请，根据结算银行要求办理签约绑卡业务，经审核后完成资金结算账户开户；最后，注册登记系统将登记账户和资金结算账户开户信息推送至交易系统，交易系统自动生成交易账户，完成交易账户开户。

（2）碳资产管理

市场参与主体可通过注册登记系统来查询注册登记系统中碳资产持有量、交易账户中碳资产持有量、碳资产持有总量及碳资产历史变动情况，并通过注册登记系统使用碳资产进行交易划转、履约、注销等。

（3）资金管理

出入金管理。市场参与主体可通过注册登记系统进行出入金操作。

资金查询。市场参与主体可通过注册登记系统查询账户余额、历史出入金详情、交易资金历史变动情况、银行卡信息等资金相关信息。

（4）业务管理

市场参与主体可通过注册登记系统账户开展碳资产托管、碳资产质押融资、碳远期、碳期权交易等碳金融业务。

（5）交易管理

当市场参与主体计划交易注册登记账户中持有的配额时，需通过注册登记系统将配额由登记账户划转至交易账户，并将持仓数据映射至交易系统以供交易。

2）全国碳排放权交易市场账户登记管理相关规定

生态环境部办公厅于2021年5月17日印发《碳排放权登记管理规则（试行）》《碳排放权交易管理规则（试行）》和《碳排放权结算管理规则（试行）》，进一步规范了全国碳排放权登记、交易、结算活动，根据《碳排放权登记管理规则（试行）》中对账户管理的规定，全国碳排放权登记主体是重点排放单位及符合规定的机构和个人，注册登记机构依申请为登记主体在注册登记系统中开立登记账户，该账户用于记录全国碳排放权的持有、变更、清缴和注销等信息。每个登记主体只能开立一个登记账户。登记主体应当以本人或本单位名义申请开立登记账户，不得冒用他人或其他单位名义或使用虚假证件开立登记账户。登记主体申请开立登记账户时，应当根据注册登记机构有关规定提供申请材料，并确保相关申请材料真实、准确、完整、有效。委托他人或其他单位代办的，还应提供授权委托书等证明委托事项的必要材料。登记主体申请开立登记账户的材料中应包括登记主体基本信息、联系信息、相关证明材料等。

6.3 企业碳交易基本流程

6.3.1 完善企业 MRV 工作机制

1. 建立 MRV 机制基本流程

最新的监测、报告、核查体系要求主要依据生态环境部办公厅印发的《关于做好 2019 年度碳排放报告与核查及发电行业重点排放单位名单报送相关工作的通知》，其中对温室气体排放核算与报告及制订监测计划、核查、复核与报送等工作任务进行了规定。一般的 MRV 机制建立主要包括选择适用的核算和报告指南、制订监测计划、监测计划审核、排放报告、排放报告第三方核查及抽查等工作。现阶段企业选择适用的核算和报告指南，主要依据《关于做好 2019 年度碳排放报告与核查及发电行业重点排放单位名单报送相关工作的通知》，其中《排放监测计划审核和排放报告核查参考指南》对企业监测计划的审核和排放报告的核查做出了详细规定。

2. 监测计划的制定

监测、报告、核查体系需要使用明确与碳排放配额分配及履约相关的量化核算标准或指南。在全国碳市场建设过程中，已经发布或应用的核算指南主要采用两种核算方法——排放因子法、物料平衡法，同时也提及了在线监测的方法。核算方法学的制定考虑不同规模企业的数据基础、知识基础、经济性及数据可获得性等因素。依据给定的核算方法，需要对不同的活动水平数据、排放因子等开展监测工作。对于同一行业制定合适的符合核算方法并满足配额分配与纳入控排企业履约等的监测计划，可以使同类企业获得相对公平的机会。

3. 排放报告的制定

温室气体排放报告是指企业作为报告主体，根据政府主管部门发布的核算指南和报告要求编写的年度排放报告，应当提交给政府主管部门。排放报告以二氧化碳当量进行统计。温室气体排放报告流程包括企业制定温室气体排放报告，交由第三方机构核查，主管部门确认或开展抽查后，最终确认排放报告。报告主体应按照对应行业的核算指南和碳排放补充数据核算报告模板的要求进行报告，补充数据表中增加了企业法人边界的温室气体排放总量、二氧化碳排放总量等数据的报告要求。

4. 排放报告的核查要求

针对排放报告的核查要求核查机构按照规定的程序进行核查，主要步骤包括签订协议、核查准备、文件评审、现场核查、核查报告编制、内部技术评审、核查报告交付、记录保存这八个步骤。核查机构对企业的排放报告的核查要求主要包括企业（或者其他经济组织）基本情况的核查、核算边界的核查、核算方法的核查、核算数据的核查、质量保证和文件存档的核查、监测计划执行的核查等方面。

6.3.2　构建企业碳交易方案

1. 构建企业碳配额履约方案

1）碳配额履约概述

履约是每一个“碳排放权交易履约周期”的最后一个环节，也是最重要的环节之一。履约是基于第三方核查机构对重点排放单位进行审核，将实际二氧化碳排放量与所获得的配额进行比较，配额有剩余者可以出售配额获利或留到下一年使用，配额不足者则必须在市场上购买配额或抵消，并按照碳排放权交易主管部门要求提交不少于其上年度经确认排放量的排放配额或抵消量。

履约期是指从配额分配到重点排放单位向政府主管部门上缴配额的时间，通常为一年或数年。长履约期规定可以使体系参与者在履约期内根据不同年份的实际排放情况与配额拥有情况调整配额使用方案，减少短期配额价格波动，降低减排成本。短履约期规定，可以在短期内明确减排结果，且有利于降低体系总量目标不合理、宏观经济影响等因素导致的市场失效的风险。因此，履约期的确定应综合考虑当地主要排放量、排放数据等实际情况。

2）企业碳配额履约方式

重点排放单位完成配额履约的常用方式有自身减排、购买配额、购买抵消信用抵消自身排放等。

①自身减排。通过技术改造降低生产设备的排放水平，如燃煤电厂，其二氧化碳排放主要来自煤的燃烧，因此一般情况下，通过技术改造降低二氧化碳排放水平的同时往往可以提高生产设备的效率，增加电厂的产量和收益，这种双赢方式有助于促进自身减排。

②购买配额。从其他配额所有者手中购买配额，增加自身配额量，使之满足自身排放量的要求。这种方式在三种方式中虽然是成本最高的，但重点排放单位购买的配额没有上限，在不计较成本和市场上有充足的待售配额的情况下，重点排放单位可以完全通过购买配额满足自身排放量需求，达到完成配额履约的目的。

③购买抵消信用抵消自身排放。抵消信用源自碳排放权交易体系未覆盖的排放源开展减排活动产生的减排量或增加的碳封存量。抵消信用的使用允许被覆盖排放源的排放总量超过总量控制目标，但由于超出的排放量被抵消信用所抵消，因此总体排放结果不变。抵消信用的价格通常低于配额的价格，因此购买抵消信用抵消自身排放可以降低配额履约成本。但是，各地区对抵消信用的使用量都有严格的限制，使用的抵消信用量占排放总量的比例较小，因此购买抵消信用抵消自身排放的方式仅是完成配额履约的一种有效补充。

3）碳配额未履约处罚机制

关于违约处罚规定，重点排放单位每年编制其上一年度的温室气体排放报告，由核查机构进行核查并出具核查报告后，在规定时间内向所在省、自治区、直辖市的省级生态环境主管部门提交排放报告和核查报告，且每年应向所在省份的省级生态环境主管部门提交不少于其上年度经确认排放量的排放配额，履行上年度的配额清缴义务。重点排放单位如果存在虚报、瞒报或者拒绝履行排放报告义务及不按规定提交核查报告的行为，由所在省份的省级生态环境主管部门责令限期改正，逾期未改的，依法给予行政处罚；未按时履行配额清缴义务的，由所在省份的省级生态环境主管部门责令其履行配额清缴义务，逾期仍不履行配额清缴义务的，由所在省份的省级生态环境主管部门依法给予行政处罚。

2. 构建企业 CCER 抵消机制方案

企业 CCER 的交易策略与企业碳交易的抵消机制紧密结合，抵消机制策略的制定要充分基于企业碳配额的盈缺分析及碳排放权交易市场分析，要充分考虑控排企业的实际情况。

1）CCER 与碳交易市场

CCER 指根据国家发展改革委发布的《温室气体自愿减排交易管理暂行办法》的规定，经其备案并在国家注册登记系统中登记的温室气体自愿减排量。超额排放企业可通过碳交易市场购买 CCER 抵消碳排放超额部分。2015 年，自愿减排交易信息平台上线，自愿减排项目可在该平台上进行审定、注册、签发、公示，签发后的减排量可以进入备案的自愿减排交易所交易。直到 2017 年 3 月发改委决定暂缓 CCER 项目备案申请的审批以对交易办法进行修订，其间公示过 2856 个审定项目，1047 个备案项目，获得减排量备案项目有 287 个。

2）抵消机制概述

核证减排量由重点排放单位自行在碳排放权交易中购买用来抵消碳排放量。主管部门对核证减排量的使用规定称为抵消机制。抵消机制可以在不影响体系整体环境完整性的前提下提供更多灵活性，有助于增加市场流动性。同时抵消机制也是影响市场供给量和碳价的重要补充机制，其规模和范围也影响着重点排放单位之外的企业参与程度。在碳排放权交易体系中引入抵消机制可促使更多符合条件的区域、行业和活动加入排放交易，增加减排方案的选择。此类减排方案的成本低于总量控制下的减排成本，因此允许使用抵消信用可降低碳排放权交易履约主体的履约成本，帮助实现更宏大的减排目标。使用抵消机制往往带来经济、社会和环境等多重协同效益，促进未覆盖的排放源开展低碳投资、深入学习并参与减排行动。

3）CCER 抵消方案选择与制定

与 CCER 相比，碳配额是碳排放权，属于强制减排市场，而 CCER 是减排量，属于自愿减排市场。CCER 抵消机制是碳市场的一种补充机制，CCER 可以在碳市场中替换碳配额进行履约，但使用数量、项目类型等方面都有一定要求，目前各试点碳市场的相关要求各不相同。使用 CCER 参与抵消机制，可以促进温室气体自愿减排，促进可再生能源发展和扶贫，提供灵活履约方式，有助于重点排放单位降低履约成本。

控排企业每年产生的实际排放量，分为超出规定碳排放配额量或者没有超过碳排放配额量。如果配额量多余则可以出售，激励控排企业进行自身的低碳技术创新工作。但当每年实际碳排放量超出规定的碳配额量时，除了用各级政府免费发放或者拍卖的配额来完成履约交易，往往还存在超出限定的碳排放量无法完成履约的情况，这时就需要控排企业在履约年度内测算企业拥有的配额量是否足够抵消本年度企业的排放量，如果不够抵消则可以在碳市场中从配额富余的企业购买碳配额或者购买自愿减排企业开发的抵消机制下的信用额度，如 CCER 抵消机制（如图 6-1 所示）。而对于投资企业来说，在这样的碳交易市场制度下，则可以通过投资配额交易和 CCER 项目来实现在碳市场的投资。

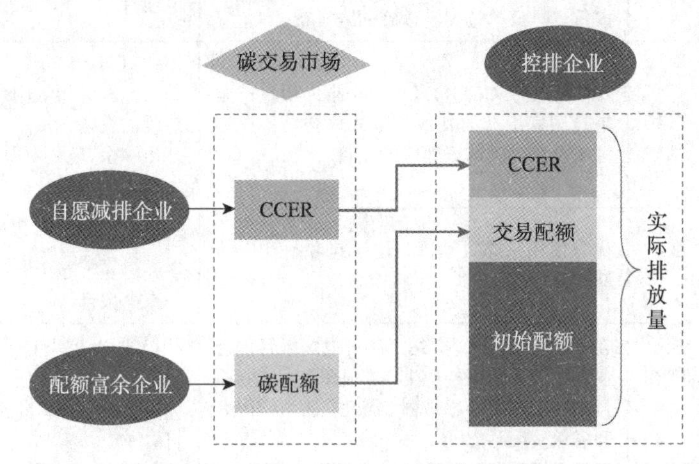

图 6-1　CCER 抵消机制交易机理图

4）碳交易试点地区抵消机制

国家发展和改革委员会于 2012 年 6 月 13 日制定了《温室气体自愿减排交易管理暂行办法》（发改气候〔2012〕1668 号）并引发实施，旨在保障自愿减排交易活动的有序开展和调动全社会自觉参与碳减排活动的积极性，为逐步建立总量控制下的碳排放权交易市场积累经验，奠定技术和规则基础。

根据 2014 年国家发展改革委公布的《碳排放权交易管理暂行办法》，重点排放单位可按照有关规定，使用 CCER 抵消其部分经确认的碳排放量。由于 CCER 的价格往往低于配额的价格，因此购买 CCER 抵消自身排放可以降低配额履约成本。但是，试点碳市场针对使用 CCER 抵消履约在使用比例、来源地区、年份、项目类型等方面作出了规定，并随着不同年份进行调整，使用的 CCER 量仅占配额的一部分，因此购买减排量抵消自身排放的方式仅是完成配额履约的一种有效补充。表 6-1 是国内碳排放权碳交易试点地区对 CCER 使用量的规定。

表 6-1　国内碳排放权交易碳试点地区对 CCER 使用量的规定

试点	使用比例	地域限制	时间、类型限制
深圳	不超过管控单位年度碳排放量的 10%	风电、太阳能发电、垃圾焚烧发电来自特定区域（广东部分区域、部分省份或和本市签署碳交易区域战略合作协议的省区）；农村户用沼气和生物质发电项目、清洁交通和海洋固碳减排项目来自本市或和本市签署碳交易区域战略合作协议的省区；全国范围内的林业碳汇和农业减排项目	风电、太阳能发电、垃圾焚烧发电、农村户用沼气、生物质发电、清洁交通减排、海洋固碳减排、林业碳汇、农业减排项目无时间限制
上海	不超过配额数量的 1%	无	2013 年 1 月 1 日后产生；非水电项目

续表

试点	使用比例	地域限制	时间、类型限制
北京	不超过当年核发配额量的5%	京外 CCER 不得超过当年核发配额量的2.5%，优先使用河北省、天津市等与本市签署合作协议地区的 CCER；非来自本市辖区内重点排放单位固定设施的减排量	2013 年 1 月 1 日后产生；非 HFCs、PFCs、N_2O、SF_6气体及水电项目
广东	不超过年度排放量的 10%	70%以上的 CCER 来自广东省内项目；非来自国家批准的其他碳排放权交易试点地区或已启动碳市场地区的项目	CO_2、CH_4占 50%以上；非来自水电，煤、油和天然气(不含煤层气)等化石能源的发电、供热和余能（含余热、余压、余气)利用项目；非 pre-CDM（第三类）项目
天津	不超过年度排放量的10%	优先使用京津冀地区自愿减排项目产生的减排量	2013 年 1 月 1 日以后实际产生； 仅二氧化碳减排项目； 非水电项目
湖北	不超过年度初始配额的 10%	在本省行政区域内，纳入碳排放配额管理企业组织边界范围外产生；农村沼气、林业项目来自长江中游城市群（湖北）区域的国家和省级贫困县	2013 年 1 月 1 日—2015 年 12 月 31 日产生； 仅限使用已备案的农村沼气和林业项目
重庆	不超过审定排放量的 8%	本市	2010 年 12 月 31 日后投入运行（碳汇项目不受此限）； 非水电项目

6.3.3 完成碳市场注册登记和碳交易

1. 完成碳排放权注册登记

1）全国碳排放权注册登记系统定位

全国碳排放权注册登记系统是指为各类市场主体提供碳排放配额和 CCER 的法定确权、登记和结算服务，并实现配额分配、清缴及履约等业务管理的电子系统。全国碳排放权注册登记系统是连接全国碳排放权交易系统和国务院碳交易主管部门的重要系统，控排企业的配额查询、履约管理等都需要通过此系统完成。

图 6-2 反映了全国碳排放权注册登记系统在碳排放权市场中与各主体之间的联系。全国碳排放权注册登记系统受到国务院碳交易的主管部门的监督且要定期进行工作报告。全国碳排放权注册登记系统与固定的结算银行办理资金结算工作，同时向碳排放报送系统收集已经核查完毕的各地区碳排放数据。全国碳排放权注册登记系统在承担控排企业的开户登记、资金结算、业务管理、信息监督等工作的同时，需和全国碳排放权交易系统进行交易流水和行情往来，同步交易持仓和交易资金的信息。

2）企业进行碳排放权注册登记要求

根据《全国碳排放权注册登记系统监督管理办法（送审稿）》有关要求，控排企业可以在全国碳排放权注册登记系统中完成账户开立、账户信息查询与变更、账户使用和账户注销等工作。控排企业的账户开立需提供身份信息（姓名或名称、有效身份证明文件类型及号码等）、机构信息（机构类别、法定代表人等）、账户信息（开户日期、开户方式等）。

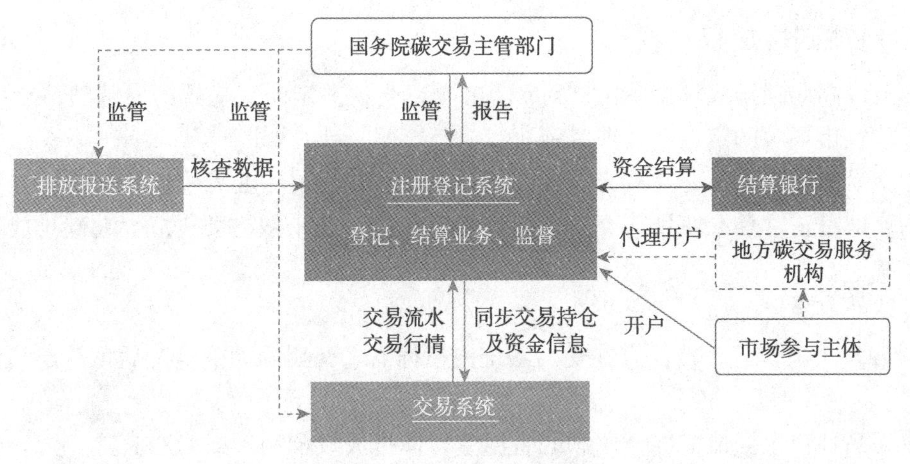

图 6-2　碳排放权市场的构成

账户信息查询与变更包括市场参与主体姓名或名称变更；有效身份证明文件类型、号码及有效期发生变化；联系电话、住所信息等联系信息发生变更。控排企业在注销账户时需要账户持有余额为零，且不存在与该账户相关的未了结业务。

全国碳排放权注册登记系统承担各类业务的登记工作，包括初始登记、交易过户登记、非交易过户登记和其他变更登记。重点排放单位通过分配获得的碳排放配额和项目业主经签发获得的 CCER 都需要进行初始登记。变更登记包括交易过户登记和非交易过户登记，其中交易过户登记是指企业通过主管部门指定的交易机构交易获得的碳排放权，依照交易结果自动办理。非交易过户登记是指碳排放权托管、存管、质押、继承、捐赠、财产分割等和法人合并、分立或丧失法人资格需要进行的变更登记。其他的变更登记包括碳排放权司法冻结、碳排放权质押、碳排放权注销等。

完成在全国碳排放权注册登记系统的注册登记后，企业可以使用相关功能对企业的碳资产进行管理，主要包括账户管理、信息查询、履约管理、持仓划转、自愿注销、存管返还、质押/解质押、集团账户管理等，表 6-2 列举了企业在注册登记系统可以完成的主要业务。

表 6-2　碳排放权注册登记系统的主要功能

账户管理	信息查询	履约管理	持仓划转
账户信息查询与修改 银行绑卡操作及绑卡信息查询 操作日志 登录日志	持仓信息查询（配额和 CCER） 资金出入查询 业务信息查询 交易成交信息查询	履约通知书查询 提交履约申请	登记持仓转交易持仓 查询划转历史记录
自愿注销	**存管返还**	**质押/解质押**	**集团账户管理**
碳中和	分立 合并 重组	碳资产质押 多个标的物同时质押	集团子账户管理 集团资产查询

2. 完成碳排放权交易

本节以湖北碳排放权交易中心对CCER项目交易的定向交易规则为基础,介绍CCER在碳排放权市场中的定向转让业务流程。

在交易准备阶段,交易双方需要在湖北碳排放权交易中心开立交易账户,并完成银行签约,即可正常登录使用。交易标的为CCER的,交易双方要开立湖北碳排放权注册登记系统。

具体的交易流程如下。

在第 N 个工作日,转让方在交易系统内根据需求,明确如下信息后填写定向交易卖出申请:

交易品种:根据情况选择(湖北省温室气体排放权配额)或CCER。

交易数量:拟转让标的数量。

交易价格:拟转让标的的单价。

最小成交比例:受让方可申请买入的最小比例。

成交时间:系统内完成交割的时间,成交后经系统结算完毕,第二日方可将标的再次交易或划转至其他系统。

之后转让方向交易中心业务部门邮箱(邮箱地址)发送电子邮件申请交易,交易双方签署的合同扫描件应作为必需附件;交易中心根据收到的邮件,在1个工作日内完成相关系统确认工作,并回复邮件提供交易产品代码;转让方根据回复邮件的产品代码,在交易系统内申请转入交易标的;当日收市后,交易中心审核确认交易标的转入。

在第 $N+1$ 个工作日,转让方在中心交易系统定向转让一栏可以查询到委托卖单后,转让方可通知受让方在交易系统内填写买入委托申请;根据转让方设置的挂牌截止时间,系统自动成交。受让方于成交后的第二个工作日方可将受让标的再次交易或划转至其他系统。由于转让方设置的挂牌截止时间造成受让方无法及时处理交易标的的,交易中心不承担任何责任,由交易双方自行协商解决。

在第 $N+X$ 个工作日,交易系统结算后自动完成交割,受让方获得受让标的,同时可处置受让标的(划转或再次交易)。转让方在系统内获得扣除交易手续费后的剩余交易价款。如交易双方发现交易过程、交易价款结算、交易标的权属等出现问题,要至少于交易截至当日联系交易中心申请解决。

6.4 企业碳交易策略选择

6.4.1 基于配额的企业履约交易策略

以配额作为主要交易产品的碳交易主要集中在各重点排放企业,即已经纳入或将要纳入全国碳交易市场的控排企业,其完成碳配额的交易主要是基于完成每年规定的履约流程需要。

1. 基于碳配额交易的基本原理

控排企业进行碳配额的履约交易是国家对被纳入管控企业的最基本要求，企业对碳配额按时和按量完成履约可以降低履约成本、严控企业经营风险。企业应根据要求编制新增/调整配额申请文件预判仓位，制定履约方案，定期分析价格及市场供需情况，提前做好履约预算，在市场交易中当购买配额或CCER时，要确保相对低价，确保在国家规定时间节点前完成履约。

如图 6-3 所示的配额交易原理，当企业每年在规定日期前登录注册登记账户注销与上年度排放量相等的配额时，如碳配额小于当年实际排放量，企业可以购买配额履约或购买 CCER 冲抵，当企业当年的碳配额大于当年的实际排放量时，可以通过结转到下一年度使用、配额出售、CCER 与配额置换等操作来实现企业盈余的碳配额管理。但随着全社会减排的实现，配额发放会逐年从紧，碳配额交易价格也会随着上升，为实现履约，企业需要做好碳交易与降碳两方面的工作。碳交易可以通过购买配额或购买 CCER 来实现，降碳可通过节能降碳措施，能源结构调整和碳捕集、利用与封存（carbon capture，utilization and storage，CCUS）等方式实现。

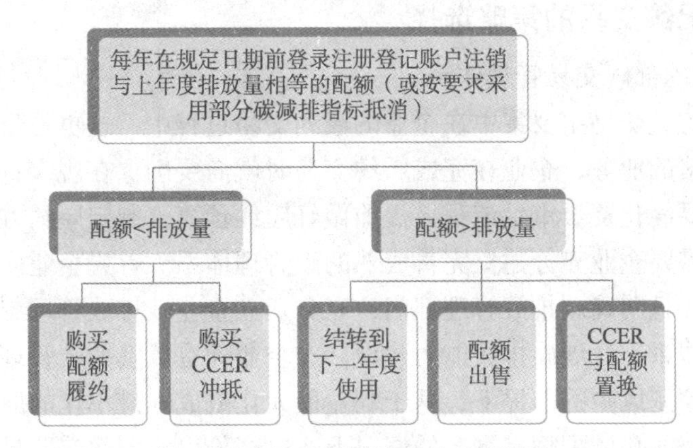

图 6-3 企业配额履约交易基本原理

2. 基于碳配额交易的工作流程

企业在全国碳排放注册登记系统中完成登记账户和交易账户注册后，要确认代表人及联系人，同时及时关注主管部门给重点排放单位预分配的碳配额，一般是根据上一年度产量预分配的 70%进行预分配，预分配配额可用于交易。结合当年的监测计划和排放报告，主管部门审定后会根据重点排放企业本年度实际产量核发碳配额，多退少补，企业要确认配额支撑数据、注册登记账户最终配额发放情况和排放量数据是否准确。在确定交易方案过程中，企业要确认购买和卖出量是定价转让还是线上交易，并根据市场情况考虑是否购买 CCER 以抵消部分配额，在执行企业的履约交易过程中，要提前制定履约方案及预算，核对配额量和实际排放量的关系，并关注剩余配额的结转使用情况。图 6-4 反映了企业在全国碳排放权交易市场中进行碳配额交易时的具体的交易流程。

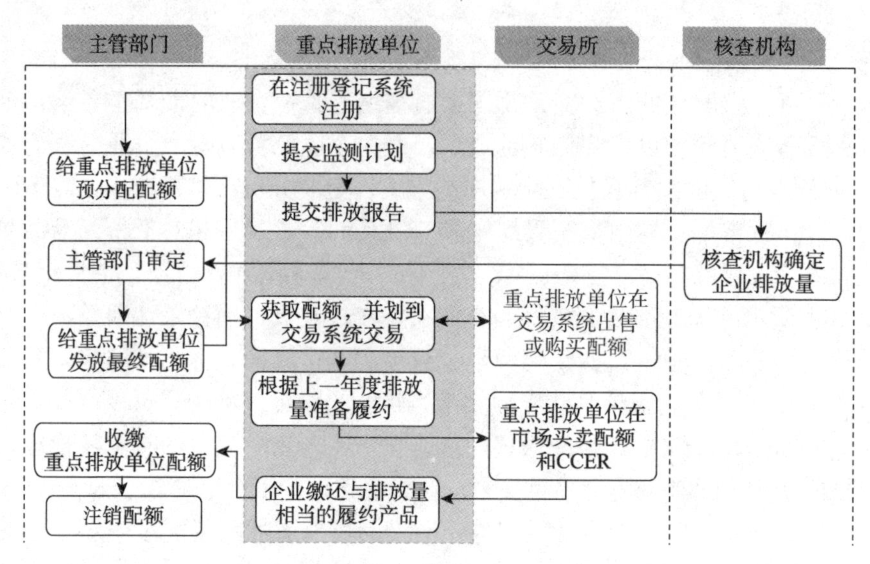

图 6-4　企业碳配额交易流程

3. 基于碳配额交易的策略选择

1）建立企业内部碳交易管理体系

基于碳配额的碳交易主要集中在企业的履约交易过程中，这也是目前碳排放权交易市场中交易最频繁的业务，企业在完成履约交易时就需要确保在规定日期前履约，避免行政处罚，同时要简化资金审批流程，提前做好履约预算，制定履约方案时要保证最佳交易时机，这就需要企业充分建立完善成熟的碳管理体系。首先企业内部要建立碳排放管理组织机构，并且明确碳排放管理部门，充分建立企业碳排放管理制度，设立并明确碳排放目标考核体系，开展碳排放能力建设。在企业拥有成熟的碳管理体系之后，碳管理部门应在严格控制风险的前提下，基于利益最大化或成本最小化的原则对碳资产进行交易，即在控排企业总体配额有剩余的情况下，以高价出售配额获取最大收益，在控排企业总体配额不足的情况下，以最低成本完成履约。对于控排企业而言，严格控制风险是碳交易的重要前提，应在建立相应风险控制机制的前提下开展交易。

2）基于市场风险灵活选择交易方式

目前，国内碳市场的交易产品主要有经审定的项目减排量和碳排放配额等两类产品。经审定的项目减排量主要是国家发展改革委或各省市发改委审定的 CCER。交易方式分为线上公开交易和线下协议转让两大类。企业参与到碳配额市场，就是在完成履约的前提下，将国家发放的碳配额采用多种方式参与碳配额市场交易中，为企业获得经济利益。

表 6-3 介绍了碳排放权市场中常见的两种交易方式：公开交易和协议转让。公开交易主要集中在线上交易，适用于需求较小的买方和供给方，协议转让集中在线下交易，适用于需求较大的交易方和供给方。企业应根据自身仓位及市场情况，选择合适的交易方式。

表 6-3 碳交易常见方式和特点

交易方式	公开交易	协议转让
交易特点	链条简单 价格较高 交易不活跃 服从市场价格 难以一次性大量出售 增加时间成本和工作量	价格相对较低 预先匹配买家/卖家 可以一次性大批量出售或购买

案例 6–1

某试点 A、B 企业同样存在履约碳配额的缺口 18 万 t。不同交易决策的对比见表 6-4。

表 6-4 不同交易决策对比

A 企业履约流程	B 企业履约流程
年初预判配额仓位，配额缺口约 20 万 t； 提前制定履约方案，申请预算； 政府核查前启动审批流程，以 17 元/t 购买配额 20 万 t； 核查后确定实际缺口 18 万 t； 履约季前 35 元/t 卖出剩余 2 万 t，按时履约。	核查前未测算配额仓位； 政府核查后发现配额缺口量 18 万 t； 临时申请资金预算，启动审批流程，长达一个月时间； 临近履约季结束才以 35 元/t 完成配额购买，错过最佳交易时机；仓促履约。
A 企业履约成本： 20 × 17 − 35 × 2 = 270（万元）	B 企业履约成本： 35 × 18 = 630（万元）

3）利用与 CCER 抵消和置换机制降低履约成本

在国内的 CCER 二级市场中，CCER 需求来源包括碳抵消需求、碳中和需求及其他投资需求等，其中碳抵消为最重要的需求来源。目前全国碳交易试点地区在履约时均允许控排企业用 CCER 项目减排量抵消一定比例的碳排放，这也是 CCER 最重要的需求来源。随着碳达峰和碳中和的进程推进，碳配额趋于收紧，CCER 的供应增加，企业在分析自身的配额储备和履约情况后，可以购买 CCER 抵消碳配额进行履约交易或者利用碳排放配额与 CCER 置换实现剩余的碳配额增值。

在利用 CCER 进行碳配额的抵消时，企业需要估算履约所需 CCER 量，分析市场运行形势并进行交易，其中需要合理选择开户时间，申请材料准备齐全，且用于抵消的 CCER 需满足全国碳市场抵消规则，要及时在注册登记系统中提交 CCER，按时完成履约。

案例 6–2

某企业在 2018 年免费配额发放后，配额仍缺约 1 万 t。

假设配额市场价格约 50 元/t，

CCER 市场价格约 10 元/t。

如购买 1 万 t 配额履约，需支出 50 万元；

如购买 CCER，在满足抵消履约规则条件下，仅需支出 10 万元，节约成本 40 万元，履约成本大大降低。

企业历年和当年盈余的碳配额可以投入碳市场中交易实现碳配额的保值增值，碳配额与 CCER 置换工作就是实现“用不完的排放配额卖出去，不够用则买进来”。通过此过程，可以灵活减少企业负担，加速推进企业的绿色转型。此种置换工作也是为了促进全球温室气体减排，减少二氧化碳排放所采用的市场机制，其基本原理是高耗能企业通过购买减排企业获得的温室气体减排额，然后将购得的减排额用于减缓温室效应以实现其减排的目标。

目前火力发电企业参与碳配额市场的方式以 CCER 置换为主，配额直接出售为辅。以京能集团北京京西燃气热电有限公司为例，其 2017 年和 2018 年分别使用京外 CCER 资源进行了碳配额置换，置换量分别为 54347 t 和 52000 t，置换单价分别为 13 元和 28 元，置换收益分别为 70.65 万元和 145.6 万元，没有进行配额出售等其他交易方式。由于国家碳市场的启动建设，在京能集团北京京西燃气热电有限公司于 2018 年组织的碳配额置换交易招标中，不少碳商出于囤货的需求抬高了置换差价。公司 2018 年的置换差价为 28 元，比起 2017 年置换的价格上涨了 15 元，最终收益上涨了一倍左右。截至 2020 年，公司共计剩余配额数量为 96884 t。以 2017 年全年公开交易的碳配额成交均价为 49.95 元/t 来计算，若全部售出可获得收益为 483.94 万元。虽然数额占企业整体经营利润比重不大，但目前电力企业外部经营形势不佳，多措并举为企业获得经济利益仍有很好的示范意义。

6.4.2 基于 CCER 项目的企业碳交易策略

1. 基于控排企业履约交易需要

抵消机制是指被碳排放权交易体系覆盖的重点排放单位使用除配额之外的抵消额度履约，抵消量可源自未被碳排放权交易体系覆盖的行业或地区中的实体企业。抵消机制的合理应用有助于支持和鼓励未被覆盖行业排放源参与减排行动，可产生积极的协同效应，大幅降低碳交易体系的整体履约成本。目前国内碳交易市场中存在的交易机制是在企业缺少碳配额履约的情况下，可以按碳交易市场的有关规定，通过购买 CCER 项目的减排额抵消缺少的履约碳配额。

案例 6-3

某企业在 2020 年碳排放配额 90 万 t，预测碳排放 95 万 t，碳配额价格 50 元/t，CCER 抵扣比例为实际排放数量的 10%，CCER 价格 20 元/t，企业可以选择的三种交易方案如表 6-5 所示。

表 6-5 三种交易方案

履约方案	购买碳配额		卖出碳配额		买入 CCER		履约构成	支出/万元
	数量/万 t	支出/万元	数量/万 t	收入/万元	数量/万 t	支出/万元		
方案 1	5	250	0	0	0	0	90 万 t 配额＋ 5 万 t 配额	250
方案 2	0	0	0	0	5	100	90 万 t 配额＋ 5 万 t CCER	100
方案 3	0	0	4.5	225	9.5	190	85.5 万 t 配额＋9.5 万 t CCER	–35

方案 3 为企业选择的最优交易决策方案，在充分遵守碳交易市场规则的情况下，企业买入相较于碳配额市场价格更低的 CCER 项目减排量，进行企业的履约交易，而后将盈余的碳配额在碳交易市场中卖出，获得一定收益，相较于方案 1 和方案 2 企业付出的较大的履约成本，方案 3 在合理利用 CCER 履约机制的情况下，能降低企业履约成本。

2. 基于企业投资开发需要

1）CCER 交易的重要性

大型能源集团通过主动设计减排项目，积极开发 CCER 项目，可实现企业开发碳资产盈利的新渠道。在碳市场中进行 CCER 交易既是碳排放权配额交易的重要补充，有利于形成全国统一碳市场，又是活跃碳市场、盘活碳资产的重要途径。

促进 CCER 交易可以助推全国统一碳市场建设。全国试点的碳市场将 CCER 交易作为排放配额抵消的形式，且规定 1 t CCER 等于 1 t CO_2 配额。虽然之前大多数试点碳市场对 CCER 用于配额抵消设立了限制条件，但仍不妨碍 CCER 在各试点碳市场流通，而且不少的碳交易平台还可以直接交易 CCER。在碳市场的实践中，CCER 具有向配额价高的碳市场流动的趋势，这将拉高试点碳市场配额的最低价，拉低配额最高价，并且不同试点碳市场配额可以参照 CCER 交易价格进行置换或交易。通过 CCER 交易可实现区域碳市场连接，使区域碳市场配额价格趋同，促进正在建设的全国统一碳市场越发成熟。

CCER 是发展碳金融衍生品的良好载体。CCER 具有国家公信力强、多元化、开发周期短、计入期相对较长、市场收益预期较高等特点，因此，CCER 具有开发为碳金融衍生品的诸多有利条件。金融机构已经迈出了探索性的一步。2014 年 11 月 26 日，华能集团与诺安基金在武汉共同发行了全国首只基于排放配额和 CCER 的碳基金，全部投放于湖北碳交易市场。2014 年 12 月 11 日，上海银行、上海环境能源交易、上海宝碳新能源环保科技有限公司签署国内首单 CCER 质押贷款协议，仅以 CCER 作为质押担保帮助企业获得贷款。

2）CCER 传统交易策略

CCER 的传统交易策略主要是用于补偿企业的碳配额缺口，或是在不同的控排企业中进行交易，用于抵偿控排企业的缺额，对于非控排企业而言，开发 CCER 项目在做好自身储备以待出售增值的交易目的下，也可以通过 CCER 现货与碳配额进行置换。

图 6-5 列举了不同企业之间实现碳交易的策略，企业在做好集团内部的碳管理工作后，应主动挖掘集团内的 CCER 资源，及时完成企业内部碳配额短缺的抵消工作。对于企业外的其他碳配额短缺的控排企业，CCER 的开发企业可以出售给相关企业完成其履约工作。同时作为拥有 CCER 项目的非控排企业，可以通过与其他有需求的控排企业用低价 CCER 置换高价配额，实现多方共赢。

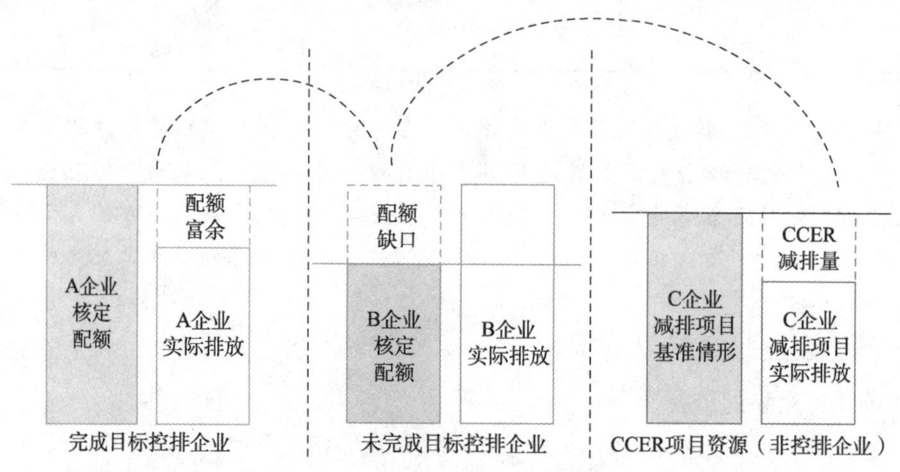

图 6-5　企业 CCER 交易策略

3. 基于 CCER 项目投融资

碳配额和碳减排量由于其可交易和可变现，故可以作为一种资产在信贷市场和债券市场上进行融资。目前主要的碳资产融资金融模式包括碳配额质押、碳减排量质押、碳债券，还可以通过组合交易的模式来实现融资，即将现货交易和远期回购交易结合。碳配额、碳减排量可以与信贷市场结合，进行碳配额质押和碳减排量质押，碳配额、碳减排量可以与债券市场组合进行碳债券融资，碳配额、碳减排量可以组合进行碳配额的回购交易。表 6-6 列举了在 CCER 碳交易常见交易方式和特点。方式包括碳减排量的协议交易、减排量现货、期权和期货交易等，且交易场所分为场内和场外两种。

表 6-6　CCER 碳交易常见方式和要求

交易方式	具体要求
减排量协议交易（场外）	减排项目业主与买家（投资者）或控排企业签订减排量购买协议，是最基础和最上游的减排量项目交易
减排量现货交易（场内/场外）	减排量二级市场基础交易
减排量期货、期权交易（场内）	由有资质的期货交易所推出的标准化合约
减排量互换交易（场内/场外）	由不同类型的减排量价差产生的交易产品，既可场外协议交易，也可由交易所推出标准化价差合约

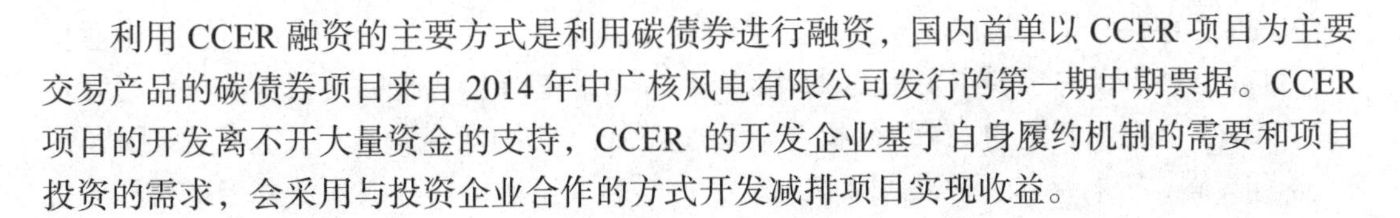

利用CCER融资的主要方式是利用碳债券进行融资，国内首单以CCER项目为主要交易产品的碳债券项目来自2014年中广核风电有限公司发行的第一期中期票据。CCER项目的开发离不开大量资金的支持，CCER 的开发企业基于自身履约机制的需要和项目投资的需求，会采用与投资企业合作的方式开发减排项目实现收益。

案例6-4

CCER债券融资

2014年5月8日，中广核风电有限公司发行第一期中期票据，发行金额为10亿元，发行期限为5年。债券利率采用“固定＋浮动”。浮动利率部分与CCER收益挂钩。其中的浮动利率是根据当期中期票据发行文件设定的浮动利率定价机制确定的利率水平，浮动利率按年核定，浮动利率的浮动区间为[5bp，20bp]。浮动利率定价机制是参照碳收益率确定每期浮动利率，碳收益率指发行人按照计算期内碳收益计算得出的碳收益。计算公式是碳收益＝计算期碳收益/本期中期票据发行全额×100%。即当碳收益等于或低于0.05%（含碳收率为零的情况）时，当期浮动利率为5 bp；当碳收益等于或高于0.20%时，当期浮动利率为20bp；当碳收益率介于0.05%至0.20%之间时，按照碳收益换算为bp的实际数值确认当期浮动利率。通过对项目的实际收益分析，在固定利率5.65%不变的条件下，即在CCER价格不理想，或未来无法交易的情况下，也能保证5.7%的总收益率，浮动利率主要根据项目的收益情况进行调整，该项目的浮动利率调整主要是在项目收益小于等于50万元时，浮动利率为5 bp，当收益在50万～200万元之间时，浮动利率按比例分配，当收益大于等于200万元，浮动利率为20 bp。

6.5　企业碳交易风险控制

6.5.1　碳交易风险类型

1. 碳交易政策风险

碳交易本质上是政府为达到低碳减排目的而创设的环境政策工具，碳排放权市场本身就是各国应对气候变化政策的产物，其具有很强的政策依赖性。碳市场的活跃与否一定程度上受制于政府的环境政策。碳市场首先在供求上依赖于国家的政策安排，而基于政策的不同，各利益集团之间的博弈又会呈现出极为复杂的状况。从这个角度来看，政策方面的不确定性会给碳市场带来巨大的风险。从碳金融业务方面来看，各商业银行、金融机构之间往往会因为国家财政政策的变动而调整自身的资本输出与投资，导致碳金融市场也将呈现出一定程度上的政策波动。政策风险逐步成为影响碳交易的主要风险，自国内碳交易开展以来，国家主管部门与7个试点省市各自出台了政策，且政策密集而多变，碳资产管理业务在实施过程中要面临政策的不断调整，各试点地区政策要求均不相同，因而存在政策性风险。全国碳交易市场刚刚成立，各项政策还在送审和征求意见中，目前已经出台的法规主要是2021年5月17日生态环境部根据《碳排放权交易管理办法（试行）》组织制定的《碳排放权登记管理规则（试行）》《碳排放权交易管理规则（试行）》和《碳排放权结算管理规则（试行）》，这是目前全国碳排放权注册登记机构和碳排放权交易机构主要遵守的相关规定。随着全国碳排放权交易市场的建设进展，企业应密切关注相关政策规定的出台，确保能将碳交易的政策风险降低。

如表6-7所示，以广东省为例，2013年规定配额发放分为有偿发放与免费发放两种方式，并且将逐年降低免费发放的比例。然而广东省2013—2015年的配额发放政策连续变化，2013年规定由政府来发放97%的免费配额，剩余3%配额为有偿配额通过公开拍卖的方式由企业竞拍获得，2014年规定80万t的配额全部通过阶梯竞价的形式来发放。2015年则变更为，有偿配额降至200万t，全部通过企业参与竞价来发放。拍卖底价也逐年下降，由2013年的60元/t下降至12.84元/t。此外，最初承诺的免费配额比例下降过快，有偿配额底价设置过于随意，而承诺的纳入控排的行业也未扩大。虽然政府政策调整是出于适应市场需求的考虑，但是政策调整过于密集且缺乏连贯性，会大大增加企业在碳资产管理业务上的风险，从而降低企业参与碳市场的积极性。以北京试点市场交易系统及规则为例，该市场对参与主体的最大持有量制度的规定，对于履约机构参与人来说，其配额最大持有数量不得超过初始配额量与100万t之和。如因碳金融创新活动需要增加持有量的，可按照相关规定向交易所另行申请额度；非履约机构参与人配额最大持有量不得超过100万t；自然人参与人配额最大持有量不得超过5万t。交易主体需要密切关注自身的碳配额持有量，避免因受到政策约束而不能实施正常交易的风险。

表6-7　广东省碳排放市场政策变化表

<table>
<tr><th>年度</th><th>2013年度</th><th>2014年度</th><th>2015年度</th><th>2016年度</th><th>2017年度</th><th>2018年度</th></tr>
<tr><td>纳入行业</td><td colspan="3">电力、钢铁、石化和水泥</td><td colspan="3">电力、钢铁、石化和水泥、造纸、航空</td></tr>
<tr><td>企业数量</td><td>控排企业202家，新建项目企业40家</td><td>控排企业193家，新建项目企业18家</td><td>控排企业 企业31家186家，新建项目</td><td>控排企业189家，新建项目企业29家，航空4家，造纸58家</td><td>控排企业246家，新建项目企业50家</td><td>控排企业249家，新建项目企业39家</td></tr>
<tr><td>配额总量</td><td>配额总量约3.88亿t，其中，控排企业配额3.5亿t，储备配额0.38亿t</td><td colspan="2">配额总量约4.08亿t，其中，控排企业配额3.7亿t，储备配额0.38亿t</td><td>配额总量约3.86亿t，其中，控排企业配额3.65亿t，储备配额0.21亿t</td><td colspan="2">配额总量约4.22亿t，其中，控排企业配额3.99亿t，储备配额0.23亿t</td></tr>
<tr><td>免费配额比例</td><td>电力、钢铁、石化和水泥均为97%</td><td colspan="2">钢铁、石化和水泥行业：97%
电力行业：95%</td><td colspan="3">钢铁、石化、水泥、航空、造纸行业：97%；
电力行业：95%</td></tr>
<tr><td>有偿发放数量</td><td>强制购买3%</td><td>800万t，分四次竞价发放，拍出344万t</td><td>200万t，分四次竞价发放，拍出110万t</td><td>200万吨，市场出现配额紧缺或价格异常波动时组织拍卖，拍出150万t</td><td colspan="2">200万t，采用不定期竞价发放，必要时可增加或减少配额有偿发放数量</td></tr>
</table>

续表

年度	2013 年度	2014 年度	2015 年度	2016 年度	2017 年度	2018 年度
竞价低价	60 元/t	底价分别为 25 元/t、30 元/t、35 元/t、40 元/t	不设底价	申报价格（前 20 个交易日平均价的不设限制，但设政策保留价 80%），作为竞价的最低有效价格	实际未拍卖	
CCER 及广东省碳普惠核证自愿减排量（PHCER）政策	无			可用 CCER 或 PHCER 抵消	可用 CCER 或 PHCER 抵消，但可用量原则上不超过 150 万 t，且抵消有比例限制	

2. 碳交易市场风险

市场风险也是碳资产管理的风险之一。碳交易市场价格与产量受多种因素影响，市场变动会给碳资产管理带来很大的不确定性。首先，由于现在国家及全球经济的增长和变动会影响社会生产和工业发展，进而影响碳资产的交易需求和价格，导致碳资产管理的规模与收益面临市场波动和影响。社会生产速度加快会导致工业发展加速、企业的碳排量变大、碳资产管理配额增加，碳资产管理业务规模随之扩大，效益得到提高，反之亦然。其次，化石能源价格的波动也会影响碳交易市场。化石能源价格降低，企业化石能源使用量增加，二氧化碳排放量上升，碳配额的需求增加，有利于提高碳交易市场价格，碳资产管理业务将得到更好的发展。反之，化石能源价格走低，企业使用量降低，碳配额需求量下降。最后，新能源的发展与使用会对碳交易市场价格及需求量造成影响。新能源的推广及普及有利于降低企业的碳排量，并且企业也会通过研发新的技术来提升生产效益，从而降低碳排量。因此新能源和企业的新技术都会降低企业的碳配额需求。上述三个方面的变动与不确定性都会对碳资产管理带来市场风险。

3. 碳交易流动性风险

流动性风险是碳交易风险管理的重要风险之一。首先，国内碳市场流动性与市场换手率偏低。相比于国外市场 5%～6%的换手率，国内试点碳市场的平均换手率仅有 0.11%，由此可见国内碳市场的流动性很低，与国外市场存在着非常大的差距，因此在市场交易时存在流动性风险。当市场交易频率低时，持有买单可能无法找到交易对手。特别是对于大金额的买单，即使最终交易成功，也会对市场价格造成非常大的影响，以致提高购买方成本。如果在碳资产管理中对碳配额市场没有充分的判断，可能会造成损失。其次，一些碳资产业务会对企业的资金流动性有一定的考验，其中碳资产托管业务最具代表性。目前国内碳资产托管业务在交易时需要保证金，因此托管规模过大容易引发管理机构的流动性问题。以湖北省碳交易市场为例，2014 年该省碳排放权交易中心颁布的《配额托管业务实施细则(试行)》中规定“托管协议执行期间实行市值风险控制。当该托管账户与保证金账户总市值不足托管配额市值的 110%时，托管账户将被冻结”并且“追加保证金应满足托管账户与保证金账户总市值为托管配额的 120%”。基于托管账户需要与碳资产市场价格关联，碳资产管理机构的托管配额将同时受到市场流动性与企业的资金实力影响。如果托管的金额与规模大于该机构的承担范围，会导致其交易失败并造成损失。而由于超过自身的托管能力而无法按时追加保证金，导致其托管账户交易异常或者失败，更有可能违反托管条约。

4. 碳交易履约风险

碳交易管理业务存在一定的履约风险。以碳资产托管业务为例，通常企业需要在短期内将碳资产转移给碳资产管理公司，并由碳资产公司统一进行托管业务，在到期前由碳资产管理公司将碳资产及收益返还给控排企业。在此过程中，控排企业需要将托管资产在碳排放履约的最后期限之前返还，并且保证企业有充裕的时间完成履约操作。而碳资产管理公司则希望碳资产的归还期限尽可能接近履约期限，以便充分利用碳资产的市场价格波动来进行碳资产增值交易，由此便产生了碳资产管理的履约风险。企业与碳资产管理公司需综合考虑多方面的因素以约定具体碳资产返还时间，如部分地方发改委对碳排放履约截止期限的设定、交易所对配额返还审批时所需要的时间及企业内部完成履约的审批操作时间等多方面因素。如在履约期前，这些因素出现了变化，就会造成碳资产归还的延期，产生履约风险。

6.5.2 碳交易风险的控制

1. 完善碳交易基础数据管理

全国碳市场是利用市场机制控制和减少温室气体排放推动绿色低碳发展的一项制度创新，也是落实“双碳”目标的重要核心政策工具。2021 年是全国碳市场第一个履约周期，纳入发电行业重点排放单位超过了 2000 家，根据生态环境部测算纳入首批碳市场覆盖的控排企业碳排放量超过 40 亿 t，意味着中国的碳排放权交易市场一经启动就将成为全球覆盖温室气体排放量规模最大的碳市场，其中保证碳交易公平公正且公开的基础是确保排放数据和碳资产数据的真实可靠。2021 年 3 月，生态环境部发布了《企业温室气体排放报告核查指南（试行）》和《关于加强企业温室气体排放报告管理相关工作的通知》，明确了企业的碳排放数据的报告核查要求等工作，到 2021 年年底，2200 多家电力企业要完成碳排放配额的分配、交易、履约清缴等全流程，对数据的监测和核查提出了更高的要求。

目前碳排放量的统计是通过核算获得的，因此排放数据的准确性是掌握自身碳资产、参与全国碳市场交易的基础。企业首先应按照最新的核算要求，对自身的当期数据及历史数据进行全面梳理，确保数据的准确性。同时，要保证检查监测计划制定的合理性、完整性，检查年度自行监测数据的准确性及合规性，纠正错误取值、获取最优取值，从而确保自行监测数据可靠、可用、能用。可以进一步加强对历史原料数据、生产数据及相关证明文件等基础材料的梳理，做好基础数据管理，分析数据趋势；定期开展同类型机组排放量、排放强度、配额量、盈缺量等分析工作，从而全面摸清自身的碳资产存量情况。通过识别碳排放自行监测优化空间和生产运营优化空间，为后续提升自行监测质量及优化生产运行方式提供可靠的基础依据。

2. 多角度防范碳交易风险

优化资产结构，合理控制债务规模。在进行企业的融资时，债权融资和股权融资都有各自的优缺点，控排企业要根据自身特点，结合资金需求情况，平衡好企业的资本结构，合理控制债务数量及规模，特别是企业的短期负债，减轻企业偿债能力风险，从而更好地进行碳减排融资，降低融资风险。

加强企业运营管理，开发低碳项目。企业应不断加强运营管理，提升低碳项目的运营能力，加快项目资产周转速度，降低企业碳排放强度。这将有助于增强碳减排项目的效益，促进企业自身以及国家节能减排目标的实现，也能够在一定程度上降低企业碳减排的融资风险。为防范企业的配额履约风险，企业可适时主动开发 CCER 项目，在完成碳减排任务的同时，进一步实现碳资产的增值目标。

积极与金融机构合作，开发创新性碳金融产品。金融和第三方评估机构对企业的碳配额价值进行客观的市场价值评估，将直接关系到企业融资的金额。企业应客观选取评估机构，选择更具有经验和专业性的金融机构进行评估，取得科学公正的结果。同时要加强与金融机构合作，时刻掌握碳市场碳配额需求与供应情况，掌握利率波动规律，制定短期或长期融资方案，将融资成本和风险控制在合理范围内。

重视碳资产内部的审批流程，完善碳信息披露制度。企业在进行融资活动时，一方面，需要对碳资产审批流程有所了解，尤其是各个环节中的要求，在融资活动开始前就做好计划，准备相关资料，以免影响整个审批流程的效率和成本；另一方面，企业需要完善碳信息披露制度，对碳排放的相关信息进行披露，并且要保证信息的准确性，能够为碳排放权管理机构选择合适的计量方法提供可靠依据，减少投融资风险。

企业内部应建立专门的监测机构，制定风险应急方案。企业建立专门的监测机构，主要负责监测碳价格的波动情况，及时提供了解碳配额价格变化的信息，减少碳市场中出现碳配额价格下降而产生的价值损失和还款压力。制定风险应急方案，应在实施过程中不断调整与完善，增强企业抵御融资风险的能力，在融资危机发生时能够及时准确地采取措施控制融资风险，有效地防止融资危机进一步扩散，降低企业损失。

课后习题

1. 简述碳交易管理内容。
2. 简述企业碳交易的基本流程。
3. 企业碳交易策略有哪些？如何选择？
4. 碳交易风险类型具体分为哪些？如何控制碳交易风险？

第7章

企业碳中和管理

本章学习目标:

通过本章学习，学员应该能够:

1. 了解企业碳中和管理的内涵与意义。
2. 明确企业碳中和管理的内容。
3. 掌握企业碳中和管理基本流程。

2022年8月4日，河钢集团与宝马集团在沈阳签署《打造绿色低碳钢铁供应链合作备忘录》，双方基于良好的合作基础及绿色低碳发展理念，一致认可在可持续发展方面开展全面长期合作，共同打造绿色低碳钢铁供应链。

7.1 企业碳中和管理内涵与特征

7.1.1 碳中和概念溯源

碳中和概念最早出现在2018年10月由IPCC发布的《全球温升1.5 ℃特别报告》中，“净零二氧化碳排放，是指一段时间内全球人为二氧化碳排放量与人为二氧化碳移除量相平衡，与碳中和等同”，这里碳中和与净零二氧化碳等同，且是指全球层面。2021年8月，IPCC发布第六次评估报告（AR6）第一工作组（WGI）报告，给出了更加细化的碳中和定义:“碳中和是指一定时期内特定实施主体（国家、组织、地区、商品或活动等）人为二氧化碳排放量与人为二氧化碳移除量之间达到平衡”，这里碳中和包含非二氧化碳温室气体。不过，不同国家对碳中和有不同表述和目标进程（见表7-1、表7-2），尽管如此，我们理解碳中和要把握下面几点:

①碳中和对象。人为而非自然。无论是《巴黎协定》还是IPCC系列报告，各国碳中和目标，无论使用“净零”，还是碳中和、气候中和等不同表述，各类定义都共同强调了“一段时间内人为排放量与人为移除量之间的平衡”，无论是排放还是移除，都强调了是人为，而非自然，这是碳中和概念的一个关键要素。一些研究报告将陆地生态系统

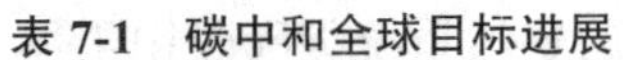

表 7-1 碳中和全球目标进展

进展情况	国家和地区（承诺年）
已实现	苏里南共和国、不丹
已立法	瑞典（2045）、英国（2050）、法国（2050）、丹麦（2050）、新西兰（2050）、匈牙利（2050）
立法中	欧盟（2050）、加拿大（2050）、韩国（2050）、西班牙（2050）、智利（2050）、斐济（2050）
政策宣示	芬兰（2035）、奥地利（2040）、冰岛（2040）、美国（2050）、日本（2050）、南非（2050）、德国（2050）、巴西（2050）、瑞士（2050）、挪威（2050）、爱尔兰（2050）、葡萄牙（2050）、巴拿马（2050）、哥斯达黎加（2050）、斯洛文尼亚（2050）、安道尔（2050）、梵蒂冈城（2050）、马绍尔群岛（2050）、中国（2060）、哈萨克斯坦（2050）

数据截至 2021 年 4 月底，来源：Energy & Cliamte Intelligence Unit.

表 7-2 不同国家对碳中和的表述

目标表述及对应国家/地区数目	IPCC 表述定义	国家/地区	包含气体范围	是否包含国际抵消
气候中和（4 个）	指人类活动对于气候系统没有净影响的一种状态	挪威	未明确	是（2030）/否（2050）
		丹麦[4]	GHGs	未明确
		斯洛伐克[5]	GHGs	未明确
		匈牙利	GHGs	未明确
碳中和（5 个）	指人类活动造成的 CO_2 排放与全球人为 CO_2 吸收量在一定时期内达到平衡	不丹	CO_2、CH_4、N_2O	未明确
		冰岛	未明确	未明确
		智利	GHGs	未明确
		葡萄牙[6]	GHGs	未明确
		中国	未明确	未明确
净零碳排放（3 个）	指人类活动造成的 CO_2 排放与全球人为 CO_2 吸收量在一定时期内达到平衡	斐济[7]	未明确	未明确
		瑞士	GHGs	未明确
		西班牙	未明确	未明确
净零排放（9 个）	指人类活动造成的全温室气体（GHGs）排放与人为排放吸收量在一定时期内实现平衡	马绍尔群岛[8]	GHGS	未明确
		加拿大[9-10]	GHGs	是
		新西兰[11]	GHGs（除生物甲烷）	是
		英国[12-13]	GHGs	未明确
		哥斯达黎加[14]	未明确	未明确
		新加坡[15]	GHGs	未明确
		韩国	未明确	未明确
		爱尔兰	未明确	未明确
		南非[16]	未明确	未明确
其他表述（3 个）		德国（温室气体中和）	GHGs	未明确
		瑞典（净零温室气体排放）	GHGs	是
		乌拉圭（净负排放）	CO_2、CH_4、N_2O	否
多表述混用（5 个）	指同时采用以上多种表述作为长期减排目标	法国[20]	GHGs	未明确
		芬兰[21]	GHGs	未明确
		欧盟[22]	GHGs	未明确
		奥地利	未明确	未明确
		日本	GHGs	未明确

扩展阅读 7-1

和海洋的自然系统碳吸收用于平衡人为碳排放，是对碳中和概念的误解。

②实施主体。针对多元主体确定核算边界。碳中和目标可以在全球、区域、国家、城市、企业等不同层面应用。除了全球层面，针对其他任何主体的碳中和目标，都需要有一个清晰的边界。我国提出的碳中和目标，是国家层面目标，在实施中也必然涉及国内不同部门、领域，不同省份，以及企业等不同主体的碳中和。根据实施主体承诺的碳排放范围，碳中和目标也分为不同层次。

③气体种类。二氧化碳或碳当量。欧盟气候中和、美国净零排放目标覆盖所有温室气体排放，我国碳中和目标虽然没有明确气体范围，但从相关报告及文献表述中可以看出，我国碳中和目标也包括全经济领域温室气体的排放。

7.1.2 企业碳中和概念

企业碳中和是指企业单位温室气体核算边界内在一定时间内生产（通常以年度为单位）、服务过程中产生的所有温室气体排放量，按照二氧化碳当量计算，在尽可能自身减排的基础上，剩余部分排放量被核算边界外相应数量的碳信用、碳配额或（和）新建林业项目等产生的碳汇量完全抵销。温室气体核算类型包括二氧化碳（CO_2）、甲烷（CH_4）、氧化亚氮（N_2O）、氢氟碳化合物（HFCs）、全氟碳化合物（PFCs）、六氟化硫（SF_6）和三氟化氮（NF_3）。

与企业碳中和密切相关的重要概念有碳抵消、碳汇、碳配额、碳信用。碳抵消指排放单位用核算边界以外所产生的温室气体排放的减少量及碳汇，以碳信用、碳配额和新建林业项目等产生碳汇量的形式用来补偿或抵销边界内的温室气体排放的过程。碳汇是指通过植树造林、森林管理、植被恢复等措施，利用植物光合作用吸收大气中的二氧化碳，并将其固定在植被和土壤中，从而减少温室气体在大气中浓度的过程、活动和机制。碳配额指在碳排放权交易市场下，参与碳排放权交易的单位和个人依法取得，可用于交易和碳市场重点排放单位温室气体排放量抵扣的指标。1 个单位碳配额相当于 1 t CO_2 e。碳信用指温室气体减排项目按照有关技术标准和认定程序确认减排量化效果后，由政府部门或其授权机构签发的碳减排指标。1 个额度碳信用相当于 1 t CO_2 e。

要注意的是，企业碳中和强调企业通过减排手段实现最大限度降低碳排放，而后再通过实施碳抵消方案实现净排放为零的状态。因此，企业实现碳中和可以通过企业碳减排（corporate carbonreduction，CCR）和碳抵消（corporate carbon offsets，CCO）两个环节的综合运用来实现，但关键途径还在于企业碳减排。特别是企业碳中和战略强调企业通过采取有效的碳减排措施来实现不可减排的碳排放量最小化的战略途径。其原因在于，碳中和的本意是推进企业节能减排降耗，走高质量发展之路，因而需要在竭尽全力实现碳减排之后再去进行碳抵消。如果过于强调碳抵消的作用，可能会使得一些企业放弃核心要务而借助碳抵消方法来实现碳中和，这显然背离了政策的目标，而是典型的碳中和“漂绿”行为（greenwashing）。可见，企业碳中和既指目标结果，又包含行为过程。

7.1.3 企业碳中和特点

企业碳中和行为与传统的企业社会责任行为（corporate social responsibility，CSR）有关，如与企业环境责任（corporate environmental responsibility，CER）有直接关系。企业社会责任指的是企业所采取的有利于提高利益相关者福利的各种行为，目的在于构建企业与利益相关者之间的直接互惠关系。而企业碳中和指的是企业通过各种手段减少与企业生产活动直接和间接相关的各种碳排放，是为生态环境改善做贡献，本身也是企业承担社会责任的表现。然而，企业碳中和行为和传统企业社会责任行为在以下五个维度上依然存在显著的差异，这就使得企业碳中和相对于企业社会责任而言有其自身的独特性，也体现了企业碳中和的特点。

①责任确认的方式不同。企业社会责任依据的是利益相关者的重要性以及利益相关者的诉求，其核心在于强调企业为了维持自身的发展、获取更大的经济利益而需要通过履行社会责任的方式与利益相关者构建互惠交换关系。但是，企业碳中和责任立足于企业生产活动的全过程，依据企业提供产品和服务的碳足迹来划分并确认碳中和责任。除控排企业来自政府强制行政分派以外，其余企业的碳中和责任分配完全依靠企业的自觉以及供应链企业之间的合作与谈判。

②责任履行的标准不同。企业履行社会责任的过程中，最重要的问题是如何满足各方利益相关者的诉求。因此，是否满足了利益相关者的诉求将作为评判企业履行社会责任是否足够的标准。而在企业碳中和责任的履行过程中，虽然我们可以从广义上认为企业碳中和是回应利益相关者的诉求，如为了更好的空气、环境和大自然等，但是这些并不是利益相关者的首要诉求（如消费者、员工、供应商等要求企业碳中和，就没有这些利益相关者要求企业履行对他们各自的社会责任那么强烈），故企业参与碳中和主要还是政府主导下的活动，更多依照我国和地方相关法律法规和标准进行。

③责任补偿的途径不同。对于企业社会责任行为而言，企业如果在回应利益相关者诉求方面的投入不够充分，就会产生责任履行不足的问题。企业社会责任补偿的核心问题在于，如何通过印象管理手段来缓和利益相关者对企业社会责任投入不足的不满情绪。但是，对于企业碳中和而言，最终目的是实现企业碳净排放总量为零，具有明确的终极目标。碳中和责任补偿问题是企业如何确定碳抵消的额度以及采取何种碳抵消手段来实现碳中和。

④信息披露的规范不同。企业社会责任已经建立起一套规范的信息披露体系，建立了一系列国际标准（如 ISO 26000、GRI standards）。同时，我国也建立了相应的社会责任信息披露框架（如 CASS-CSR2.0）。而在企业碳中和信息披露方面，则缺少这样明确的规范和基本框架。虽然碳信息披露项目（carbon disclosure project，CDP）所提供的问卷调研方案以及更为宽泛的有关气候的气候相关财务披露工作组（task force on climate-related financial disclosures，TCFD）信息披露体系为企业披露相关信息提供了一些指导和参考，但是这些指导方案过于宽泛且不便操作，没有形成国际上广泛认可和推广的标

准体系。同时，我国也没有就碳信息披露建立明确的信息披露框架。

⑤责任履行的效果不同。企业履行社会责任活动大多能给利益相关者带来直接的福利改善，容易被观察到。故而，企业通过履行社会责任活动能够有效建立起与利益相关者的互惠交换关系，从而得到利益相关者的支持，最终提升企业绩效。而企业履行碳中和行为，首先要完成碳减排任务，得到政府或者政府关联机构的奖励和支持。其次通过碳中和过程中的碳资产管理、碳交易来增加企业资产收益。最后通过构建企业的绿色声誉、品牌等而得到同样持有绿色理念的利益相关者的青睐。

7.2 企业碳中和管理主要内容

7.2.1 企业碳中和目标与责任确认

碳中和目标的实现是一个系统工程，强调全员全过程管理，要明确碳中和目标并进行责任的确认和划分。企业碳中和目标是企业对现有的经济生产活动进行全方位的盘查，清楚认识自身能源消费情况和碳排放情况及预测后设定的，这里的关键问题是责任划分，即如何确定企业碳中和责任的范围和边界。首先要看得见——可视化碳中和责任，然后要分得准——把碳中和责任清晰地分解到企业个体，最后还要认得够——让企业主动认领碳中和责任并足量落实到具体的减排主体。故而这项工作涉及“看得见”“分得准”“认得够”这三个具体问题。

（1）以国家碳中和目标为导向，自上而下层层落实碳中和责任，进而构建立体式碳足迹系统，科学测算企业生产活动直接和间接所产生的碳排放水平，从而将企业碳中和责任的碳足迹量化。在此过程中，需要利用区块链、数字化等手段建立一套自下而上的碳排放信息收集管理系统，形成碳排放基础数据的汇总、反馈、核算、分析及决策体系。同时，运用信息化集成、可视化等技术，针对企业不同部门、不同设备等碳排放的具体单元实施更加实时、覆盖更加全面的碳排放在线监测，进而提高碳排放确认的精准性。

（2）基于碳中和责任的量化系统，针对范围一、范围二的碳排放，通过“先归集后分配”的方式在企业内部分解碳中和责任，同时引入公司内部市场化机制，从碳交易的内部定价入手，动态调配部门碳中和责任的划分。另外，供应链碳足迹和企业碳中和责任的确认是实现范围三即全供应链碳中和的核心，这就要从供应链系统分解碳中和责任。在供应链系统中，上下游企业复杂的生产关系决定了碳中和责任的确认和分解需要借助于核心企业的市场领导力和行政力量。

（3）在明确碳中和责任划分的基本思路、方法和原则的前提下，需要进一步提高企业和员工的碳中和自觉。当构建“看得见—分得准—认得够”的体系从而确认企业碳责任范围和边界之后，需要进一步构建一套碳账户系统，可以利用区块链技术将碳足迹上链，明确企业碳足迹计量标准，实现碳足迹数字型描述，进而完成企业碳排放的确认、计量和记录。首先，企业需要按照国家要求，针对各子公司及各部门制定统一的碳排放核算标准，并基于该标准实现碳排放的量化；其次，设立企业碳账户、部门碳账户及员工的个人碳账户，实现不同层级之间碳排放的有效对接，进而更加明确各自的碳减排责任；最后，根据企业经营特征建立“低碳资产”和“低碳负债”，并进一步对碳排放成本进行单独计量，从而能够从会计的角度对碳排放进行计量，构建企业碳资产负债表，最终实现碳账户的平衡。

7.2.2　企业碳中和减排路径选择

“减碳”强调激励企业尽最大努力减少碳排放，这里的关键问题就是“减得足”。这里虽然有很多技术层面的问题，如涉及碳减排技术的运用、生产流程改造、能源替换等，但是从管理的角度来看，最重要的问题是如何激励企业在碳减排过程中围绕自己的碳中和目标尽最大努力进行减排。

①结构减排。结构减排有两方面的含义。一方面，优化能源消费结构，通过提高可再生能源、核能等清洁能源在生产结构中的比重，优化生产结构，降低碳排放；另一方面，开发低碳产品，优化产品结构。所谓低碳产品，是指在产品生产过程中，利用高效能源效率，使用清洁生产技术，考虑环境保护，降低碳排放，减少原材料的不必要消耗，尽可能地减少废水、废渣、废气的排放而生产的产品。提高低碳产品在企业产品中的比例，也能有效降低碳排放。

②技术减排。技术减排是通过改造生产流程、研发低碳技术并使用低碳环保设备等降低生产各个环节的二氧化碳排放量。技术减排是实现企业碳中和关键所在。低碳环保技术和环保设备可以使企业在生产过程的各个环节提高减排效率。例如，在同样水平的能源消耗的基础上使企业达到更大的产出量，或在产量一定的情况下降低生产过程中的二氧化碳排放量。

扩展阅读 7-2

③管理减排。管理减排是指通过管理提高能源转化效率以降低对能源的需求，从而在生产相同产品的同时减少化石燃料的消耗与二氧化碳排放。这是一种成本低、思路合理、综合效果好的“一举多得”的减排方式。管理减排具体举措包括优化企业组织结构、建立碳管理培训与考核机制、营造低碳企业文化、进行企业碳信息化管理、供应链碳排放协同管理等。

扩展阅读 7-3

7.2.3　企业碳中和过程中的抵消管理

碳抵消强调通过碳排放权交易（如购买碳信用资产）或者基于自然的解决方案（如投资森林）来抵消企业不能减排的部分，这里的关键问题就是“抵得当”，或者叫“抵碳”的合法性问题（legitimacy）。过度使用“抵碳”手段会被利益相关者认为企业的碳中和是象征性的行为，是一种“漂绿”手段。企业在致力于碳中和的过程中最核心的任务毫无疑问是碳减排，而这里面涉及一个关键问题，就是企业如何决定碳抵消水平。

1. 企业碳抵消管理决策过程

企业在进行碳抵消管理过程中，首先是要基于碳排放范围核算三个范围内的碳排放量，运用碳足迹区块链量化系统核定企业、部门及个人的碳减排任务，进而构建企业不可减排碳排放水平的评价指标体系；其次是推动企业使用合理性碳抵消水平，真正让企业将碳抵消手段作为实现碳中和的一种辅助方式。这就需要提高企业碳减排能力的技术、降低碳减排投入成本、提高高管和员工的减排责任意识；最后从“成本-收益”角度出发，基于企业的实施成本、处罚成本及时间成本三个方面进行分析，进而选择恰当可行的碳抵消方案，如企业在碳排放权交易和基于自然的解决方案之间的权衡。

2. 企业碳抵消项目选择

碳抵消本质上是指企业购买环境权益来抵消剩余部分排放，这是争议最大的部分。所谓环境权益，就是指某些具有减少温室气体排放的项目，通过一系列的认证程序，将其温室气体减排进行量化并形成的一种可独立交易的商品。环境权益有多种类型，如表 7-3 所示，在其注册机构、项目类型和签发时限对于减排的贡献方面被认为有很大的差别。

表 7-3　国内新能源电力企业可能申请的环境权益种类

环境权益类型	签发机构	属性	描述
CER	联合国 UNFCCC	温室气体减排量	联合国清洁发展机制下的补充机制
CCER	生态环境部	温室气体减排量	中国碳交易市场下的补充机制
VCU	VERRA	温室气体减排量	自愿减排市场
GS-VCU	Gold Standard	温室气体减排量.	自愿减排市场
国内绿证	国家可再生能源信息管理中心	清洁电力属性	国内清洁电力的绿证属性，不能交易及注销
IREC	REC Standard	清洁电力属性	自愿绿色电力市场，允许国资控股企业申请
TIGRs	TIGR Registry	清洁电力属性	自愿绿色电力市场，允许所有企业申请

首先，从注册机构来看，一般认为联合国 UNFCCC 和黄金标准委员会签发的环境权益质量更高，而地方标准如国内的 CCER 和自愿减排市场签发的 VCU 适用范围就窄一些。其次，从项目类型来看，造林和基于自然解决方案产生的环境权益最受市场追捧，其次是风电、光伏等新能源项目，再次则是沼气回收等项目。但项目类型的受追捧程度并不是一成不变的，早期造林项目曾经因为存在山火，导致固定的碳重新释放到大气的风险而不被重视，在未来，随着风电光伏项目的井喷，相关的环境权益也可能慢慢被市场淡漠。最后，从签发年限来看，最理想的状态是项目当年产生的减排量用于抵消企业当年的排放，但存在很多环境权益已经签发了很多年，即很多年前产生的减排，如果用来抵消现在的排放，将会受到质疑。

其实从理论上讲，任何签发机构签发成年度的任何一个类型的项目的环境权益，对减少全球温室气体排放的贡献并无太大差别，细微的区别可能是存在于项目本身其他的附加价值方面。这一点从企业购买环境权益的偏好也能看出。但从标准的角度上来看，如何合理地选择符合碳中和要求的环境权益，让碳中和得到更多人的支持，将是判定该标准好坏的一个重要问题。碳捕捉与碳封存也是清洁机制下的碳抵消项目，企业可以不断优化碳捕捉与碳封存技术，提高企业碳抵消能力。

7.2.4 企业碳中和信息披露管理

碳披露强调企业通过披露碳中和相关信息而实现与利益相关者有效沟通。尽管我国当前部分企业通过企业社会责任报告、董事会报告、年度报告、CDP 项目等方式披露碳信息，但我国还未建立统一的碳信息披露制度和碳信息披露体系，这就导致企业碳信息披露的类型、数量及质量存在较大差异而不能满足各方利益相关者的诉求。并且，当前碳信息以定性信息披露为主，缺乏定量信息披露，进而使得企业碳信息披露缺乏及时性、准确性和真实性。例如，2020 年 CDP 中国报告显示，CDP 代表 525 家投资机构共邀请 611 家中国上市企业披露环境信息，仅 65 家总部位于中国的上市企业回复了 CDP 问卷，其中，在温室气体披露方面，57 家企业披露了范围一排放数据，50 家企业披露了范围二排放数据。总体上看，我国企业碳信息披露的主动性和及时性较差。

基于此，在碳中和信息披露方面，企业需要坚持恰当、充分披露碳中和信息。企业为回应利益相关者的诉求而披露企业碳中和相关信息，努力缓解多方利益相关者之间的诉求冲突。具体包括：一是围绕利益相关者期望水平，针对不同水平制定有效的碳中和信息披露内容，如纯文本信息披露或者文本与图像结合的信息披露，同时更加注重满足关键利益相关者的诉求；二是明确企业碳信息披露的主体责任，充分考虑披露内容、披露途径及披露时机三个方面的因素，针对不同利益相关者的实际诉求制定有针对性的披露方式；三是坚持供应链上下游企业间的协同披露，维护供应链系统中碳中和信息披露的一致性和连贯性，防止出现“搭便车”、信息不一致及可信度低等现象。此外，企业将技术创新投入方面的内容融入碳信息披露中能够显著提升信息可信度。例如，企业在披露当年碳排放水平时，强调当年更新了设备，利用更加先进的技术进行生产，最终实现碳排放水平的降低等。

7.3 企业碳中和管理流程

企业碳中和管理主要工作是对现有的经济生产活动进行全方位的摸底盘查，了解自身能源消费情况和碳排放情况及未来预测后，制订自身的减排计划并组织实施，定期和不定期进行碳中和信息披露。

7.3.1 碳中和准备阶段

1. 碳中和实施计划制订

基于碳排放核查，企业应制订碳中和实施计划，形成文件并发布，碳中和实施计划的内容应包含以下四项：①碳中和承诺的陈述；②实现碳中和的时间表；③计划降低温室气体排放所使用的减排策略，包括具体内容与选用理由，减排基准及逐年减排目标；④计划实现碳中和并保持碳中和的温室气体抵销策略，包括具体内容与选用理由。

2. 内部碳管理机制

企业应根据相关法律法规、政策、标准及自身规模、能力、需求等状况，在单位内部建立温室气体排放管理制度，包括但不限于：①企事业单位内部成立温室气体管理机构（部门或小组）；②聘请或指定温室气体管理机构运营管理人员，负责本单位碳管理工作；③建立本单位能源使用、消耗及温室气体排放管理制度和信息系统；④配合相关机构温室气体核查工作的开展；⑤制订碳中和实施计划，并监督其实施、保持及改进等。

7.3.2 碳中和实施阶段

1. 温室气体减排实施

企业需结合自身实际情况，采取合适的温室气体减排策略，并确保实现计划中确定的减排目标。温室气体减排策略包括但不限于以下两个方面内容：①企事业单位采取节能措施的减排策略，包括节能措施的技术方案和数量，实施的时间与范围，所需的资金及来源，实现减少的温室气体排放量。②企事业单位提高可再生能源替代率和含碳原料替代的减排策略，包括可再生能源和替代原料的类别及数量，替代的时间与范围，所需的资金及来源，实现减少的温室气体排放量。

2. 温室气体排放核算

企业应根据国家或本市生态环境主管部门发布的温室气体排放核算和报告相关指南要求，确定温室气体排放量的核算边界与核算方法，优先选取本地排放因子，并编写温室气体排放报告。温室气体排放报告至少应包括温室气体排放核算边界及范围、排放源的类型和数量及涵盖的时间。采用的温室气体排放核算和报告指南，应按以下优先顺序：①地方二氧化碳核算和报告要求相关标准；②国家发布的行业企业温室气体核算方法与报告指南；③国际公认或通用的相关温室气体量化标准。

3. 碳中和实施

碳中和实现的基本要求：企业核算边界内年度温室气体排放量小于或等于用以抵消的碳配额、碳信用或（和）碳汇数量时，即可判定达成年度碳中和；反之，则不能判定达成年度碳中和。企业应承诺用于碳中和的碳配额、碳信用或（和）碳汇不作为任何其他用途使用。碳抵消方式包括：

（1）获取碳配额或碳信用（额度）抵消。企业主要采用本地碳排放权交易市场的碳配额的抵消方式，不足部分可用碳信用的抵消方式，且宜按照优先顺序使用以下类型项目的碳信用：①购买国家温室气体自愿减排项目产生的 CCER，优先选择林业碳汇类项目及本地区温室气体自愿减排项目；②购买政府批准、备案或者认可的碳普惠项目减排量，优先选择本地低碳出行抵消产品；③购买政府核证节能项目碳减排量，优先选择本地节能项目。

（2）自主开发项目抵消。企业采用自主开发项目的抵消方式，可包括但不限于以下两种方式：①边界外自主开发减排项目所产生的经核证的减排量；②企业采用开发碳汇的抵消方式，可在边界外自主建设经核证的碳汇，优先考虑在本地自主建设碳汇。企业的自主开发项目用于碳中和之后，不得再作为温室气体自愿减排项目或者其他减排机制项目重复开发，也不可再用于开展其他活动或项目的碳中和。

7.3.3　碳中和评价阶段

在企业实施碳中和方案一定时期后，企业应委托第三方机构开展碳中和评价工作，确认企业碳中和实施过程按行业或地方标准执行，且在一定时间段内实现碳中和。其中评价技术要求企业实现碳中和应同时满足以下要求：①企业实现碳中和实施计划中确定的减排目标；②企业碳排放量主要使用本地碳市场配额实现抵消；③企业剩余的碳排量使用其他产品抵消。

7.3.4　企业碳中和声明与信息披露阶段

1. 碳中和声明

碳中和的声明方式主要包括三种："碳中和承诺声明""碳中和实现声明"以及"碳中和实现、承诺统一声明"。碳中和的声明，需要经过审定，其审定方式主要包括独立第三方认证、其他机构审定和自我审定三种方式。不同的审定方式下对碳中和声明的内容描述也不相同。"碳中和承诺声明"是还未实现碳中和，对未来碳中和的时间做出承诺。"碳中和实现声明"要求实体对选定标的物的碳足迹进行削减并抵消剩余碳排放，保证已经实现了碳中和的状态。这种声明方式只适用于已审定的范围和周期，如需扩展至未来的周期，则需进一步审定。"碳中和实现、承诺统一声明"适用于既希望声明碳中和的实现，又声明未来碳中和承诺的主体。

企业碳中和声明包括阶段目标完成情况声明和碳中和实现声明。声明包括但不限于以下内容：①企事业单位基本信息；②企事业单位温室气体核算边界和排放量；③碳中和覆盖的时间段（年份）；④温室气体的减排策略、阶段性减排目标或碳中和实现情况；⑤温室气体的抵消方式及抵消量；⑥评价方式、第三方评价机构基本信息（如有）及评价结论。

2. 碳中和信息披露

碳信息披露是指企业在生产经营过程中将产生的碳排放情况对外进行披露，从而为投资者提供企业环保信息。企业可以在经过审定以后的碳中和声明的基础上，进行碳中和的信息披露，面向消费者在网站、社会责任报告、环境发展报告、媒体、宣传材料、产品标签上进行宣传推广。企业碳排放信息公开的主要内容是碳排放数据，这些数据若由企业基于自我审定的方式自行提供，则会存在可信度低的问题，同时也可能受到媒体与社会公众的质疑。因此，对于碳中和的信息披露，推荐通过独立第三方审定或其他机构审定后进行信息披露。

课后习题

1. 简述企业碳中和管理的内涵与意义。
2. 简述企业碳中和管理的主要内容。
3. 简述企业碳中和管理的基本流程。

第8章

碳金融与企业绿色融资

本章学习目标：

通过本章学习，学员应该能够：

1. 了解碳金融的内涵与作用。
2. 了解国内、国际碳金融市场发展现状与趋势。
3. 掌握企业利用碳金融市场绿色融资的渠道与方法。

广东省佛冈金城金属制品有限公司（以下简称“金城公司”）是一家在广州碳排放权交易所挂牌企业。金城公司按照循环经济的“3R”原则，充分、合理利用资源，控制、消除环境污染，全面采用先进的节能、节水、资源回收利用和环保技术。金城公司在2020年获得28万t碳排放配额。佛冈农商银行经过对金城公司碳排放配额资产进行风险管理和价值评估模型分析，于2021年3月25日，以25万t碳排放配额发放贷款350万元，采用“质押+保证”方式，质押物为金城公司名下25万t的碳排放配额，按照广州碳排放权交易所官网公布的2021年1月28日收盘价31.35元/t，评估价值为783.75万元，质押率为44.66%，不超过50%。贷款利率为同期贷款市场报价利率（LPR）加50个bp，即固定年利率4.35%，还款方式为只还利息、到期还本。这是广东清远市首笔碳排放权质押贷款，标志着碳金融创新取得重大突破。

8.1 碳金融概念与原理

8.1.1 碳金融的定义

碳金融作为新兴领域，尚未形成统一的概念。狭义的碳金融是指企业间就政府分配的温室气体排放权进行市场交易所导致的金融活动；广义的碳金融泛指服务于限制碳排放的所有金融活动，既包括碳排放权配额及其金融衍生品交易，也包括基于碳减排的直接投融资活动，以及相关金融中介等服务。在2011年世界银行《碳金融十年》中对碳金融的定义，是指出售基于项目的温室气体减排量或者交易碳排放权许可所获得的一系列现金流的统称。一般认为碳金融市场是基于碳资产和碳交易市场，由银行、证券、保险、基金等主流金融机构深度参与，引入碳期货、碳期权等碳金融产品，并形成规模化交易的各种金融制度安排和金融交易活动。碳金融市场中的碳金融产品一般指建立在碳排放权交易的基础上，服务于减少温室气体排放或者增加碳汇能力的商业活动，以碳配额和碳信用等碳排放权益为媒介或标的的资金融活动载体。

扩展阅读 8-1

8.1.2　碳金融的功能与作用

1. 碳金融的功能

碳金融的功能主要集中在价格发现机制，有利于促进碳市场交易的合理定价和碳资产的合理价值评估。价格发现机制的主要内容集中在以下几个方面。

①定价因素及工具。碳资产的价格是通过市场交易活动来发现的，当前价格主要由供需决定，未来价格主要由预期决定，当前供需与未来预期也会相互影响。碳期货、碳期权、碳远期及碳掉期等碳金融交易产品，本质上都属于反映不同主体风险偏好和未来预期的碳价格发现工具。

②价格发现渠道。市场的价格发现渠道除了实际成交价之外，还有一条途径是市场报价。比如作为做市商的金融投资机构有义务和责任为市场交易产品报出买卖价格，并在该价位上接受市场参与方的买卖要求，以此维持市场流动性。这种市场报价往往是当前供需和未来预期综合作用的结果。

③市场价格的特性。一个良好和权威的碳价信号需要具备三个主要特点：①公允性，即能够为市场参与各方普遍接受，不能被某些参与主体操纵。②有效性，包括两个层面：最基本的要求是能够反映市场真实供需，最理想的状态是能够反映边际减排成本，只有这样碳价信号才能实际发挥对节能减排和低碳投资的引导作用。由于市场情况复杂，现实与理想状态一直存在不小的距离，这对市场各方主体都提出了更高的要求。③稳定性，市场价格是不断波动的，所谓稳定性，指的是碳价波动水平能够保持在市场可承受的范围内，既能实现对各类主体激励与约束的相对均衡，又能在保证市场供需自主定价的同时维持市场的相对稳定，避免出现碳价崩溃等市场极端情况。

2. 碳金融市场的作用

碳金融市场是基于碳资产和碳交易的市场，碳交易和碳金融产品是碳金融体系中的重要组成部分。2011 年 11 月，国家发展改革委批准北京、上海、天津、重庆、湖北、广东和深圳开展碳排放权交易试点，各个试点在碳市场建设的制度设计、配额分配、核查体系和市场运作等方面积累了丰富的经验，并通过开展一系列的碳金融产品和业务创新，丰富了绿色金融体系的内容，推动了制度创新与资源优化配置，完善了减排激励机制，进一步加快了产业结构调整，提升了经济增长的质量。在宏观层面上，碳金融能有效引导资金流向绿色低碳产业、建立资金供需信用关系，提高绿色资金配置效率；在微观层面上，碳金融能拓宽减排企业融资渠道，利用碳交易的高流动性实现企业减排激励。

（1）引导资金流向绿色低碳产业

碳金融市场通过相关政策、金融创新和相关产品激励并引导社会资金流向绿色低碳领域。碳市场属于新兴行业，部分项目、产品存在一定的市场风险，相关金融政策的支持，如低息、利息补贴和碳保险等政策和金融活动，都可以激励社会资本流向绿色低碳产业。

（2）建立资金供需信用关系

碳金融市场解决了社会资金需求不均、供需阻塞的问题，实现了资金供求跨期和跨主体的融通，提高了资本的利用效率。一些绿色和低碳项目通过碳金融创新，如发行绿色债券、碳保险、碳远期等，建立了金融信用关系，降低了资金的归还风险；另外，通过保证金、碳价格控制等方式规避了市场运行的风险。

（3）提高绿色资金配置的效率

碳金融市场有筹资融资和市场定价的功能。碳排放权的商品属性和投资价值吸引了数量众多、结构多元且专业的交易主体，在为控排企业提供减排资金的同时，又通过充分博弈促进了价格发现。众多主体的参与、大量资金的聚集和定价机制的激励作用，提升了资金的周转效率，优化了资源的配置。

（4）产品创新拓宽融资渠道

一方面，碳金融市场可以拓宽减排企业融资渠道，盘活企业碳资产，降低融资成本，减轻实体企业运营负担，提升节能减排积极性和主动性；另一方面，碳金融市场还可以通过债权投资、股权融资、融资担保等多种方式，向有未来碳收益的企业提供融资以支持其发展。

（5）碳交易高流动性实现减排激励

碳金融市场和碳交易市场相互促进，碳金融市场促进了交易市场的发展，增强了市场交易的流动性。市场流动性是碳排放权商品化的基本要求，是市场激励的基础，企业减排后若在市场因“有价无市”不能获益将会挫伤企业减排的积极性。碳金融除了在项目中推动减排外，还通过交易市场推动了企业开展减排。

8.2 国际碳金融市场与碳金融产品

我国的碳金融产品呈现出日益多样化的发展趋势，但在发展过程中与国外成熟的碳市场交易产品相比，还存在一定问题，特别是在产品覆盖对象范围、产品类别、融资方案的个性化配置、发展速度、融资规模及市场参与者的参与度等方面存在一定差距。

8.2.1 国际碳金融市场结构分类

碳金融市场是碳金融交易的场所，主要以《京都议定书》和《联合国气候变化框架公约》为基础框架。目前，统一的国际碳金融市场尚未形成，从事碳交易的市场比较多样，其结构可以根据不同的标准进行划分。根据交易性质与特点的不同，国际碳金融市场可以分为基于配额的碳金融市场和基于项目的碳金融市场；根据减排要求强制程度的不同，国际碳金融市场可以分为强制碳金融市场和自愿碳金融市场；根据市场交易范围和层级的不同，国际碳金融市场可以分为国际市场、国家市场和区域市场；根据交易层次结构的不同，国际碳金融市场可分为一级市场和二级市场。

1. 基于配额的碳金融市场和基于项目的碳金融市场

当前主流的划分标准是根据交易对象特点的不同，把碳金融市场分为基于配额的碳金融市场和基于项目的碳金融市场。二者互为补充，共同发挥作用。

基于配额的碳金融市场，其原理为总量控制交易（cap and trade），是指在总量管制下，管理者对每个参与主体（相关企业或机构）按一定的原则对碳排放权配额进行初始分配，得到配额的参与主体在碳交易市场上自由交易碳排放权，从而形成了碳配额的价格。碳配额市场主要有 EUETS[减排指标为欧盟碳排放权配额(European Union allowance，EUA)]、芝加哥气候交易所（chicago Climate Exchange，CCX）减排计划、澳大利亚新南威尔士减排计划以及《京都议定书》下的国际排放贸易（international emission trade，IET）机制［减排指标为分配数量单位（assigned amount units，AAU）］。配额市场中，EUETS 在交易量和交易额方面都远远大于其他碳交易市场，且发展势头最为强劲。

基于项目的碳金融市场，其原理为基准交易（baseline and trade）。具体是指一个具体的碳减排项目的实施能够产生可供交易的碳排放量指标，即产生了碳信用额，这种排放量指标通过专门机构的核证，就可以出售给那些受排放配额限制的国家或企业，以履行其碳减排目标。现在的项目交易市场功能定位是利用发展中国家相对低廉的减排成本帮助发达国家实现减排目标，所以制度安排上仍然局限于发展中国家向发达国家单线出售。最典型的项目市场是基于《京都议定书》的联合履约机制市场和清洁发展机制市场，分别产生减排单位（emission reduction units，ERUs）和核证减排量（CERs）。

2. 强制碳金融市场和自愿碳金融市场

根据减排要求强制程度的不同，国际碳金融市场可以分为强制碳金融市场和自愿碳金融市场。

强制碳金融市场来源于配额市场，是指《京都议定书》框架下的市场，其交易特点是“强制参与，强制减排”，即一些国家和地区针对排放企业设定强制性减排指标，排放企业强制进入减排名单，承担有法律约束力的减排责任。如 EVETS、澳大利亚新南威尔士州减排计划、NIETS、日本东京都总量控制与交易体系、美国西部气候行动倡议、英国排放交易体系等均是强制碳金融市场。强制碳金融市场在国际上最为普遍，也最具影响力，规模也比自愿碳金融市场大。

自愿碳金融市场是企业或个人有其特定减排需求而自发形成的碳减排市场，其交易特点是“单方强制”，其含义是碳排放企业自愿参与减排体系并做出承诺，并对其减排承诺承担具有法律约束力的责任。自愿碳金融市场发展的制度基础是《京都议定书》中的 CDM、联合履约机制这两大灵活机制，它的起步要早于强制碳金融市场。当前全球主要的自愿碳金融市场在北美，其次是亚洲和拉美等地区，如 CCX、韩国自愿减排项目计划等均是自愿碳金融市场。美国在建立 RGGI 市场之前，大部分美国企业参与碳交易的方式只有通过自愿减排体系，这也促使了芝加哥气候交易所的建立。2003 年，纽约州提出并与美国东北部 11 个州合作建立了关于电力部门的碳排放总量配额交易协议，主要是二氧化碳预算交易机制。最有名的碳金融自愿交易市场——CCX 就是在这项联合协议基础上产生的。自愿减排市场虽然不能实现强制性的减排目标，但是可以培养企业、个人积极参与未来强制市场的能力和信心。自愿碳金融市场还包括 OTC，OTC 上的碳信用一般称为自愿减排量（voluntary emission reduction，VER），环保组织或无法通过核证的 CDM 或者联合履行机制（joint implementation，JI）减排量是 OTC 中 VER 的主要提供者。

3. 国际、国家和区域市场

根据市场交易范围和层级的不同，国际碳金融市场可以分为国际市场、国家市场和区域市场。

国际市场是指在全球范围内，各国根据《京都议定书》规定获得相应的排放许可证，再将其分配给国内的排放经济主体，拥有交易许可的排放主体可以将其获得的配额拿到市场上进行交易。国际排放贸易机制和 EUETS 属于国际市场。EVETS 是世界上第一个国际性的碳金融市场，也是《京都议定书》下的 IET 适用于国家和地区层面的典型，该机制是全球碳金融市场的形成和发展的重要推动力量。伴随着 10 年来的运作，EUETS 取得了显著的成效，其排放权交易额达到全球碳排放权交易总额的 80%，已经成为全球碳排放交易最重要的市场，其成交价格也对国际碳交易价格起到了重要的决定作用。

NZETS 属于国家市场，其 2008 年开始运作，是新西兰政府为实现《京都议定书》规定的减排目标积极承担应对气候变化问题社会责任的一项国内制度性安排，其低成本减排效果明显。目前已将新西兰的林业部门、能源部门、工业加工部门等领域及废物处理等纳入 NZETS，希望能够以一种成本最低的方式确保新西兰减排目标的完成。通过加快资金流动，同时促进国内企业改进排放技术，减少碳排放，从而获得能源使用效率的提升和综合实力的增强。

区域市场包括州/省、城市/大都市区所建立的碳排放交易市场，典型的交易市场包括澳大利亚新南威尔士温室气体减排计划（greenhouse gas abatement scheme，GGAS）和东京交易市场。GGAS 仅将电力行业包括在内，对相关排放主体确定了减排标准，但是它在部分行业覆盖面上要比 EUETS 的交易体系范围小很多。东京交易市场于 2010 年 4 月正式启动，成为亚洲第一个碳排放总量控制和交易体系市场，也是世界上第一个城市规模的碳排放交易体系，还是全球第一个以二氧化碳间接排放为控制和交易对象的碳排放交易体系，东京交易市场把建筑领域设定为主要的控制对象，凸显了城市在碳金融市场中的重要地位。

4. 一级市场和二级市场

《京都议定书》的确定，使得温室气体减排有了一个规范、制度化的市场运行机制，即通过碳排放权交易来实现减排目标。在《京都议定书》框架下碳排放交易在世界范围内开始快速发展，并逐渐形成了具有规模效应的、具有金融属性的碳金融市场。这种金融市场与传统意义上的金融市场一样，根据层次结构的不同，可分为一级市场和二级市场。

一级市场是发行市场。政府以拍卖或免费分配的方式使具有减排需求的企业获得配额的市场即为配额交易的一级市场。另外，企业通过直接投资减排项目并获得经核证的减排指标即为项目交易的一级市场。一级市场的交易产品中，配额的拍卖较为常见。

二级市场是交易市场，根据流通产品的性质，可以分为二级现货市场和二级衍生品市场，前者买卖现货产品，后者买卖碳期货、碳期权、碳互换等碳金融衍生产品。在这级市场上进行活动的往往都是以实现风险管理为目的、具有投机性的投资者，他们通过碳排放权交易产品的交割来实现套利，并不伴随配额或抵偿信用的实际交割。

8.2.2 国际碳金融市场参与主体

国际碳金融市场的参与主体由市场交易行为的当事者构成。随着碳金融制度的不断发展，其交易主体涵盖范围日益广泛，既包括受排放约束的企业或国家、减排项目的开发者、政府主导的碳基金、私人企业、交易所，也包括国际组织（如世界银行）、商业银行和投资银行等金融机构、私募股权投资基金等。按照参与主体在市场运行机制中角色的不同，可以分为供给者、最终使用者、投机商和中介服务机构。

1. 供给者

国际碳金融市场上，碳排放权的供给者总体上可以分为两类。一类是基于配额的碳金融市场中有排放约束的，特别是以将化石燃料投入产出作为日常产业活动的企业或国家。在环境管理者设置排放量上限后，所持有的政府分配的碳配额高于其实际排放量的企业或国家，就可以根据自身实际使用情况出售其盈余的碳排放配额。其盈余碳排放配额可能来自于技术改造、产出降低或超额分配。这类企业或国家可以将其持有的盈余碳排放配额通过 IET、JI 或其他自愿强制碳金融市场进行出售。另一类是基于项目的碳金融市场中暂时不受排放限制约束的非附件一国家中的经济实体，如果项目产生的碳排放量低于基准排放水平标准，经过特定认证机构的核准后会获得相应数量的碳减排单位，即可通过碳交易市场进行出售以获取经济利益，并帮助排放量超标的国家实现减排目标的承诺，也可出售给中介机构。具体来讲，碳排放权的初始供给者包括减排项目的开发者、减排成本较低的排放实体、技术开发转让商等。碳排放权的供给者基本上集中在亚洲、东欧、南美洲、非洲等的发展中国家和地区。其中我国和印度是全球最主要的碳信用供给者，非洲成为发展较快的新生力量。我国作为最大的发展中国家，通过 CDM 机制向发达国家提供的核证减排量，占整个 CDM 市场的近一半。

碳金融衍生品的供给者主要有交易所、保险公司、能源公司、银行和提供非标准合约的机构或个人等，他们为需求者提供管理其风险而要求的基本产品和服务。

2. 最终使用者

总体上看碳排放权的最终使用者主要有两类。一类是受配额限制的经济实体，如《京都议定书》约束下的发达国家以及受 EUETS 限制的经济实体。另一类是参加自愿交易机制的企业或个人等。具体来说，最终使用者主要是指减排成本较高的企业，还包括维护企业社会形象、重视企业社会责任的企业。这些最终使用者根据自身实际需要购买碳排放配额或减排单位，以实现减排目标的承诺，避免受到处罚，同时可以回避和转移价格风险，赚取利润。正是由于碳排放权的最终使用者的需求，使核证减排量等碳金融产品得以进入二级市场进行交易，推动了项目市场的发展，并使大量的中介服务机构和相关企业加入碳金融市场交易之中。

3. 投机商

投机商对未来碳金融交易市场的行情走向进行预测，以期从价格波动中赚取买卖价差。投机商是碳金融市场中的重要交易方，他们通过利用自有资金进行投机交易，能够有效活跃碳金融市场交易，一方面极大地提高了市场交易规模，另一方面提升了碳金融市场的资源流动性，从而使得碳金融产品在一定程度上具有了回避和转移价格风险的功能。现在已经有越来越多的投机商通过各大碳交易所适时买卖操作以投机套利，这表明碳金融作为一个新兴市场，对于风险资本和投资商已经具有了强大的吸引力。欧美的一些对冲基金和私募投资公司，如 RNK 资本公司、城堡（Citadel）投资集团等纷纷以持有碳公司股份或购买并交易碳信用的方式获利。随着碳金融市场的日趋成熟和流动性增加，更多的投资者、退休基金、基金会和其他赞助者等将会积极地加入碳金融市场进行投资。

4. 中介服务机构

碳金融市场的中介服务机构由专门为减少碳排放量的项目提供便利的各种碳金融机构和来自资本市场的传统金融机构及国际性的组织构成。碳金融机构包括碳基金、碳资产管理公司、碳排放权交易所、指定经营实体、碳信用评级机构、碳市场信息服务机构等构成；传统金融机构以商业银行、投资银行、保险机构为主；国际性的组织如世界银行（World Bank Carbon Finance Unit，CFU）、国际金融公司（International Finance Corporation，IFC）等，以及政府部门等都为碳减排做出了巨大贡献。

8.2.3 国际碳金融产品发展趋势

随着国际碳金融交易市场的发展，市场规模日趋扩大，市场交易也日趋丰富，各种碳金融产品不断被开发出来。碳金融基础产品包括碳信用及碳现货，碳金融衍生品包括碳远期、碳期货、碳期权和碳结构性产品。

1. 碳金融基础产品

碳金融基础产品也叫碳金融原生品，其主要职能是把资金储蓄资源调配至投资领域，也可以是以用于清偿债权债务凭证的形式存在。碳金融原生品主要是由碳信用和碳现货产品构成。在《京都议定书》框架下，共有三种灵活减排机制：联合履约机制、清洁发展机制和国际排放贸易机制。在这三种机制下，有 ERU、CER 和 AAU 等交易单位，EVETS 下的 EUA，它们均属于碳金融基础产品。在国际碳交易市场中，最早出现的现货有 AAU 现货、ERU 现货、CER 现货和 EUA 现货。随着碳金融市场的不断发展，金融行业相继推出了一些碳金融现货交易产品，如碳基金、碳保险、碳信贷等。

①碳基金产品。根据设立机构的不同，碳基金可以分为四大类。第一类是由国际经济组织发起和管理的碳基金。第二类是国家层面的碳基金。国家除了协助设定碳金融交易机制和搭建交易平台以外，还通过设立碳基金的形式参与碳金融交易。从国外碳基金的运行情况来看，由政府设立、企业进行运作的模式开始逐渐完善。随着碳金融市场政策制度的日趋完善，私有企业看到了巨大的商机，热情不断高涨，逐渐参与到了这个新兴领域。典型的碳基金有：世界银行参与设立的碳基金、日本碳基金、欧洲碳基金、丹麦碳基金等。第三类是非政府组织以及企业和个人层面的碳基金。此类基金有 Merzbach 夹层碳基金、气候变化碳基金Ⅰ和Ⅱ、达芬奇绿色猎鹰基金、欧洲京都基金等。第四类是商业金融机构层面的碳基金。在碳交易的二级交易市场中，商业银行和投资银行等金融机构最初只是提供中介平台和咨询服务平台，但随着碳金融市场的发展壮大，这些金融机构慢慢变成了最主要的参与者。

②碳保险产品。2005 年开始，国际金融机构和保险公司逐渐增加了对碳金融业务的兴趣，由被动应对气候变化的风险，转为积极地担当起碳金融媒介机构的角色。除了可以提供保险产品以外，还可以通过其在风险评估、风险转移方案等方面的专业知识，帮助企业规避风险，减少损失。目前，国际金融机构提供的碳保险产品主要针对交付风险。

③碳信贷产品。目前，全球已经有 40 多家国际大型商业银行介入碳金融市场。汇丰银行、德意志银行、渣打银行等欧美商业银行纷纷帮助在适应气候变化或者坚持高效节能、可持续发展方面有显著影响的低碳项目开发企业融资，帮助企业进行碳排放权交易，并积极向全球推广气候变化、保护环境的经营理念。商业银行开发的碳信贷产品对于节能减排项目的实施有着非常重要的促进作用。目前海外碳信贷产品包括低碳项目融资、绿色信用卡、运输贷款、汽车贷款、房屋净值贷款、住房抵押贷款和商业建筑贷款等。

2. 碳金融衍生品

随着全球碳减排需求日益增加以及全球碳金融市场的日趋壮大，在碳金融基础产品的基础之上，派生出了多种多样的基于碳交易的碳金融衍生品。碳金融衍生品是碳排放权派生出的金融产品，其价值取决于碳金融基础产品的价格。碳金融衍生品具有跨期性、高风险性、杠杆性等特点，为碳排放权的交易双方提供了新的风险管理和套利手段，丰富了碳金融市场的产品品种，使得碳金融市场活跃起来，也使不同的投资者和企业的需要得到满足，促进了碳金融市场的发展。

①碳远期合约是交易双方约定未来某一时刻，以确定的价格买入或者卖出相应的以碳配额或碳信用为标的的远期合约。这种方式理论上可以规避未来资产价格变动的风险。CDM 项目产生的 CER 交易通常就属于一种远期交易，因为双方签订合同时，项目尚未运行，因而也没有产生碳信用，其回报来自项目成功后出售所获得的减排额。但是由于碳远期交易合约不是标准化合约，也不在交易所内交易，监管结构比较松散，所以可能会面临风险，例如，交易者的违约风险。除了现货交易外，碳远期合约为企业提供了另一种选择，并可以帮助企业锁定未来的价格。例如，拥有盈余配额的企业可以在现货市场中卖出配额，也可以选择卖出远期合约，在到期时交割配额。企业无论选择哪种做法，

都要考虑很多因素，如现货价格、期货价格及即时交易的收益等。反之，配额短缺的企业会进行反向操作，购买所需现货或期货合约。

②碳期货属于标准化交易产品，是期货交易场所统一制定的、规定在将来某一特定的时间和地点交割一定数量的碳配额或碳信用的标准化合约。碳期货可以实现未来某一时间内的价格保值，达到回避和转移价格风险的目的，交易原理在于套期保值。碳期货合约是具有特定合约条款格式的标准化合约，是由交易双方签署的并规定双方权利义务的凭证。

碳期权是一种重要的碳金融衍生品，是期货交易场所统一制定的、规定买方有权在将来某一时间以特定价格买入或者卖出碳配额或碳信用（包括碳期货合约）的标准化合约。碳期货的价格是碳期权价格形成的基础，碳期权价格还会对碳期货的价格产生一定影响。碳期权合约是由交易双方签署的合法凭证，要想获得合约有效期内的选择权，则期权的购买方需要向卖方支付一定数额的权利金。

碳期货和碳期权会随着市场价格的波动而波动，且在交易过程中会额外收取交易费用，提供产品的企业需要承担包括交易清算和注册等在内的相关交易费用。碳期货和碳期权都具有无差异的碳信用、规避不利风险、套期保值和价值发现功能。目前，全球主要的期货和期权产品有：欧洲气候交易所碳金融合约（ECX CFI）、排放指标期货（EUA futures）、经核证的减排量期货（CER futures）、排放配额/指标期权（EUA options）、经核证的减排量期权（CER options）。

③碳结构性产品，自 2007 年 4 月以来，创新碳金融衍生品形式开始变得多样化，投资银行和商业银行开始发行碳结构性投资产品。汇丰银行、德意志银行和东亚银行等先后推出了结构性理财产品，均以“气候变化”为主题，其特点如下：第一，该产品主要是与气候相关的“一揽子”股票组合相关联，如气候指数、气候变化基金等；第二，该产品从支付条款上来看多数为看涨类，也就是相关联的股票组合上涨幅度与产品的收益率直接相关；第三，市场准入的投资门槛较高，最低投资限额在 1 万～15 万元区间；第四，受全球经济危机和碳基础产品价格技术回调影响，自 2008 年以来，挂钩标的的价格一直呈现下降的低迷趋势，并进一步引发了部分其他结构性金融产品挂钩标的与支付条款的错配，导致碳金融产品的实际收益率低至零甚至负数。

④碳套利是指因碳金融交易市场存在事实上的分割且资金要素流通有限，故投资者利用碳金融产品在不同市场上的价差进行低买高卖的交易从而获利。即使套利产品不同，其认证标准也必须相同，并属于同一个配额管制体系，所涉及的碳减排量也相等。例如 CERs 和 EUAs 之间及 CERs 与 ERUs 之间的互换交易、以 CERs 和 EUAs 价差作为基础资产的价差期权等均为最常见的几种套利交易的碳信用产品。在碳金融交易的二级市场上，一些投机商通过对市场未来情况的预测，利用自己充裕的资金大量购买碳金融衍生品。这些投机商通常不需要产品保值，也不进行碳信用单位的实际交割，其唯一目的就是从价格变化中获取利益。碳互换制度的含义是，碳金融市场上的交易双方签订协议，约定在未来特定的时期内交换合约中交易约定数量的不同性质、内容的产品。

扩展阅读 8-2

正是因为存在不同的碳金融市场和类型不同、价格不同的碳金融产品，投资者才有机会和意愿去交易并赚取价差收益。碳互换制度目前包括债务与碳减排信用互换交易制度和温室气体排放互换交易制度，它是产生碳减排信用的另一种手段。

8.3　国内碳金融市场与碳金融产品

8.3.1　国内碳金融市场发展现状

我国碳交易市场发展历程以 2012 年为界，分为两个阶段。在 2012 年以前是以 CDM 项目交易为主的发展阶段。2012 年以后，我国开始开展试点碳交易所，建立国内碳交易配额交易型市场阶段，自此我国碳金融市场开始逐渐发展运行。

自 2004 年我国出台《清洁发展机制管理暂行办法》后，通过参与 CDM 项目来发展我国低碳经济的路径逐渐明晰。从 2006 年开始，我国参与 CDM 项目的交易量和交易额大幅增长。2008 年 7 月 16 日，国家发展改革委做出了在国内成立碳交易所试点的决定，并在 8 月设立了北京环境交易所和上海环境能源交易所作为碳交易的先期试点机构。自此，我国关于碳排放的相关政策发生重大转变，从“暂时不会涉足”转向“先行先试”。此后，多个省份设立了环境交易所。在我国碳金融交易市场发展的第一阶段，主要以环境权益交易所为交易平台。由于我国没有强制性温室气体减排任务，碳市场交易主要局限于节能减排技术的交易和基于 CDM 项目的自愿性碳排放权交易，碳交易整体规模并不大，且没有推出碳排放权的金融衍生产品交易。

为了更好地发展低碳经济，我国在“十二五”规划中明确提出，逐步建立国内碳排放权交易市场的战略目标。为实现 2020 年我国控制温室气体排放目标，国家发展改革委于 2011 年 10 月下发了《关于开展碳排放权交易试点工作的通知》，明确了建立国内碳交易市场机制的工作思路和实现路径，提出由北京、天津、上海、重庆、湖北、广东和深圳 7 省市开展碳排放权交易试点工作。自此，我国碳金融交易市场发展进入第二阶段。全国统一的碳交易市场于 2017 年正式启动，碳排放体系覆盖 32 个行业，纳入了全国约一半的碳排放量。2020 年之前，我国碳配额市场处于摸索期，在全面推广 ETS 的基础上，逐步调整和健全各项市场机制，摸索适合我国国情的碳交易发展方式。在 2020 年后进入稳定深化阶段，以丰富交易产品类型、保障市场健康运行为重点，同时尝试与国际其他碳市场接轨。

金融机构在中国碳交易市场中作用重大。中国碳交易市场的运行主体包括控排企业、金融机构和个人。由于个人参与者较少，因而中国碳交易市场的两大运行支柱是控排企业和金融机构。金融机构的参与在碳市场发展中起着重要作用（见表 8-1）。首先，金融机构拥有大量的资本，可以为碳金融市场带来更大的流动性并增强价格发现功能。其次，通过发展衍生产品和服务，金融机构可以加快碳资产的形成，提高企业开展排放权交易的意愿。最后，金融机构的参与有助于碳金融市场业务系统、机制和产品的创新，有助于改善中国金融业的经济和社会效益，增强金融机构的社会责任感。

表 8-1　中国碳金融市场试点地区交易主体及规则

地区	交易主体	交易方式	碳金融工具
北京	履约机构、非履约机构、个人	公开交易、协议转让	碳配额场外期权、远期、结构化产品
天津	国内外机构、企业、团体和个人	拍卖交易、协议交易	碳排放权现货交易、CCER 交易
上海	自营类会员、综合类会员	挂牌交易、协议转让	配额远期、碳交易、CCER 质押
重庆	纳入重庆市配额管理范围的单位和符合规定的市场主体及自然人	协议转让	碳排放权现货交易
广东	广碳所会员或委托广碳所会员	挂牌点选、协议转让	配额抵押融资、法人账户透支
湖北	湖北碳交易中心会员	协商议价转让、定价转让	碳配额托管、碳排放权现货交易、远期
深圳	交易会员、通过会员开户的投资者	电子竞价、定价点选、大宗交易	碳债券、碳减排项目投资基金

资料来源：根据各地碳排放市场官网整理。

8.3.2　国内碳金融产品发展趋势

在衍生品市场方面，我国于 2016 年开始推出标准化碳远期产品，于 2017 年达成国内首笔碳期权交易。目前国内的碳金融衍生品市场仍处于起步阶段，试点交易所的碳交易标的以配额为主，CCER 为辅。国内碳金融产品发展与国际碳金融产品发展趋势相似，目前从功能角度来看主要包括交易工具、融资工具和支持工具三类，这些金融工具可以帮助市场参与者降低减排成本，拓宽融资渠道，增强碳排放权资产属性，帮助企业达到碳资产保值增值的目的。

1. 交易工具

基于碳配额及项目减排量的市场交易为碳资产现货交易，除碳资产现货交易外主要包括碳远期、碳期货、碳掉期、碳期权及碳资产证券化和指数化的碳排放权交易产品等交易工具，可以帮助市场参与者更有效地管理碳资产，为其提供多样化的交易方式，提高市场流动性，对冲未来价格波动风险，实现套期保值。

（1）现货交易

碳资产现货交易主要产生于碳配额和《京都议定书》中规定的项目减排量的现货交易。碳交易市场中主要的现货交易之一是碳配额的交易。碳配额是国家分配至各重点排放单位的排放配额，是指每一个履约周期内，由生态环境部根据国家温室气体排放控制的总体要求，制定碳排放配额总量与分配方案，并分配至各重点排放单位。分配以免费的行政划拨形式为主，也可以根据国家的要求适时引入有偿分配。比如广东、深圳和湖北就采用了拍卖竞价的形式，有偿发放部分配额。截至 2020 年 12 月，8 个试点省市碳排放市场覆盖钢铁、电力、水泥等 20 多个行业，接近 3000 家企业，配额累计成交量约 4.45 亿 t CO_2e，成交额达 104 亿元。

（2）远期交易

碳远期是指交易双方约定未来某一时刻以确定的价格买入或者卖出相应的以碳配额

或碳信用为标的的远期合约。2016 年 4 月 27 日，全国首个碳排放权现货远期交易产品在武汉推出，当日成交量达 680 余万吨，成交额 1.5 亿元。这一新型控排企业碳资产管理工具有助于弥补碳现货市场的不足，避免配额交易过度集中、流动性不足造成的价格非合理性波动，降低履约企业的交易成本。湖北碳排放权交易中心推出的碳远期产品以配额现货远期产品和 CCER 远期产品为主（见表 8-2）。现货远期交易是指市场参与方按照交易中心规定的交易流程，在交易中心平台买卖标的物，并在交易中心指定的履约期内交割标的物的交易方式。现货远期交易的标的物为经湖北省发改委核发的在市场中有效流通并能够在当年度履约的碳排放权。国内外机构、企业、组织和个人，除第三方核证机构与结算银行外，都能参与市场交易。

表 8-2　湖北碳排放权交易中心碳排放权现货远期交易参数表

交易代码	HBEA+年月	交易时间	每周一至周五 9:30 至 11:30；13:00 至 15:00，以及交易中心公告的其他时间
交易单位	手（100 t）	最小交收申报量	1 手
报价单位	元（人民币）/t	交易手续费	订单价值的 0.05%
最小变动单位	0.01 元/t	违约金	交易价值的 20%
每日价格最大变动	不超过上一个交易日结算价±4%	结算方式	当日结算制度
最小单笔交易量	1 手	履约方式	电子履约
结算准备金	不得低于零	履约手续费	履约价值的 0.45%
最低交易保证金比例	20%	最后交易日	履约月份第十个交易日
履约月份	×年 5 月	最后履约日	最后交易日后第五个交易日

注：现货远期交易的参数如有调整，按交易中心公告执行。

（3）碳期货

碳期货是指期货交易场所统一制定的、规定在将来某一特定的时间和地点交割一定数量的碳配额或碳信用的标准化合约。对买卖双方而言，进行碳期货交易的目的不在于最终进行实际的碳排放权交割，而是排放权拥有者（套期保值者）利用期货自有的套期保值功能进行碳金融市场的风险规避，将风险转移给投机者。此外，期货的价格发现功能也在碳金融市场得到很好的应用。碳金融衍生产品对我国碳金融和低碳经济的发展具有重要作用。

目前，在我国碳金融市场，各试点碳排放权交易所都设有与配额相关的现货交易，7 个交易试点大多也表示会尽快推出碳排放权期货交易，我国能够进行期货合约买卖的场所共有四个：郑州商品交易所、大连商品交易所、上海期货交易所和中国金融期货交易所。我国从事期货交易的四大期货交易所都是会员制，受中国证券监督管理委员会的统一监督和管理。中国证券监督管理委员会“第 42 号令”规定：“设立期货交易所，由中国证监会审批。未经批准，任何单位或者个人不得设立期货交易所或者以任何形式组织期货交易及其相关活动。”期货合约具有极强的价格发现功能，并在我国建立全国碳排放权交易市场的背景下，加快探索国内的碳期货交易方式，对我国碳金融市场的高质量发展起到一定作用。

（4）碳掉期

掉期交易常见于外汇交易中，是指交易双方约定在未来某一时期相互交换某种资产的交易形式，也指当事人之间约定在未来某一期间内相互交换他们认为具有等价经济价值的现金流的交易。通常来说，一份掉期交易至少通过一个因素来定义一笔现金流，如汇率、资产价值或者商品价格。掉期交易的目的是在不改变远期所有权的情况下规避持有该资产的利率波动风险。比较常见的是货币掉期交易和利率掉期交易。我国首笔"碳排放权场外掉期合约"于 2015 年 6 月 15 日在北京举行的第六届地坛论坛签署，交易量为 1 万 t，掉期合约交易双方中信证券股份有限公司、北京京能源创碳资产管理有限公司以"非标准化书面合同"形式开展掉期交易，并委托北京环境交易所负责保证金监管与合约清算。

（5）碳期权

碳期权是期货交易场所统一制定的、规定买方有权在将来某一时间以特定价格买入或者卖出碳配额或碳信用（包括碳期货合约）的标准化合约，其本质是一种选择权，碳期权的持有者拥有在规定的时间内选择买或不买、卖或不卖的权利，可以实施该权利，也可以放弃该权利。碳期权的交易方向取决于购买者对于碳排放权价格走势的判断。以 CCER 期权为例，当预计未来 CCER 价格上涨时，CCER 的卖方会通过购买看涨期权对冲未来价格上升的机会成本，如果未来 CCER 价格下降，则通过行使看涨期权 CCER 卖方获得收益。

碳期权和传统期权的分类模式一样，可以分为看涨碳期权和看跌碳期权，看涨碳期权是指买方向卖方支付一定数额的"权利金"后，即拥有在合约的有效期内，按事先约定的价格向卖方买入一定数量的碳标的，但不负有必须买进的义务。而期权卖方有义务在规定的有效期内，应买方要求，以事先规定的价格卖出碳标的。看跌碳期权是指买方向卖方支付一定数额的"权利金"后，即拥有在合约的有效期内，按事先约定的价格向卖方卖出一定数量的碳标的，但不负有必须卖出的义务。而期权卖方有义务在规定的有效期内，应买方的要求，以事先规定的价格买入碳标的。

2016 年 6 月 16 日，深圳招银国金投资有限公司、北京环境交易所、北京某碳资产管理公司在第七届地坛论坛上，签署了国内首笔碳配额场外期权合约，交易量为 2 万 t。交易双方以书面合同形式开展期权交易，并委托北京环境交易所负责监管权利金与合约执行工作。

（6）碳资产支持证券

碳资产支持证券可以理解为将大量能产生可预见、稳定的收现金的碳资产，通过证券化运作转化为在资本市场中发行的、以碳排放权资产为支撑的资产证券的一种融资新技术。碳资产证券化就是首先将碳排放权交易中所产生的现金流收集起来，组成碳排放权基础资产组集合，再将碳排放权基础资产组通过风险隔离措施转让给一个专门为开展碳资产证券化业务的特殊机构（special purpose vehicle，SPV），然后 SPV 通过对碳排放权基础资产进行证券内部增级和外部增级的设计，在证券市场上发行和交易以碳排放权交易所产生的现金流为信用支撑的证券化的融资过程。

2021 年 3 月 9 日，英大信托作为受托管理人、发行载体管理机构，携手国网国际融资租赁有限公司设立的“国网国际融资租赁有限公司 2021 年度第一期绿色资产支持商业票据（碳中和债）”成功发行。该项目规模 17.5 亿元，募集资金用于支持可再生能源融资租赁项目，创新绿色金融新模式，积极助力“碳达峰、碳中和”目标实现。该项目为国内首单“碳中和”资产证券化产品，被授予绿色等级最高级 G-1 级。项目资金最终投向 3 个水力发电、2 个风力发电和 1 个光伏发电清洁能源项目，预计每年可实现二氧化碳减排 236.27 万 t，标准煤节约 114.63 万 t，二氧化硫减排 1.75 万 t，碳减排效果明显。

截至 2021 年 4 月 10 日，我国已经成功发行碳中和资产支持证券［包括资产支持证券（asset backed securities，ABS）、资产支持票据（asset backed medium-term notes，ABN）、资产抵押商业票据（asset backed commercial paper，ABCP）］产品 7 只，共计 107.10 亿元。其中包含交易所 ABS 产品 1 只，涉及金额 10.30 亿元，银行间市场的 ABN 及 ABCP 产品 6 只，涉及金额共计 96.80 亿元。从基础资产类型来看，以应收补贴款作为基础资产的有 3 笔，分别为龙电 2021-2、三峡 ABN2021-1 和新能 2 号 ABCP2021-1，发行总金额共计 49.76 亿元，占目前发行总规模的 46.46%，占比最高，均是以应收风电、光伏发电等项目的可再生能源电价补贴为入池资产；融资租赁债权作为基础资产的项目，底层融资租赁贷款多涉及风能、太阳能或光伏发电项目，发行总金额共计 41.14 亿元，占目前发行总规模的 38.41%；基础设施收费收益权涉及基础资产，包括使用清洁能源的城市轨道交通和利用清洁能源发电、供热等项目的未来现金流的收益权。

2. 融资工具

融资工具主要包括碳债券、碳资产质押、碳资产回购、碳资产托管等。融资工具可以为碳资产创造估值和变现的途径，帮助企业拓宽融资渠道。

（1）碳债券

碳债券是发行人为筹集低碳项目资金向投资者发行并承诺按时还本付息，同时将低碳项目产生的碳信用收入与债券利率水平挂钩的有价证券，其核心特点是将低碳项目的 CDM 收入与债券利率水平挂钩。碳债券根据发行主体可以分为碳国债和碳企业债券。

碳国债是国家以其公信力保证发行和收益的有价债券，是指由国家发行，所筹集资金专门用于碳减排事业专项发展的国债。碳国债的购买和持有者包括国内企业、个人甚至地方政府，也包括外国的政府、企业、个人，可以是纯资金型债券，还可以是资金与碳资产的组合，即每张碳国债对应一个未来本息现金流及一定数量的 CERs 等碳资产，是一种新兴概念。

碳企业债券是碳减排或碳控排企业以碳减排收益作为融资保证、所发行的债券融资金额用于碳减排项目的债券。2014 年 5 月 12 日，国内首单碳债券——中广核风电附加碳收益中期票据在银行间交易商市场发行，发行人为中广核风电，发行金额 10 亿元，发行期限为 5 年。主承销商为上海浦东发展银行和国家开发银行，由中广核财务及深圳排交所担任财务顾问。该笔碳债券利率采用“固定利率 + 浮动利率”的形式，发行利率是 5.65%，比同期限 AAA 信用债估值低 46bp。其中浮动利率部分与发行人下属 5 家风电项目公司在债券存续期内实现的碳资产（CCER）收益正向关联，浮动利率的区间设定为 5～20bp。

中广核发行的债券，本质上来讲属于公司信用债券，债券的发行主要还是依赖于中广核公司本身的信用评级，碳资产收益只作为浮动利率的绑定部分。通过对公司抵押债券的分析，我们认为，随着中国碳市场不断完善与成熟，配额碳资产（各试点发放的企业配额）以及减排碳资产（CCER）的价格将趋于稳定，在市场定价功能得到充分发挥，其价值得到金融市场参与方的认可后，碳债券则可以单独发行。控排企业可以将配额碳资产作为直接抵押物发行公司抵押型债券，进行债务融资，更好地为企业提供一个除了银行机构以外的融资渠道。项目业主公司则能够以减排碳资产作为抵押物进行抵押债券发行，向社会公众进行融资，进行中国减排项目的开发。

（2）碳资产质押

碳资产质押是碳资产的持有者（借方）将其拥有的碳资产作为质物，向资金提供方（贷方）进行质押以获得贷款，到期再通过还本付息解押融资合约，属于企业利用碳资产融资的方式之一。在现行碳市场的交易机制下，碳资产具有明确的市场价值，为碳资产作为质押物发挥担保增信功能，而碳资产质押融资则是碳排放权和碳信用作为企业权利的具体化表现。作为碳市场中的一种新型融资方式，碳质押融资业务的发展有利于企业的节能减排，具有环境、经济的双重效益。

碳资产作为质押物，为银行的信贷资产提供保障，然而碳资产变现能力却受到碳市场价格波动以及市场交易情况的影响，同样存在一定的风险。在传统的贷款模式中，对于采用碳资产进行质押贷款，常常会引入碳资产管理机构这一新的主体，在银行不愿意主动承担碳资产价格风险的情况下，由碳资产管理机构代为履行碳资产的持有和处分，并向银行书面承诺为企业提供质押担保。借助第三方机构的碳资产管理专业能力，对市场风险进行控制。其主要特点是为轻资产的中小型碳资产公司拓宽融资渠道，缓解其筹资压力。

以碳资产质押贷款为例，其业务运作流程如图 8-1 所示。

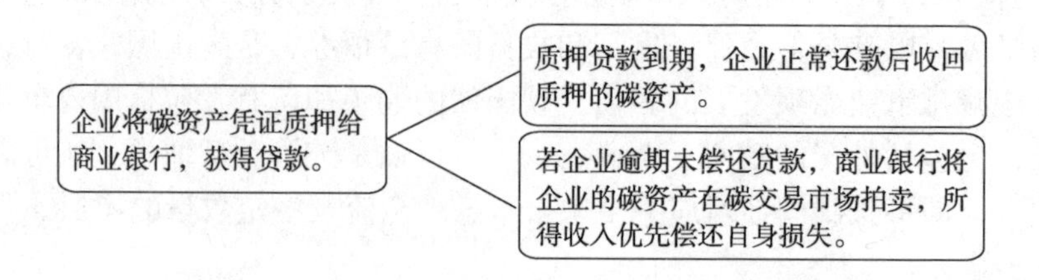

图 8-1　碳资产质押贷款流程

2014 年 9 月 9 日，兴业银行武汉分行、湖北碳排放权交易中心和湖北宜化集团有限责任公司三方签署了碳资产质押贷款协议，以 211 万 t 碳排放配额作为质押担保，依据湖北碳市场平均成交价格和双方约定的质押率系数，宜化集团获得兴业银行 4000 万元贷款，完成了全国首单碳配额质押贷款。湖北碳排放权交易中心为融贷双方提供质押物登记存管和资产委托处置服务。

（3）碳资产回购

碳资产回购一般是指碳资产的持有者（借方）向资金提供机构（贷方）出售碳资产，并约定在一定期限后按照约定价格购回所售碳资产以获得短期资金融通的合约。其中，交易参与人签订回购交易协议，并将回购交易协议交给碳排放权交易所核对，启动回购交易，直至最后一个回购日，按照协议约定完成配额和资金结算后，回购交易完成。双方在回购协议中需约定出售的配额数量、回购时间和回购价格等相关事宜。在协议有效期内，受让方可以自行处置碳排放配额。

碳资产回购业务是一种通过交易为企业提供短期资金的碳市场创新安排。对控排企业和拥有碳信用的机构（正回购方）而言，卖出并回购碳资产获得短期资金融通，能够有效盘活的碳资产，对于提升企业碳资产综合管理能力以及金融市场对碳资产和碳市场的认知度与接受度有着积极意义；同时，对于金融机构和碳资产管理机构（逆回购方）而言，则满足了其获取配额参与碳交易的需求。

2015 年 3 月 21 日，兴业银行与春秋航空股份有限公司、上海置信碳资产管理有限公司在上海环境能源交易所签署《碳配额资产卖出回购合同》，为国内首单碳配额回购业务。由春秋航空向置信碳资产根据合同约定卖出 50 万 t 2015 年度的碳配额，在获得相应配额转让资金收入后，将资金委托兴业银行进行财富管理。约定期限结束后，春秋航空再购回同样数量的碳配额，并与置信碳资产管理有限公司分享兴业银行对该笔资金进行财富管理所获得的收益。

（4）碳资产的融资租赁

碳资产的融资租赁是指一部分低碳企业在建设过程中需要购买昂贵的动力设备，企业需要融资获得机器设备，并通过出售减排指标或低碳产品向金融机构支付租金。根据这样的现实需求，金融机构在正确评估项目风险与收益的情况下，通过融资租赁方式为减排项目提供必要的机器设备，并且也可使自身从中获取收益。

融资租赁具有“融资 + 融物”的双重属性，是解决设备类固定资产缺口的有效金融工具。无论是在动产设备等租赁标的物的选择上，还是从绿色租赁项目中长期融资的特性上，都与绿色发展具有较强的契合性。实现重点管控行业的绿色发展，助力推进碳达峰、碳中和，最核心的任务就是为低污染、低排放行业企业提供设备租赁业务，便利企业融资，促进企业和相关行业的发展。从目前的金融机构实践来看，国银金租、中信金租、华夏金租、农银金租等金融租赁公司，正在重点推进绿色租赁业务，并已逐步形成相当可观的规模。据 2021 年各家机构的中报数据显示，国银租赁涵盖的绿色低碳循环领域基础设施租赁业务板块，上半年实现新增投放约 317.43 亿元人民币，同比增长了 9.5%。农银租赁的绿色租赁投放占比达到 86.7%，绿色租赁资产余额占租赁资产余额比例达 62.7%。

2021 年 7 月，南方电网碳中和融资租赁服务平台在广州南沙区举行揭牌仪式，全国首个碳中和融资租赁服务平台正式上线。该平台基于区块链等数字技术，创新融资租赁服务模式，探索建立融资租赁费用与碳排放量挂钩的浮动机制，倒逼碳排放主体主动减少碳排放量，首期已有超过 10 亿元的项目接入该平台。

（5）碳资产托管

碳资产托管是碳资产管理机构（托管人）与碳资产持有主体（委托人）约定相应碳资产委托管理、收益分成等权利义务的合约。目前我国开展的碳资产托管业务主要为配额托管。

目前较为完善的碳资产托管业务主要集中在湖北碳排放权交易中心，湖北碳排放权交易中心于 2014 年 12 月出台《湖北碳排放权交易中心配额托管业务实施细则（试行）》。2014 年 12 月 9 日，湖北碳排放权交易中心促成全国首单碳资产托管业务，湖北兴发化工集团股份有限公司参与该项业务并托管 100 万 t 碳排放权。碳排放权托管机构接收企业托管的碳资产，通过专业化的碳资产管理运营，为企业提供盘活存量碳资产的有效手段。通过碳资产托管，企业能够获得固定收益，又无须承担参与市场交易的风险。机构也能够通过市场操作获益，用保证金的杠杆获得更多收益。托管业务的开展，将有利于帮助控排企业提升碳资产管理能力、提高市场交易流动性。

尽管碳配额托管能使多方获利，但是碳配额托管也不可避免地存在一些问题，其中最主要的问题就是风险控制。对于参与托管的企业来说，一方面是市场风险，包括托管机构缺少在管理、交易被托管配额方面经验所致的操作风险，另一方面是临履约风险，即在履约前托管机构是否能按照承诺按期返还配额。对于托管机构来说，一方面是对冲风险，由于当前市场主要以现货交易为主，期货衍生品交易并不发达，托管机构缺乏合适的金融工具有效对冲自身的风险，另一方面是政策风险，由于目前碳排放权交易正在试点阶段，各项政策的稳定性有待确定，且目前出台的政策主要是国家发展改革委的部门规章，尚无法律或行政法规。

3. 支持工具

支持工具为碳资产的开发管理和市场交易等活动提供量化服务、风险管理及产品开发的金融产品。主要包括碳指数、碳保险、碳基金等。支持工具及相关服务可以为各方了解市场趋势提供风向标，同时为管理碳资产提供风险管理工具和市场增信手段。

（1）碳指数

碳指数是反映整体碳市场或某类碳资产的价格变动及走势而编制的统计数据，既是碳市场重要的观察指标，也是开发指数型碳排放权交易产品的基础，同时基于碳指数开发的碳基金产品也列入碳指数范畴。

2014 年 4 月 30 日，置信碳指数（Zhixin carbon index，ZXCI）在上海环境能源交易所正式发布。置信碳指数是由上海置信碳资产管理有限公司研究开发的我国首个反映碳交易市场总体走势的统计指数。置信碳指数建立在先进的数学模型算法基础上，以 2013 年 12 月 31 日为基期（基期值为 1000），数据采样范围涵盖全国碳交易试点市场，同时充分考虑碳交易试点区域配额总量的权重特性。指数算法中还设置了灵活的修正机制，以保证指数的科学性和全面性。置信碳指数综合反映了全国碳交易试点市场的整体运行状况和碳价变动情况，是碳交易指数化投资和指数衍生品开发的权威参考依据。

（2）碳保险

碳保险是为降低碳资产开发或交易过程中的违约风险而开发的保险产品。目前主要包括碳交付保险、碳信用价格保险、碳资产融资担保等。

我国目前的碳保险有：①碳信用交付担保保险，指很多大型清洁能源投资项目可以将自己未用完的碳信用出售给需要更多碳信用的企业，但由于新能源项目本身在整个运营过程中面临着各类风险，这些风险都可能影响到企业碳信用交付的顺利进行。而建立碳信用交付担保保险则可为项目业主或融资方提供担保和承担风险，将风险转移到保险市场。其目前还不是十分成熟，关于投保方和保险方及其权利义务等还不明确。②光伏产品质量保证保险。投保方为光伏产品的生产商，被保险人是指产品的购买人、使用人，保险标的是光伏产品质量，保险人的保险责任是保证太阳能电池组件在10年内输出功率不低于峰值的90%，25年之内不低于峰值的80%。如低于该数值，由于修理、功率补偿或更换引起的本应由被保险人承担的费用，包括鉴定费用、运输费用和修理费用等由保险人来负责赔偿。③太阳能电站营业收入保证保险。投保人和被保险人都是太阳能电站的所有人或运营商，保险标的是太阳能电站营业收入，保险责任是年收入低于预期收入的90%时进行赔付，其有利于融资和稳定的营业收入。但实际上，我国的后两种保险制度还不能算是真正的碳保险。

2016年11月18日下午，在2016年中国长江论坛——全国碳市场建设与绿色金融创新分论坛上，湖北碳排放权交易中心与平安财产保险湖北分公司签署了“碳保险”开发战略合作协议。此次协议签订之初，湖北碳排放权交易中心与平安财险湖北分公司共同进行了多次商讨研究，并咨询了第三方核查机构和众多企业意见，最终确定了全国首个碳保险产品设计方案。一同参加签约的华新水泥集团与平安财险签署了全国首个碳保险产品的意向认购协议，平安保险将为华新集团旗下位于湖北省的13家分子公司量身定制产品设计方案，并在之后签署正式保险服务协议。此次协议的签订标志着全国首单“碳保险”正式落地湖北，这是自“现货远期”产品上线后，湖北绿色金融创新成果的又一新样本。

扩展阅读 8-3

8.4 企业绿色融资管理

8.4.1 企业绿色融资渠道

企业绿色融资存在于绿色金融的发展体系中，主要存在于绿色企业与一般企业为开展经营资金的筹集而开展的筹资活动。绿色企业指以可持续发展为己任，将环境利益和对环境的管理纳入企业经营管理全过程并取得成效的企业。目前我国企业的绿色融资渠道主要包括绿色信贷、绿色债券、绿色发展基金、资本市场融资和政府补贴。

1. 绿色信贷

2007年，为遏制高能耗高污染产业的盲目扩张，环保部、人民银行和银监会三部门首次提出绿色信贷政策，旨在引导银行资金向绿色产业倾斜，通过金融杠杆的运用实现生态调控。地方政府可自主制定信贷贴息政策，降低当地企业的融资成本。数据显示，2013 年年末至 2019 年 6 月末，21 家主要银行的绿色信贷余额从 5.2 万亿元增长至 10.6 万亿元，年复合增长率约 14%，信贷规模稳步增长；2018 年全年新增绿色贷款规模约为 1.13 万亿元。目前，绿色信贷是企业绿色融资最主要的融资渠道。

2. 绿色债券

2015 年末，国家发展改革委发布了《绿色债券发行指引》，鼓励企业进行绿色债券融资。文件明确了绿色债券的适用范围、募集资金用途及信息披露安排等，并放宽发行条件，简化审核流程，加快促进绿色债券市场的发展。绿色债券作为近年重大的金融创新，其规模发展迅猛。根据 Wind 数据统计，2018 年的绿色债券总发行量达到 2322.35 亿元，发行品种丰富。其中绿色金融债券发行规模为 1249.20 亿元，发行金额占比超过 50%；绿色公司债券、中期票据、资产支持证券及票据分别发行 711.79 亿元、239.80 亿元和 121.56 亿元。2019 年 1—10 月，绿色债券发行总量已超过 2800 亿元，发行规模大幅超过 2018 的年水平。

3. 绿色发展基金

近年，政府资本绿色基金和民间资本绿色基金得到一定发展，绿色产业政企合作模式加快完善，为企业拓宽了融资渠道。绿色发展基金旨在为未上市的企业提供股权投资，投资期限较长。关注产业长期效益，有助于满足企业早期资金需求，提高金融资本与产业经济的融合效率。根据基金业协会数据统计，2015 年至 2017 年绿色发展基金增长迅速，2017 年设立的绿色发展基金达 212 只。近两年新设速度放缓，2018 年设立 135 只，同比下降 36%；2019 年 1—10 月，新设立的绿色产业发展基金仅为 47 只。

4. 资本市场融资

目前，我国形成包含主板、中小板、科创板、创业板和新三板的多层次资本市场，能够为处于生命周期不同阶段的绿色企业和一般企业提供股权融资。政策支持绿色企业借助资本市场的资源配置功能，促进绿色产业升级换代。在政策引导下，绿色指数、公募私募投资基金等金融产品逐渐成立，绿色投资理念初步形成，推动了资本市场为绿色经济发展服务。目前我国 A 股资本市场共有绿色概念公司 109 家，市值总额约 7400 亿元，占 A 股总市值比重约 1.34%。2018—2019 年，新上市绿色概念公司仅 4 家，资本市场的融资门槛较高。

8.4.2 企业绿色融资影响因素

1. 企业绿色融资的外部影响因素

企业绿色融资的渠道一般受企业所在地区或环境的影响，具体来看，一般是从企业所受的环境政策、宏观经济政策、金融市场环境和其他方面对绿色投资与低碳融资的外部影响因素进行研究。

①环境政策对企业绿色融资的影响具有多种分类依据，目前主流研究将环境政策分为命令控制型和市场激励型两大类。其中，命令控制型环境政策主要包括环境保护相关

的法律、法规和制度及对企业环境行为施加压力的政策；市场激励型环境规制主要包括排污许可证交易制度、碳排放权交易制度等对企业发挥激励约束作用的政策。

命令控制型政策具有较强的约束作用，如果企业不能遵守，将面临严厉的处罚。命令控制型政策通常针对绿色低碳投资而制定，环境规制强度较低时，企业进行绿色低碳投资主动性不强，但随着管制强度增加，环境规制就会对绿色低碳投资带来显著的促进作用。

市场激励型环境政策既针对企业绿色投资，也影响企业的绿色低碳融资。一般认为市场激励型环境政策对企业绿色低碳投资行为存在正向影响。2013 年开始实施的碳排放权交易机制建立了与碳排放权相关的、运行匹配的规章制度和市场条件，各个碳市场的交易规模持续上升，显著提升了企业对技术创新的投入。例如，从绿色投资的视角评估碳排放权交易试点政策对绿色创新投资的效果，碳排放权交易试点政策整体上促进了试点地区的绿色技术创新活动。

②宏观经济政策对微观企业行为可产生广泛而深刻的影响。经济合作与发展组织（Organization for Economic Cooperation and Development，OECD）敦促各成员国通过制定更有力且一致的减缓气候变化的宏观经济政策，将投资从化石燃料技术转向可再生能源和绿色技术项目，这些政策包括财税政策、货币政策和产业政策等。若要将温度增加和碳排放控制在可承受范围之内，需要国家宏观经济政策的配合，即企业在绿色融资中受本国与循环经济发展相关的财税政策、货币政策和产业政策影响较为明显。其中，绿色产业规划政策是优化绿色低碳投融资环境的重要因素。国务院《关于加快发展节能环保产业的意见》的实施为我国低碳企业发展创造了良好的制度环境，增加了绿色企业的投融资机会。

③金融市场对企业绿色低碳融资也存在显著的影响。我国绿色债券近年来的快速发展，正得益于金融监管部门、交易市场对企业发行绿色债券的政策引导和制度的完善。另外，信贷市场环境的改变，如绿色信贷政策的实施，对重污染企业的融资有显著抑制作用，但会在一定程度上正向影响绿色低碳企业的融资活动。

2. 企业绿色融资的内部影响因素

企业内部控制体系不完善，富余碳资产数量无法得到有效保障。一般而言，完善的内部控制体系主要包括内控监督、内控风险控制、内控环境等。虽然企业在碳资产质押融资模式应用之前会进一步优化企业的组织架构，但是企业的内部控制体系中仍会存在不完善的问题，超额排放以及不顾碳排放仅追求短期经济利益等现象仍较常见，碳资产流动性和内部减排工作的有序性无法得到切实保障。

8.4.3 企业绿色融资实践

当前中国绿色金融进入纵深发展的新阶段，将深入研究绿色金融基础理论，不断完善绿色金融标准体系，研究储备更多绿色金融政策工具，继续鼓励绿色金融产品服务创新，广泛深入参与全球绿色金融治理，推动中国绿色金融高质量、可持续发展。绿色金融改革创新试验区是我国绿色金融发展的一个重要探索。2017 年 6 月以来，国务院先后在全国六省（区）九地设立绿色金融改革创新试验区，探索“自下而上”地方绿色金融发展路径，随着碳达峰、碳中和目标的提出，绿色转型发展成为全社会的共识，越来越多的地方都在积极探索绿色金融改革创新。对于企业的绿色融资渠道而言，在国家稳步完成“双碳”目标的背景下，企业应积极拓宽绿色融资通道，如企业碳资产质押融资和碳债券等融资新路径。

1. 碳资产质押融资

（1）企业碳资产质押融资路径

碳资产质押融资属于绿色金融发展的一部分，主要是指企业或供应链以自身现有或未来可获得的碳资产作为标的物进行质押贷款的融资模式，是碳排放权作为企业权利的具体化表现。该质押贷款模式中的碳资产是广义的，包括基于项目产生的和基于配额交易获得的碳资产。基于企业碳资产配额交易下的碳资产质押的模式如图 8-2 所示。

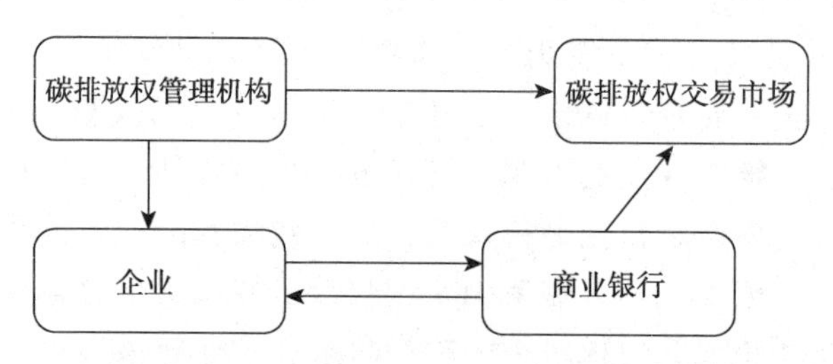

图 8-2　企业碳资产配额质押融资操作流程图

企业首先从碳排放权管理机构无偿分配到或者有偿申购获得初始碳排放权配额。碳排放管理机构向企业开具碳排放权凭证，并与企业签订碳排放权受让合同和委托书，即企业到时若不还贷，碳排放权管理机构将按照预先签订的受让合同和委托书向碳排放权交易市场出售该企业的部分碳排放权，所得收益可以替企业偿还贷款，这样可以降低企业利用碳资产配额进行融资时的违约风险。

正常的碳资产质押融资交易中，企业将碳资产凭证质押给商业银行以获得贷款。当质押贷款到期时，企业正常偿还商业银行的贷款后收回质押的碳资产。

质押贷款到期后，企业若未能偿还贷款，碳排放权管理机构可以出售企业的碳资产为企业偿还贷款，碳排放权管理机构按照委托合同出售碳排放权，获得收入并偿还银行贷款。商业银行也可以利用碳交易市场进行企业贷款的执行，即企业逾期未偿还贷款，商业银行将企业的碳资产在碳交易市场拍卖，拍卖所得收入优先偿还自身损失。

相较于传统的贷款模式，碳资产质押贷款模式中引入了碳交易市场和碳排放权管理机构。在碳市场中，碳排放权管理机构依法享有对企业碳排放权的所有权或处分权，并应向商业银行书面承诺为企业提供质押担保。商业银行的贷款有质押物的保障，信贷资产能够得到充分保证。其中碳资产变现能力主要受市场供求影响，碳市场是银行主要的风险来源。

（2）企业碳资产质押融资关注点

从碳资产的角度看，碳资产属于无形资产，质押融资过程中产生碳交易会带来交易风险以及合同的违约风险等，涉及碳资产设置的基础、交易主体的规制、融资流程的风险规制以及权利救济等相关制度。因此，不仅需要设立监管主体对质押融资的流程进行监管，同时要有完善的监管制度作为保障。

从企业的角度看，碳资产质押融资不仅可以减少控排企业减排的成本、解决控排企业的短期融资难的问题，降低融资成本，而且可以帮助企业盘活碳资产，使企业授信的标准降低，能够解决企业因减排所带来的质押担保等艰难处境。控排企业凭借碳资产质押融资项目的执行情况、减排效果等来安排期限结构和贷款数额。

从国家的角度看，以碳资产作为融资标的，在绿色金融资源配置中以价格杠杆引导我国经济"绿色、可持续"发展，这在我国绿色金融体系中极为重要。碳资产质押融资能够满足低碳融资需求，推动我国能源供给侧改革下的低碳产业转型升级。我国碳资产质押融资模式的发展尚处初级阶段，以碳资产作为标的资产设立质押并无明确的法律规定，这对碳金融业务的发展有诸多不利影响，同时制约了控排企业盘活碳资产以获得收益和增信的途径，因此，我国需要制定相关制度与运行机制来保证企业进行碳资产质押融资的安全可靠，以制度架构来合理控制碳价格波动风险，拓展配额业务的头寸。

2. 碳债券的融资发展

（1）碳中和债与绿色债券

碳中和债属于绿色债券的子品种之一，与其他类型的绿色债券相比，碳中和债有三个不同的特点。

首先是资金用途更为聚焦。绿色债券分类标准主要依照《绿色债券支持项目目录》（下文称《目录》），《目录》将绿色项目分为节能环保产业、清洁生产产业、清洁能源产业、生态环境产业、基础设施绿色升级、绿色服务六大领域，并要求募集资金用途需符合上述领域要求。相比之下，交易商协会规定的碳中和债的资金用途范围则较为狭小，不仅需要符合《目录》，而且必须能够产生碳减排效益。根据交易商协会的规定，其资金用途主要有四种：光伏、风电及水电等清洁能源类项目，电气化轨道交通等清洁交通类项目，绿色建筑等可持续建筑类项目和电气化改造等工业低碳改造类项目。

其次是环境效益可量化。一般绿色债券在发行阶段主要聚焦于资金运用项目是否符合绿色评估的定义，信息披露仅停留在项目类别和财务报表的层面。相比之下，对于银行间碳中和债而言，发行阶段要求由第三方专业机构出具评估认证报告，需详细地披露对应项目碳减排环境效益和其他环境效益的测算方法与结果，甚至可以具体到单个募投项目每年理论上的碳减排量和其他污染物减排量，并且鼓励发行人披露企业整体的碳减排计划、碳中和路线图以及减碳手段和监督机制等内容。此举有助于投资者显著识别碳中和债所募资金的实际用途，增强碳中和债的市场公信力。对于交易所碳中和债而言，目前尚未对碳中和债券的环境效益作出明确规定，但交易所要求在募集资金实际投入使用后的最近一次披露定期报告时，同步披露第三方绿色评估认证报告。

最后是存续期信息披露更为精细。一般绿色债券在存续期内需要披露募集资金使用情况说明，主要停留在资金用途、使用进度及绿色项目运行情况等信息上。从实际情况来看，部分绿色债券的跟踪披露依然停留在发行前评估认证报告、并未实时调整环境效益等信息上。相比之下，碳中和债在存续期中的披露要求更为严格，不仅需包含一般绿色债券必须披露的基本信息，交易商协会还要求其进一步披露募投项目实际或预期产生的碳减排效益等相关内容。

在“碳达峰”“碳中和”目标下，我国绿色金融发展进入新阶段。2021 年 7 月 1 日，《银行业金融机构绿色金融评价方案》和《绿色债券支持项目目录（2021）》实施，前者将绿色债券纳入银行绿色金融业务评价体系，后者统一了国内绿色项目标准。这意味着绿色债券市场有了更为完善的激励约束政策和认定标准，在达成“碳中和”目标的庞大资金需求下，我国绿色债券市场迎来广阔发展空间。2021 年以来，我国债券市场中绿色债券发行规模显著增长。2021 年 1—5 月我国债券市场中绿色债券累计发行数量 150 只，累计发行金额 1924.95 亿元，同比分别增长 56.25%和 82.72%。其中，一季度国内绿色债券发行总额已超 2020 年发行总额 50%以上。绿色债券发行规模大幅增长，主要源于其子品种——“碳中和”债的异军突起。从 2021 年 2 月开始，以“碳中和”为主题的债券迅速出现且增势较强。数据显示，截至 2021 年 6 月 24 日，2021 年以“碳中和”为主题的债券有 97 只，发行金额 1086.88 亿元。为实现“碳达峰”“碳中和”目标，经平安证券测算，仅“碳达峰”支持的相关行业投资规模可达 100 万亿元以上，若其中 10%的融资需求由发债满足，绿色债券的增长空间将达 10 万亿元。

（2）企业碳中和债发行路径

目前碳中和债募集资金的投向中，清洁能源类项目占比高达 56%，其中投向电力公用事业的规模最大，以国家电网、国电投、长江三峡等为代表的大型电力企业数量较多。上述资金投向与我国碳排放结构（电力占我国碳排放的比重超过 40%）以及全国性碳排放权市场的启动有一定的关系。按照《碳排放权交易管理办法（试行）》，2225 家电力企业成为最先接受强制减排约束并进入全国碳排放权市场的履约主体。在强制减排约束下，电力企业有更强的动力通过碳中和债来加大碳减排项目的投入，以实现自身排放量的下降。短期可以降低履约成本，长期可以形成在排放权市场上交易的碳资产，还可以为碳中和债带来额外的收益来源。随着参与配额交易的主体从电力企业扩展到其他行业，如水泥、钢铁行业，企业应主动关注自身行业类型，促进碳中和债业务的开展。

作为绿色债务融资工具的子品种，碳中和债主要募集资金专项用于具有碳减排效益的绿色项目的债务融资工具。一般专项用于清洁能源、清洁交通、绿色建筑等低碳减排领域，并对碳中和债给予专项标识。企业在目前碳中和债发行较为频繁的背景下，应主动关注碳中和债要求的须第三方专业机构出具专业的评估认证报告，此报告需对二氧化碳减排等环境效益进行定量测算。企业应主动关注自身项目减排领域和减排当量，同时加强存续期信息披露管理，企业需要每半年披露募集资金使用情况、绿色低碳项目进展及定量的碳减排等环境效益数值，强化存续期信息披露管理，提高募集资金使用透明度。

课后习题

一、名词解释

1. 碳金融产品
2. 碳债券
3. 碳远期
4. 碳期权

二、简答题

1. 国内碳金融产品分为什么？分别包括哪些？
2. 碳金融的价格发现机制分为哪些？

第9章

企业碳管理案例

本章学习目标：

通过本章学习，学员应该能够：

1. 了解电力企业碳管理举措。
2. 了解其他高碳企业碳管理举措。
3. 了解一般制造企业碳管理举措。
4. 了解服务类企业碳管理举措。

9.1 电力企业碳管理案例

9.1.1 电力企业碳管理概况

能源消耗是我国主要的二氧化碳排放源，占全部二氧化碳排放的88%左右，电力行业排放约占能源行业排放的41%，是碳排放的主体，肩负着碳中和的重要责任和使命。以五大发电集团为代表的主要发电企业纷纷响应，明确碳达峰时间表和相关具体目标（见表9-1），并已着手行动。

表9-1 五大发电企业碳达峰时间表及主要目标

宣布时间	企业名称	碳达峰时间表及主要目标
2020年12月8日	国家电投集团	到2023年，实现“碳达峰”。到2025年，电力装机将达到2.2亿kW，清洁能源装机比重提升到60%。到2035年，电力装机达2.7亿kW，清洁能源装机比重提升到75%
2020年12月20日	国家能源集团	抓紧制定2025年碳排放达峰行动方案，坚定不移推进产业低碳化和清洁化，提升生态系统碳汇能力。“十四五”时期，实现新增新能源装机7000万～8000万kW、占比达到40%的目标
2021年1月17—18日	华能集团	到2025年，发电装机达到3亿kW左右，新增新能源装机8000万kW以上，确保清洁能源装机占比50%以上，碳排放强度较“十三五”时期下降20%。到2035年，发电装机突破5亿kW，清洁能源装机占比75%以上

续表

宣布时间	企业名称	碳达峰时间表及主要目标
2021 年 1 月 21 日	大唐集团	到 2025 年非化石能源装机超过 50%，提前 5 年实现“碳达峰”
2021 年 1 月 28 日	华电集团	“十四五”期间,力争新增新能源装机 7500 万 kW，“十四五”末非化石能源装机占比力争达到 50%，非煤装机（清洁能源）占比接近 60%，有望 2025 年实现碳排放达标

1. 五大发电集团碳达峰、碳中和的共性举措

1）加大清洁能源开发力度

要实现碳达峰、碳中和目标，加大清洁能源开发力度是各大发电集团的共同选择，清洁能源装机占比的提高也是各大集团实现碳达峰、碳中和的一个重要指标。华能集团明确到 2025 年新增新能源装机 8000 万 kW 以上，确保清洁能源装机占比 50%以上，到 2035 年清洁能源装机占比 75%以上。大唐集团提出将加快推进装备和管理升级，有序推进新能源替代，2025 年清洁能源装机占比 50%以上。华电集团力争“十四五”期间新增新能源装机 7500 万 kW，非煤装机（清洁能源）占比接近 60%。国家能源集团计划力争到“十四五”末，可再生能源新增装机达到 7000 万～8000 万 kW。国家电投集团紧抓“十四五”风电、光伏跨越式大发展机遇，力争全年新增新能源装机不低于 1500 万 kW，清洁能源装机比重提升到 60%。

2）投入碳达峰、碳中和研究

华能集团成立碳中和研究所，依托华能能源研究院，开展碳中和战略方向、演进规律和科技创新等方面基础研究，重点研究碳中和对国家能源体系、能源市场、供需关系等产生的影响，再电气化对实现碳中和目标的关键作用，华能集团实现碳中和目标的路径和关键技术选择等。华电集团与清华大学合作开展在“碳达峰、碳中和战略路径及技术支撑研究”方面的研究。国家能源集团智库与国家发展改革委能源研究所、清华大学低碳能源实验室、中国科学院数学与系统科学研究院（预测科学研究中心）、中国社科院工业经济研究所四家单位，共同启动研究由国家能源集团率先引领的能源煤炭电力行业碳达峰、碳中和的战略路径。

3）发行债券、成立基金

几大发电集团通过发行债券、成立基金等方式充实清洁低碳发展资金，为企业低碳转型提供资金支持。华能集团成功发行 2021 年度第一期专项用于碳中和绿色公司债券，发行规模 20 亿元。华电集团成功发行首期“碳中和”绿色债，发行规模 15 亿元。国家能源集团成为交易所市场首家碳中和绿色债发行人，规模不超 50 亿元，国家能源集团还联合发起了百亿元新能源产业基金。国家电投集团成功发行 2021 年度第一期绿色中期票据（碳中和债），成为首批银行间市场“碳中和”债券发行人，发行规模 6 亿元。国家电投集团已经连续发行绿色债券并累计募集 11 亿元用于清洁能源电力项目开发。

4）积极参与碳市场，加强碳资产管理

于 2016 年成立的大唐碳资产有限公司，是大唐集团实现碳资产统一、专业化管理的机构，形成了以碳为核心，集低碳规划、绿色服务、国际市场、绿色金融、定制化服务

于一体的绿色发展业务体系，此外，大唐碳资产有限公司还积极参与国家和行业标准的制定。华电集团积极参与碳排放权交易市场建设，采取有力措施降低碳排放强度。国家能源集团龙源碳资产公司于2008—2013年，在国内碳市场尚未启动试点时，积极参与国际碳市场，从事CDM项目开发与交易，实现CDM到账收入23亿元。国家能源集团还积极参与国内碳市场建设，将碳资产管理与集团传统业务深度融合，以实现集团整体效益最大化和绿色低碳发展。

2. 五大集团特色重点路径

因为各发电集团本身的能源结构和优势各不相同，故实现碳达峰、碳中和的难度也各异，在路径选择上，除共同举措外，也有一些各自的特色重点。

华能集团2035清洁能源装机占比年规划目标达到75%以上，任务艰巨，华能集团将以“三型”（基地型、清洁型、互补型）、“三化”（集约化、数字化、标准化）能源基地开发为主要路径，全力打造新能源、核电、水电三大支撑，加快提升清洁能源比重，积极实施减煤减碳。

大唐集团提出到2025年非化石能源装机超过50%，提前5年实现“碳达峰”，上述目标也有挑战性，大唐集团提出，要坚定不移推进低碳绿色发展，加快推进装备和管理升级，有序推进新能源替代；加快向综合能源服务产业战略转型，积极发展智慧能源、多能互补、储能、节能等综合能源服务产业；加快适应碳排放权交易市场建设，做好配套体制机制、人才队伍、信息系统的建设。

华电集团提出到2025年清洁能源装机占比达到60%。华电集团上述目标符合其战略优势，截至2020年，其清洁能源装机占比达到43.4%。为了实现新能源提升目标，华电集团明确了基地式、规模化风光电开发思路，于2020年完成了22个区域清洁能源基地规划研究，风光电、水电在建规模1212万kW。华电集团还明确了“十四五”期间淘汰煤电目标，计划期内将关闭超过300万kW的火力发电容量。

国家能源集团是我国最大的煤基能源企业，也是我国最大的火力发电公司，其发电装机中清洁能源占比最低，低碳转型任务最重。国家能源集团在风电领域优势明显，全球风电装机规模位列第一，但其在光伏发展上存在明显不足。2020年10月，国家能源集团发布《国家能源集团关于加快光伏发电产业发展指导意见》，计划大幅提升光伏装机规模，2020—2025年新增2500万～3000万kW。此外，国家能源集团2020年启动了“国家能源生态林”建设项目，提出“十四五”期间，累计造林不低于10万亩，以实现矿区生态与碳汇减排协同发展。国家能源集团还加大碳捕获和封存（carbon capture storage，CCS）技术研究投入，国内最大规模的15万t/年二氧化碳捕集和封存全流程示范工程（以下简称CCS示范工程）已完成安装建设工作，全面进入调试阶段。

国家电投集团清洁能源装机占比56.09%，是五大发电集团中唯一的清洁能源装机占比超过50%的企业。光伏装机规模稳居世界第一，风电稳居世界第三，也是国内较早布局储能、氢能的央企。因此，该集团提出到2023年实现在国内的“碳达峰”以及2025年、2035年实现清洁装机高目标。国家电投集团落实碳达峰、碳中和工作的整体思路是严控煤电、气电总量，大力发展风、光、水、核等清洁能源，加强低碳技术创新、系统集成研发和新兴产业发展，积极参与全国碳市场和电力市场建设，全力推进国家电投绿色低碳转型发展。在煤电、火电升级转型方面，国家电投集团制定了煤电机组退出管理机制，加大淘汰低效火电机组的力度；在清洁能源发展方面，国家电投集团将继续加大力度发展风电、光伏、水电、核电等清洁能源产业，并把发、取、需、配、售、用产业与智慧化、信息化结合起来，积极发展智慧能源。

9.1.2 中国华能集团碳管理实践

中国华能集团有限公司（以下简称华能）是中国五大电力集团之一，在国内发电企业中率先进入世界500强行列。为了更好地参与碳市场，华能成立了专门的碳资产公司，负责整个集团企业的碳管理工作，其组织架构如图9-1所示。

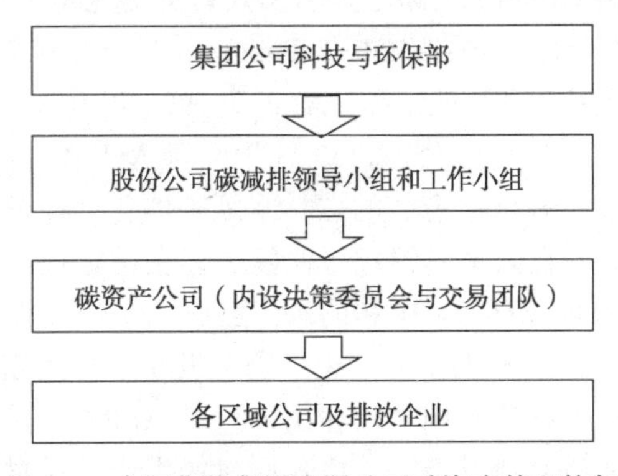

图9-1 中国华能集团有限公司碳资产管理构架

作为集团企业，华能的业务特点为“一元多极”式，“一元”是指电力，这是华能的主业；“多极”是指为主业服务的一系列相关配套产业，包括煤炭、金融、科研、交通运输、新能源、环保等。这些配套产业的发展能够为碳资产公司提供天然的优势，如华能资本服务公司能够为华能碳资产公司提供金融业务优势，西安热工院能够提供技术优势，还有一批水电、新能源企业能够提供CCER开发的优势等。因此，华能成立专门的碳资产公司能够很好地依托集团企业现有的金融、技术及产业优势，更好地发挥其碳资产专业机构的平台作用。在华能碳资产公司的统一管理下，华能集团碳管理主要举措如下。

（1）加强碳管理制度建设。按照统一制订温室气体减排规划、统一组织温室气体排放统计、统一开发自愿减排项目、统一交易排放配额和CCER“四个统一”原则，开展了从纲领性文件到实施细则的一系列规范性文件的制定与系统建设。

（2）开展温室气体排放统计工作。包括所属电厂的碳盘查、数据报送优化策略研究、建立温室气体数据报送系统等。华能碳资产公司在集团企业内部建立了一个集排放统计、指标调控及优化于一体的信息管理系统，同时根据碳盘查结果进行配额分配方法的比较（或称全国碳市场压力测试），这些都为后续的交易和履约环节夯实了基础。

（3）开展CCER开发。由集团企业设立CCER项目开发专项资金，并建立CCER内部调剂系统，此外还设立华能碳基金来投资外部项目。

（4）负责控排企业履约工作。华能碳资产公司负责整个集团内部所有控排企业交易策略的制定，并完成履约工作。

（5）加强能力建设及资讯服务。包括举办内部培训、建立微信资讯平台、撰写月度工作简报，发布碳约束报告和碳市场蓝皮书等。

（6）开展碳金融创新。包括成立诺安湖北碳基金、绿色结构性存款、配额-CCER互换期权、配额托管等。

9.2　其他高碳企业碳管理案例

9.2.1　纸业——金光集团

金光集团（Sinar Mas Group）由印尼知名华人黄奕聪先生于1938年创立。作为金光集团的核心产业，APP（全称为 Asia Pulp & Paper）创立于1972年，产品涵盖纸浆、工业用纸、文化用纸、生活用纸以及纸制品。APP于1992年进入中国，截至2020年年末，拥有两大育苗研究中心，17家林业公司，27.11万公顷人工林，7大浆纸生产工厂，形成了“以林养纸、以纸促林、林纸结合”的“林浆纸一体化”绿色大循环。作为造纸业的龙头企业，APP（中国）一直以来引领着行业发展，在国家提出实现“双碳”目标时，身先士卒地为备战碳中和而努力，碳中和的理念已融入APP（中国）生产经营的各个环节，并取得可喜成绩。2021年5月，APP（中国）发布了集团旗下首批“碳中和”概念生活用纸系列产品，第三方认证机构“钛和认证”对APP（中国）生活用纸系列产品进行了“从摇篮到大门”的碳足迹计算——覆盖原材料生产、原材料运输、产品生产三大生命周期环节，并为金红叶纸业颁发了“产品碳足迹证书”。

1. 构建碳管理体系

2013年，APP（中国）发布了“2020可持续发展愿景路线图”，截至2020年年底，目标已基本达成。其于2020年发布了“2030可持续发展愿景路线图”，总体目标是到2030年前减少碳排放量30%。多年来，APP（中国）旗下工厂积极配合政府相关部门开展碳排放核算和审计工作，逐步建立了碳排放监测、报告与核查管理机制，并多次组织员工参与碳汇、碳交易、碳排放核算等内外部培训、交流会及研讨会，不断加强应对气候变化能力建设。2021年4月，APP（中国）启动了“碳排放管控降碳增效”跨厂管理项目，从集团层面系统统筹碳核算、碳交易履约管理等工作，并邀请第三方专业机构面向旗下主要工厂开展专题培训，覆盖“双碳”政策、碳市场建设进展、企业应对策略等内容。

2. 建设数字化绿色工厂

APP（中国）旗下工厂积极落实国家政策要求，加大技术升级与清洁生产投入，并加快部署碳排放管理，全面加强绿色低碳工厂建设。建立健全能源、水资源、废气、废弃物等方面的管理体系，持续提升环境管理水平。2020年，宁波亚浆和金东纸业获评“国家级绿色工厂”，广西金桂浆纸获评“广西壮族自治区绿色工厂”，标志着APP（中国）的绿色制造水平迈上了新台阶。围绕绿色工厂建设要求，APP（中国）较早开启数字化建设，目前已基本完成数字化1.0阶段的搭建和重构工作，建立了打通各业务部门的数字化平台，各工厂生产运营的环境指标数据已经能够被实时追踪，环境绩效管理更为高效。在新基地建设方面，APP（中国）将致力于打造智能制造、智能服务、智能管理环环相扣的生产模式，使新基地成为集科技、先进制造、循环经济于一体的绿色低碳示范样本。自动化造纸车间金光如东生活用纸基地的建设依托5G、云计算及“工业4.0+人工智能”等先进技术理念，将抄纸、加工、物流有机结合在一起，做到了信息数据化、管理模块化、生产自动化，可实现从供应商到浆厂、纸厂再到客户的全流程数字化覆盖，在大幅提升供应链整体运营效率的同时，能够显著降低能源和资源的耗用量。

3. 节能降碳

对于传统制造业而言，推动能源结构转型、节约能源使用量、提升能源效率及寻求技术突破，是实现低碳绿色转型的关键路径。APP（中国）高度重视生产制造过程的能源管理，其旗下工厂不断优化能源管理制度和管理体系，积极挖掘节能降碳潜力，并着重强化绩效目标追踪和考核工作。

首先应使用绿色电力。由于APP（中国）旗下各工厂的自备电厂普遍采用燃煤发电的方式，用绿色电力替代火力发电将是该公司未来需要持续努力的重要方向。该公司已在部分工厂开展了光伏发电项目。金东纸业充分利用工厂优质的屋顶资源，建成了规模化的太阳能发电示范厂区。项目采用连续建设、同期并网方案，所有电能自发自用，余电上网。一期20 MW屋顶光伏电站和二期10 MW屋顶光伏电站项目分别于2016年和2017年建成投运。2018年至2020年，金东纸业每年光伏发电量均超过2500万kW·h。此外，宁波亚浆也启动了光伏电站建设项目。与此同时，该公司计划在新基地的建设中加强绿色电力的应用。例如，东高档生活用纸产业基地将成为APP（中国）的绿电试点工厂，未来，集团所有配备火力发电厂的工厂将推广绿电。

其次，通过技术设备改造来提高能源效率。2020年，该公司从集团层面积极推动节能减排设备升级试点项目，如广西金桂浆纸新建项目配套污水厂所采用的磁悬浮风机，与传统多级离心风机相比，可带来10%～20%的电能节约。在新基地和新建项目中，使用溴化锂吸收式制冷来替代电压缩式制冷。与电压缩式制冷相比，溴化锂吸收式制冷每制取1 kW·h冷量，可减少燃煤消耗50 g；按制冷机组年运行8400 h预估，每年可节约燃煤量达15888 t。如果试点项目运行良好，将在集团范围内全面推广使用这些设备。

4. 森林碳汇

在实现碳中和的众多方式中，植树造林举足轻重。从1996年开始，APP（中国）先后在广东、海南、广西、云南等地大力发展人工林种植，成为中国“林浆纸一体化”的倡导者和先行者。2019年11月，APP（中国）林务启动了森林碳汇项目，并邀请气候变化专家为APP（中国）林务各事业区开展针对碳交易、碳盘查及碳汇的专题培训。经过一系列准备工作，公司在2020年9月正式成立了林业碳汇项目组，并委托第三方权威专业机构，根据“碳汇造林项目方法学”，对自有林地碳汇进行了集中核算。核算结果显示，截至2020年年底，APP（中国）自营林面积共有27.11万hm^2，累计吸收二氧化碳约4239.51万t，2020年碳汇净增量达462.39万t，目前，累计固碳已达4240万t。

增加森林碳汇并保持碳汇的稳定性，离不开对森林的可持续管理。2008年，APP（中国）发布了《“立足中国、绿色承诺”可持续发展宣言》，明确承诺贯彻可持续营林政策。秉承“科技营林、生态营林、依法营林”的理念，APP（中国）坚持实施高于国家法律法规要求的营林标准，在APP《森林保护政策》的基础上，先后制定了《可持续经营政策》《环境政策》《社会与用工政策》等一系列营林管理政策制度，并对包括接地、育苗、造林、抚育、生长量监测等环节在内的营林作业制定了科学的管理办法。APP（中国）林务每年坚持开展自营林CFCC/PEFC-FM森林认证及ISO 14001环境管理体系认证的内外部审核工作，以发现森林经营的薄弱环节，形成“审核—改进—审核”的良性循环，目前，90.12%的自营林获得了CFCC/PEFC-FM森林认证，其旗下15家企业获得了CFCC/PEFC-CoC认证。此外，APP（中国）长期开展高保护价值评估和生态环境监测，全方位管理营林活动对环境和社区产生的影响。

5. 开发绿色金融产品

扩展阅读9-1

在实现碳中和的进程中，金融业发挥着重要作用。近年来，支持节能环保项目融资的绿色金融快速发展，各大银行、券商正积极推进绿色信贷、绿色金融服务。金融机构对于企业实现碳中和的助力巨大，绿色证券和绿色信贷有利于企业获得资金进行设备技术创新，实现减排，形成良性循环。鉴于此，APP（中国）与金融机构正积极探讨助力碳中和之路需采取的绿色金融措施，与金融机构合作，共同推动“碳中和”主题绿色债券产品的发行与落地。

9.2.2 钢铁——宝武集团

中国宝武集团所处的能源消耗高密集型行业、钢铁行业，是制造业31个门类中碳排放量的大户，占全国碳排放总量15%左右。为提前实现碳减排目标，中国宝武集团提出力争提前实现“碳达峰”“碳中和”目标，以提高能源、资源利用效率为基本手段，优化能源结构，减少高碳能源、资源消耗，降低二氧化碳排放，积极采用市场化手段，以合理成本完成碳配额履约，并进一步开发碳资产价值。昭示了其全力打造“国之重器”，铸就“镇国之宝”的决心和使命，践行绿色发展理念、建设生态文明的责任与担当。

1. 以科技创新打通钢铁行业低碳发展路径

为打通钢铁行业低碳发展路径，中国宝武集团创立了全球低碳冶金创新联盟，打造了面向全球的低碳冶金创新技术交流平台；并建立“1+N”开放式研发创新模式，开展钢铁工业前瞻性、颠覆性、突破性创新技术的研究；此外，该公司还建设了面向全球的低碳冶金创新试验基地，促进钢铁上下游产业链的技术合作，助推钢铁工业可持续发展。

2. 以智慧化、精品化实现极致的碳利用效率

为提升碳利用效率，中国宝武以数智化系统打破时空边界、跨越管理边界、推动工序互联共享，实现资源能源高效利用，为社会提供更绿色更优质钢铁及相关新型材料。

3. 优化能源结构、加大节能环保技术投入

中国宝武集团不断提高天然气等清洁能源比例，加大太阳能、风能、生物质能等可再生能源利用，布局氢能产业，推进能源结构清洁低碳化；不断提高炉窑热效率、深挖余能回收潜力，提升能源转换和利用效率，大幅降低能源消耗强度，严控能源消耗总量。

4. 树立全员减碳意识

为全方位进行减碳，中国宝武集团推动全体员工低碳生活方式养成，鼓励绿色出行、光盘行动、垃圾分类、植树造林、视频会议等低碳行动。

5. 实施碳资产管理

综合考量宝武集团参与国内碳交易试点情况、宝武集团碳资产管理现状、不同碳资产管理模式优缺点及全国碳交易市场推进节奏等因素，本着“定位适当、先易后难、操作可行”的原则，中国宝武集团分步实施碳资产管理。

全国统一碳市场启动运行的前两年，采取“集中管理、分散经营”模式，由集团或集团委托的服务公司（以中国宝武内部公司为首选），对碳排放管理和碳资产管理进行统筹安排，从战略层面统筹建立集团的管理机制、碳资产管理目标、风险识别体系等，集团与其委托的服务公司协同管理碳资产；具体碳资产管理方案、交易实施仍由其下属企业执行，自负盈亏；全国统一碳市场启动运行第一阶段的后半期，碳市场形成良性发展，中国宝武集团可组建专业化的碳资产管理平台公司，为该集团旗下所有控排企业提供“一条龙”碳履约服务；全国碳市场第一阶段试运行结束、步入拓展运行阶段，碳交易品种日趋多元化，除现货外，期货交易量日益增加，各种碳金融创新产品和工具也将不断涌现，碳资产管理平台公司应将业务拓展至该公司集团本身之外。

碳排放权已成为继现金资产、实物资产、无形资产之后的一种新型资产形态——碳资产。宝武集团作为年碳排放总量亿吨级的跨区域多基地高碳央企，全国统一碳市场2017年下半年开启后，若免费碳配额每年削减 1%，履约成本将每年增加数千万元。故必须强化碳排放管理、加强碳资产运作，才能在完成国家碳排放履约这一基本政治任务的同时，利用市场化机制完成低成本履约，进而为该集团创造新的经济收益，实现可持续低碳发展。

9.2.3 建材——华新水泥

华新水泥集团是我国最早的水泥企业之一。2014 年度碳排放试点履约季，华新水泥集团在付出了较高的成本后，深刻地意识到了碳排放权管理的重要性，故成立气候保护部，全权负责该集团子公司碳资产管理工作。通过提升可替代燃料利用率，在推进能效提升工程的同时，降低单位产品碳排放，充分发挥了“减排”与“减碳”工作的协同效果。另外，通过加强政策研究等方式，提升碳资产管理能力，实施稳健的市场交易策略，通过对配额市场波动进行合理预测，积极进行市场交易。2015 年，在持有量不变的情况下，华新水泥集团配额盈余出售 42.38 万 t，在碳排放领域实现了反亏为盈。

气候保护部成立后，在华新水泥集团内部形成了完善的碳排放数据管理机制。每月定期跟踪、收集、汇总、分析各控排企业的排放数据，并根据核算指南的要求进行排放量的计算，对不同企业排放量、排放强度等数据进行横向、纵向对比，确保一旦发现数据异常或可能存在配额缺口的风险，能够及时做出合理响应。此外，在每年政府核查之前，华新水泥集团会组织进行上年度碳排放预核查工作，提前发现数据资料等方面存在的问题，以顺利通过核查，最大化保证利益。此外，在碳金融方面，华新水泥集团除了签署CCER置换的合作协议外，还于2016年11月与平安保险签署了全国首个碳保险产品的意向认购协议，平安保险将为华新集团旗下位于湖北省的13家分子公司量身定制产品设计方案。

在国家“双碳”目标下，华新水泥集团响应国家“碳达峰、碳中和”号召，积极应对气候变化，制定可持续发展战略。该公司称将在替代燃料、替代原料、熟料利用系数、燃料效率、低碳熟料开发、能源利用率、绿色矿山、新型能源开发利用、CCS等领域持续加强技术攻关，为水泥行业持续发展贡献力量，争做中国“碳中和”道路上的行业领跑者。

1. 替代燃料减碳

华新水泥充分研究废弃物特性，结合水泥窑系统自身的工艺优势，利用水泥窑开展协同处置。“水泥窑高效生态化协同处置固体废弃物成套技术与应用”获得2016年国家科技进步二等奖，“生活垃圾生态化前处理和水泥窑协同后处理技术”进入2019年国家工业节能技术装备推荐目录。2020年，该公司旗下7家水泥熟料工厂入选工信部重点用能行业能效“领跑者”，其中信阳公司可比单位熟料综合能耗91.75kgce/t(1kgce=29270 kJ)，熟料热能替代率达到31%，单位熟料化石燃料热耗低至590kcal/kg（1kcal=4.18 kJ），位居“领跑者”榜首。在第二代新型干法水泥技术装备创新研发项目中，该公司承担了废弃物安全无害化处置和资源化利用技术研发与应用研发项目。示范工厂黄石万吨线于2020年年底投产，可消纳生活垃圾预处理可燃物90万t/年（折合原生垃圾150万t/年），节约标煤20万t/年，CO_2减排54万t/年。目前，黄石万吨线已实现生活垃圾衍生燃料的热替代率40%以上。2020年，该公司处置生活垃圾206万t。与填埋相比，净二氧化碳减排240余万t；节约标煤45万t，实现碳减排120万t。从垃圾的能源利用效率角度看，垃圾焚烧发电不到20%，而水泥窑协同处置能达到 70%左右。该公司在替代燃料领域所做的努力，为国内水泥行业的碳减排积累了经验、建立了示范。

2. 替代原料减碳

华新水泥集团积极寻找替代原料，使用粉煤灰、炉渣、煤矸石、硫酸渣、磷渣等各种工业废渣及市政污泥等来降低天然原料的消耗，有效减少过程排放。2020年，该公司水泥窑线综合利用各类工业废渣 318.54万t作为替代原料，共减少碳排放34.59万t。

3. 降低熟料系数减碳

华新水泥集团“水泥低环境负荷化关键技术及工程示范项目”获得2009年国家科技进步二等奖，突破了工业废弃物活化与水泥高性能化的技术难题，实现工业废弃物高效利用和水泥性能大幅提升。应用水化调控、物理与化学活化、不同废渣的性能互补效应，利用53%的混合材掺量制备42.5等级高性能复合水泥和功能胶凝材料，并实现年产120万t水泥生产线的产业化，减少二氧化碳排放24万t/年。该公司在混合材资源丰富的工厂已相应推广降低熟料系数减碳。

同时，该公司配合熟料的超细粉磨工艺，即通过调节水泥细度、增加粉体比表面积、提高水泥早期强度等工作性能，达到增强熟料使用效能和减少熟料使用量的效果，减少水泥生产的整体碳排放。

4. 水泥、墙材等一体化项目的热联产降碳

华新水泥集团通过自主研发，利用余热蒸汽水热成岩反应新技术，大规模利用矿山废渣土等生产出高性能墙材，实现矿山资源全利用。既资源化减碳，又能提升水泥窑余热利用效率。由此，水泥矿山开采和生产剥离的废弃材料被最大程度综合利用。同时，物流相对集中，减少倒运过程的碳排放。该公司武穴年产能2.4亿块标准砖试点项目通过提高余热蒸汽利用效率，直接减少二氧化碳排放量11885 t/年；对比传统砖与砌块，可减少碳排放1.58万t～4.71万t CO_2/亿块标准砖。

5. 水泥“分别粉磨”在下游低碳混凝土中的应用技术

“分别粉磨”能大幅度提升水泥的工作性能，最终减少混凝土中的熟料用量，降低建筑物生命周期的碳排放。华新东骏工厂采用分别粉磨工艺生产水泥，用其配置的同标号混凝土中，熟料掺入量较传统混合粉磨工艺降低10%～15%。

扩展阅读9-2

9.2.4 有色金属——南山铝业

山东南山铝业股份有限公司创建于1993年，于1999年12月23日成功在上海证券交易所上市（交易代码为600219），是全球唯一一家在同地区拥有热电—氧化铝—电解铝—熔铸（铝型材/热轧—冷轧—箔轧/锻压）的完整铝产业链生产线的大型股份制公司。目前公司铝加工产能约127.5万t，规模和效益处于国内铝加工行业前列。

在国家“双碳”发展战略下，南山铝业秉承“绿色制造，铸就企业美好未来”的可持续性发展理念，响应国家“双碳”目标，持续践行可持续发展路径。作为全国首家通过铝业管理倡议（aluminium stewardship initiative，ASI）铝产业链认证企业，不断为推动中国有色金属行业实现高质量发展和绿色发展作出表率。该公司以绿色发展为主题，积极响应国家及地方政府降碳减碳号召，通过对生产运营的绿色低碳优化，持续探索有色金属行业的碳中和最佳实践。

1. 坚持可持续发展理念

南山铝业将可持续发展理念融入日常管理工作中。该公司设有专门的工作小组，负责对该公司各个部门的可持续发展绩效表现进行追踪；该公司内各部门依据权责每年设立可持续发展指标目标和计划，同时负责计划的执行和目标的考核。为提升公司整体ESG治理能力，南山铝业针对董事会和管理层开展了多种类型的内部与外部培训，包括

研讨上市公司并购重组的监管政策与发展趋势，ESG 发展趋势洞察与分析，以及“双碳”政策解读及行动建议等。

2. 优化能源结构

南山铝业正积极尝试非化石能源发电布局，逐步增加光伏发电，减少火电使用量，并充分考虑外购低碳能源，探讨与能源合作伙伴在跨区域供电、供气等方面的深入合作，通过以绿色电力为代表的清洁能源持续优化能源结构。

3. 精细化能源管理

高效的能源管理是实现绿色发展的重要环节。南山铝业持续通过能耗监测、节能分析等手段帮助公司提高并强化能源使用管理精细度，同时从生产技术优化、用能结构改善等方面不断提高能源利用效率，督促各生产运营单位积极落实节能降耗措施。报告期内，该公司从能源管理的全方位出发，精准识别能耗管理对象与节能改造机会，在设立年度节能目标的基础上细化设置公司级、系统级、设施级、区域级能耗指标，持续检测并控制能源消耗情况。

南山铝业积极探索能源管理的新技术、新设备、新材料及新工艺，该公司陆续投资并启动了一系列节能减排的技术优化与设备改进措施。例如，对高压闪蒸乏汽进行再利用，在节约蒸汽用量、减少温室气体排放的同时降低新蒸汽消耗与末闪乏汽外排；组织针对沉降槽底流的直排流程改造工程，提高排泥效率，减少设备运行时间，进而降低电耗；安装熔保炉风机变频器、优化生产用锯床、改良罐体料保温控制时间、更换生产线熔保炉炉衬等，通过细节调整降低能源消耗等。持续夯实南山铝业的能源管理基础能力，为该公司能源管理目标的达成给予有力支持。

扩展阅读 9-3

4. 开发低碳工艺

随着 CCS 的成熟与推广，南山铝业在对现有煤电机组进行升级改造的同时，积极探索加设 CCS 及生物能源与碳捕获和储存（bio-erergy with carbon capture and storsge，BECCS）设备的综合解决方案，力求在实现低碳绿色化可持续发展的同时探索减少温室气体排放最优提升路径。

9.2.5 石化——中国石化

中国石油化工集团公司（以下简称中国石化）是 1998 年 7 月在原中国石油化工总公司基础上重组成立的特大型石油石化企业集团，是国家独资设立的国有公司、国家授权投资的机构和国家控股公司。中国石化的业务主要是石油的开采、销售及相关化工产品的生产，与中国石油天然气集团公司（以下简称中国石油）、中国海洋石油总公司（以下简称中国海油）相比，中国石化更注重化工业务，它是我国最大的石油制品和化工产品生产商，公司的产品主要有石油原油、天然气、化纤、化肥、橡胶、成品油等。在绿色低碳发展的当下，中国石化也积极践行低碳转型。

1. 制定绿色低碳发展战略

“十三五”以来，中国石化认真贯彻新发展理念，落实生态文明建设要求，将绿色低碳上升到公司发展战略，积极控制温室气体排放。公司将深入贯彻新发展理念，有序推进能源替代，提高洁净能源和非化石能源消费比例，试点开展碳达峰碳中和，强化甲烷控排管理，实施二氧化碳捕集、利用与封存的全产业链示范项目建设，大幅降低二氧化碳排放强度，持续推进能效提升计划和绿色洁净发展计划，奋力打造世界领先洁净能源化工公司。当前，中国石化正紧紧围绕打造世界领先洁净能源化工公司愿景目标，加快构建“一基两翼三新”发展格局，努力实现更高质量更有效益的发展。

2. 制定内部管理办法

2014 年 5 月，中国石化印发《中国石化碳资产管理办法（试行）》，规定了各部门职责。其中包括：①能源管理与环境保护部。公司碳资产归口管理部门，负责组织碳盘查及编制碳盘查报告；组织碳核查，负责公司碳减排指标的分解；负责 CDM 和 CCER 项目指导和监督，负责组织国内碳排放交易，负责中国石化“国家登记簿”管理；负责公司碳资产统计。②发展计划部。负责一类温室气体工程减排项目的审批。③集团/股份财务部。负责公司碳资产相关会计核算。④科技部。负责 CDM 和 CCER 项目方法学、碳减排技术等科技开发工作。⑤事业部（管理部、专业公司）。负责本板块碳盘查，编制板块碳盘查报告；负责二、三类温室气体工程减排项目的审批；负责 CDM 和 CCER 项目开发；负责本板块碳减排指标的分解、落实。⑥企事业单位、股份公司各分（子）公司。负责本单位碳资产管理。能源管理与环境保护部定期对事业部（管理部、专业公司）碳资产管理情况进行监督、检查、考核。事业部（管理部、专业公司）对本板块企业碳资产管理情况进行监管、检查、考核。目前中国石化形成了集团公司碳排放月度统计、碳价月度分析、碳交易（周、月、季度）总结制度。

3. 开发清洁能源

中国石化于 2016 年开始涉足光伏发电业务。例如，在加油站屋顶设计“自发自用”光伏发电工程。装机容量“十三五”规划目标为 500MW，实际只完成了 22%，目前有 35 个加油站屋顶光伏项目和陕西白水集中式农光互补项目（20MW）已投产，累计年发电量近 1 亿 kW·h，光伏发电装机规模 85MW。

中国石化围绕氢能发展推进产业布局。一是发展氢能和燃料电池汽车产业，基础设施布局应适度超前，特别是要抓好国家级示范基地建设。“十四五”期间将积极融入我国氢能产业布局和地方氢能发展规划，加快构建形成氢能生产、提纯、储运和销售全流程产业链格局。二是在氢能供应方面，将在现有的炼化、煤化工制氢基础上，进一步扩大氢气生产利用规模，大力发展可再生电力制氢，并积极利用边际核电、可再生能源弃电及电网谷电等制氢，持续优化氢气来源结构。三是在氢能加注设施领域，未来几年，将以京津冀、长三角和珠三角为重点，以码头港口、物流枢纽和高速公路氢走廊为依托，大规模布局建设加氢站，满足氢燃料公交车、物流车和出租车的氢气需求，助力形成氢电互补的新能源汽车发展格局。

中国石化地热业务发展较快，在利用中深层地热方面处于领先位置。在河北、陕西、河南和山东等地建成地热供暖能力 570 万 m^2。其中在河北建成供暖能力超 2300 万 m^2，本着“政府主导、市场运作、统一开发、技术先进、环境保护、百姓受益”的原则，2009 年在河北雄县打造了第一座地热供暖“无烟城”，于 2019 年年底在雄安新区建成地热供暖能力超 700 万 m^2。

4. 强化节能减排管理

“十三五”以来，中国石化加快产业结构调整，累计实施 3406 个能效提升项目，节约 548 万 t 标准煤，减少温室气体排放 1348 万 t；在温室气体回收利用方面，推进炼化企业高浓度二氧化碳尾气回收利用，开展油田企业二氧化碳驱油矿场试验和甲烷排放空气回收工作，对航煤、润滑油、聚乙烯等产品进行全生命周期产品碳足迹核算评价；在碳交易方面，试点地区企业交易量 1110 万 t、交易额 2.38 亿元。

9.2.6 航空——东方航空

中国东方航空股份有限公司（以下简称东航股份）总部位于上海，是我国三大国有骨干航空公司之一，前身可追溯到 1957 年 1 月原民航上海管理处成立的第一支飞行中队，是首家在纽约、香港、上海三地挂牌上市的中国航空企业。东航股份运营着 750 余架客货运飞机组成的现代化机队，是全球最年轻的机队之一，拥有我国规模最大、商业和技术模式领先的互联网宽体机队，在中国民航首次开放手机等便携式设备使用。

我国的“双碳”目标是应对气候变化的庄严承诺。身处对碳排放有较大影响的民航业，东航股份在系统开展减碳的各项措施的基础上，执飞了我国首批全生命周期碳中和航班，开启绿色飞行“新航程”。该公司圆满承办了 2021 年北外滩国际航运论坛的平行论坛——国际航空论坛，发布了《全球航空运输业碳减排合作倡议》。在珠海航展上以“绿色飞行”为主题设置独立展位，逐步打造绿色环保可持续的航空生态链；中意两国大使共同见证以东航股份为研究对象的首份中意民航减碳报告发布。该公司的持续努力也得到了资本市场的认可，连续两年获美国明晟公司（MSCI）ESG 评级 A 级，达到全球民航业的最高水准。

1. 完善环境管理体系，推进航空减排

东航股份遵照《环境保护法》等有关规定，以《环境保护管理规定》为指导，发布《中国东方航空股份有限公司能源环保责任事件专项考核管理办法（2021 版）》《中国东方航空股份有限公司生态环保自查单》，完善能源环保专项考核制度，梳理生态环保专项自查清单，夯实绿色发展基础。

在我国的“双碳”事业及中外民航业守护绿色地球的航程中，东航股份不断寻找高质量发展的绿色路径。2021 年，中国东航集团成立“全面推进能源节约与生态环境保护领导小组”以及“双碳”办公室，统筹推进能源节约与生态环境保护等工作。东航股份按照相关机构的要求，编制 2020 年碳排放监测计划和碳排放报告，并接受第三方核查机构核查。经过不懈努力，东航股份在民航局发布的《关于对 2020 年度民航飞行活动二氧化碳排放报告及核查报告质量评价情况的通报》中被评为“优秀”。

东航股份积极参与市场化减排机制和国际全球气候治理事务，研究国际碳市场机制及全球碳市场进展状况，持续贡献“东航智慧”，致力携手全球伙伴构建“减碳朋友圈”，推动实现“碳达峰”“碳中和”目标。

2021 年，东航股份积极开展“双碳”政策研究，参与民航局、上海市交通委、上海市交通节能减排促进中心等单位召开的双碳会议，讨论可行的脱碳路径；参加国际航协可持续发展和环境委员会（safety and enviro mental advisory council，SEAC）会议、SEAC 下属的限塑专项工作组（sup）会议、国际民航组织长期全球理想目标（latg-glads）亚太区域网络会议、国际航协航空燃油论坛和可持续航空燃油线上研讨会等，跟进全球范围环保相关的政策标准，了解行业创新成果和先进案例。

2. 推进污染防治

在践行“绿水青山就是金山银山”理念的道路上，东航股份坚定不移地走生态优先发展之路，以全面绿色转型为引领，从源头管控废水、废气、噪声、固体废物等污染排放，坚决打好污染防治攻坚战，打赢“蓝天保卫战”。东航股份严格遵守《中华人民共和国水污染防治法》《中华人民共和国固体废物污染环境防治法》《中华人民共和国大气污染防治法》以及地方相关规定，通过提高新能源车占比、更新高耗能落后机电设备、落实排污许可证制度、推进限塑专项工作等措施，坚定不移走生态优先、绿色低碳的高质量发展道路。

在排废气上，东航股份办理锅炉废气排放的排污许可证，并聘请第三方专业机构参与日常监测；所有靠廊桥飞机均使用廊桥气、电源，减少飞行辅助动力装置（auxiciary power unit，APU）使用频率；开展场内车辆尾气排放改造升级并大规模采购新能源车辆用于日常航班保障；推进场内车辆“油改电”和“APU 替代”专项工作，完善 APU 替代设施监控平台；在排废水时，东航股份严格执行当地污水排放标准；在排固体废物上，东航股份使用固体废物统计信息系统填报数据。完善维修过程中产生的危险废物处置程序；完善无害废物分类及处理程序；建立限塑工作组机制，统筹推进相关工作开展；推行绿色包装，完善垃圾回收处理；制定发布机上垃圾有限分装的通知，并在部分抵沪航班的机上配备三种颜色的垃圾袋，对垃圾进行有限分装。

3. 推进资源可持续利用

东航股份通过“一滴航油、一滴汽（柴）油、一度电、一滴水、一缕阳光”（“五个一”）工程，在运营过程中坚持以资源的精细化管理落实节约、集约、循环利用的资源观，竭力建设资源节约型和环境友好型企业，推动产业结构调整和转型升级，促进生态文明建设。

东航股份遵守《中华人民共和国环境保护法》《中华人民共和国循环经济促进法》《中华人民共和国节约能源法》等法律法规，积极落实《环境保护管理规定》《能源计量管理规定》等规范要求，全面推进电子飞行记录本等绿色技术的创新与转化，推进资源可持续利用，夯实绿色发展根基。

东航股份安徽分公司以飞机拆解项目发展循环经济。一架飞机约 90%的零部件或材料能被回收再利用，这些零部件经过维修以及经过飞行适应性检测合格后，可以作为航材重新返回航空市场，进入流通环节再度利用。2021 年 11 月，由东航股份安徽分公司进行的安徽首次飞机拆解作业在合肥新桥国际机场停机坪进行。此次老旧飞机拆卸航材再利用，填补了我国航空产业空白，实现了民航全产业链的闭环。飞机拆解成为推进绿色低碳循环发展、再生资源回收利用的重要举措。

东航股份是中国民航首家启用电子飞行记录本（electronic logbook，ELB）的公司，精益求精推进减碳创新。传统的飞行记录本是纸质的，信息传递效率较慢，一册纸质飞行记录本通常使用一周就会被填满，需要替换，替换下来的飞行记录本需要长期存档，纸张、印刷、更换、保存的全过程既繁杂又会大大增加碳足迹。2021 年 6 月 10 日，ELB 在东航 B777 机队正式启用。这是中国民航首次正式以 ELB 取代纸质飞行记录本。据测算，如果东航股份全机队实施 ELB 运行，每年能节省的人工和纸张、印刷成本达 2000 万元以上，环保减碳成效显著。

扩展阅读 9-4

9.3 一般制造业企业碳管理案例

9.3.1 吉利汽车

浙江吉利控股集团始建于 1986 年，于 1997 年进入汽车行业，一直专注实业、技术创新和人才培养，不断打基础练内功，坚定不移地推动企业转型升级和可持续发展。现资产总值超过 5100 亿元，员工总数超过 12 万人，连续十年进入《财富》世界 500 强（2021 年排名 239 位），是全球汽车品牌组合价值排名前十中唯一的中国汽车集团。吉利控股集团秉承“战略协同、推动变革、共创价值”的使命和“充分授权、依法合规、考核清晰、公平透明”的经营管理方针，长期坚持 ESG 可持续发展战略，在应对气候变化、资源保护领域进行科学治理，为建设绿色中国不懈努力。

1. 可持续发展管理

2021 年，经由吉利控股集团董事会批准，吉利结合企业实际情况正式设立董事会层面的 ESG 委员会，并制定《浙江吉利控股集团董事会环境、社会及管治委员会工作细则》。该公司以科学透明的管理体系，指导并促进吉利控股集团及所有职能部门和业务集团持续提升可持续发展管理水平，深化 ESG 管理的有效性。

ESG 委员会承担吉利控股集团 ESG 战略规划、风险管理、政策制度和目标设定等职责，并通过定期的监督与审查，保证 ESG 管理的有效性。ESG 委员会碳中和工作组聚焦气候变化领域，与 ESG 工作组形成有效协同，统筹规划吉利的碳中和管理、碳资产开发和交易等工作。各业务集团/板块 ESG 及碳中和工作组负责将 ESG 委员会制定的相关决策落地实施。整个 ESG 管理过程将由吉利控股集团首席执行官（chief executive officer，CEO）及各业务集团/板块 CEO 组成的指导协同小组进行跨集团或板块的 ESG 资源共享与相互赋能。

2. 布局新能源生态

基于全球汽车产业变革及应用环境变化，吉利控股集团着眼于新能源多元化布局，汇聚全球新能源研发精英，大力投入新能源技术研发创新，以科技创新之力构建全球领先的新能源研发制造体系，多技术路径全面发力新能源。

在纯电技术方面，在全球新能源汽车加速发展的趋势下，电动汽车逐渐成为主流发展方向。吉利控股集团致力于打造零排放的未来出行选择，携手旗下各大品牌布局电气化产品线，为每一位用户提供更优质的纯电出行解决方案。2020 年，吉利发布了全新自主研发纯电车型开发平台——SEA（sustainable experience architecture）浩瀚智能进化体验架构（以下简称 SEA 浩瀚架构），这是世界第一个开源电动汽车架构，有望改变全球零排放汽车的可用性。2021 年 4 月，吉利控股集团推出全新纯电品牌极氪，同时发布基于 SEA 浩瀚架构开发的首款智能电动汽车——ZEEKR 001，加速构建吉利完整的纯电智能科技生态体系。

在超级电混技术方面，混合动力技术有利于汽车降低对燃油的依赖，保障使用的同时减少油耗水平与用车成本，是燃油汽车迈向新能源汽车发展的重要过渡。2021 年，吉利全球动力科技品牌雷神动力的发布，正式开启吉利“动力 4.0”科技电气化新时代。雷神动力包含雷神智擎 Hi·X 混动系统、高效传动、高效引擎以及新一代电驱装置“E 驱”，能够适配 A0—C 级不同大小的车型，以及混合动力汽车（hybrid electric vehicle，HEV）、插电式混合动力汽车（plug in hybrid electric vehicle，PHEV）、增程式电动汽车（range exterd electric vehicle，REEV）等多种动力形式，能利用更多的组合来提升燃油经济性和性能。雷神动力匹配的 DHT Pro 系统（混动系统专用变速器）具备高效低损耗、高性能、高集成性等特点，填补了全球 3 挡混动变速器的市场空白。

在甲醇技术方面，随着汽车产业低碳转型逐步成为行业共识，新能源汽车发展势不可当。在纯电动技术路线不断成熟的当下，持续探索其他可持续的动力技术路线是加速转型进程的突破口。吉利控股集团凭借前瞻性的眼光，瞄准甲醇燃料低碳、液态、高效、安全的绿色属性，早在 2005 年便正式开启了甲醇汽车领域的探索征程。吉利控股集团从能源安全、绿色低碳出发，深耕甲醇汽车 17 年，成功地解决了甲醇发动机零部件耐醇、耐久性能等行业难题，掌握了甲醇汽车的核心技术，形成专利 200 余件，开发甲醇燃料车型 20 余款，累计行驶里程接近 100 亿千米，最高单车运行里程超过 120 万千米，成为全球首个实现甲醇汽车量产的主机厂。

在换电技术方面，充电和换电是电动汽车的主要补能模式，而车电分离的换电模式与传统的充电桩补电模式相比，具备高效补能和降低成本两大优势。吉利控股集团以开放包容的姿态，积极推动企企、政企合作，发展智能换电服务网络建设，解决新能源汽车能源补给不及时的行业痛点，进一步推进新能源汽车的发展。在换电站的布局上，吉利控股集团打造了行业首个集换电技术研发、换电车制造和换电站运营“三位一体”的开放式换电生态。

3. 全链路助力建设城市绿色物流

吉利控股集团专注新能源商用车的创新研发和应用、坚持多能源技术路线并行，成立了绿色慧联、万物友好和阳光铭岛。绿色慧联作为平台匹配城市物流场景，万物友好及阳光铭岛共同搭建“万物友好运力服务平台”，匹配重卡物流场景，提供车、站、物流、能源及信息化服务。两大平台协同，实现全场景的人、车、货、站、电的智能匹配，为物流行业降本增效，为城市绿色物流与能源互联网发展提供服务与保障，建立绿色、智能、高效的能源服务生态，助力交通零碳化发展。

绿色慧联聚焦于城市绿色运力和智慧车联网平台，向用户提供绿色运营、移动物联网共配的体系支持，以及新能源物流车全生命周期管理服务。绿色慧联荣膺《南方周末》“2021 年度特别关注奖——年度绿色产品”，并获得罗戈网授予的“2021 LOG 低碳供应链物流创新优秀企业奖”。

万物友好运力服务平台建设、运营充换电站，管理电池银行，通过云端大数据和车联网技术结合，打通换电重卡和超级换电站，为重卡合理规划充换电补能方案，做到快速补电、电池利用率最大化。2021 年 10 月，万物友好打造的全球首座“风光储充换”一体化宁波绿色轿运重卡充换电站正式投运，该站可“一站式”有效解决企业购车成本高、充电时间长、运营低效、载货量少、里程焦虑等痛点。首批 50 台换电重卡预计 5 年可减少碳排放 1.84 万 t。

阳光铭岛致力于成为全球领先的电动重卡绿色能源服务平台及组合式离线可循环能源应用商，通过“风光储充换”一体化综合能源站、电池银行、智能网联平台等方式，为换电重卡客户提供集设计、工程、运营等为一体的换电服务，可在 48 h 内完成换电站的搭建，24 h 内完成移站，单车换电时间不到 5 min，一天最高可实现 200 次以上换电服务。构建“前站后厂”、组合式离线可循环能源、购售电、绿电交易、碳交易一体化生态平台，实现“源网荷储”闭环运营，为换电站提供更低成本的电力供应，高效、可靠、经济的换电服务为客户带来持续的降本增效。

4. 绿色生产制造

吉利控股集团在环保领域不断突破，优先采用环境友好型材料，积极探索可再生钢材、铝材、塑料等硬件材料和回收的织物及天然纤维（麻纤维、秸秆纤维等）在汽车外观、内饰上的应用，不断推进汽车产品轻量化技术进步，从价值链源头发力，降低浪费并提高资源使用率，为人、车、自然的和谐共处而努力。

吉利控股集团履行环境责任，秉持“建设对环境无害的绿色工厂，制造有益于人类的环保车辆”的原则，在建设新工厂以及改造老工厂的整个过程中，采用先进的节能环保技术和设施，提升能源使用效率，降低废弃物产生量，努力实现生产制造周期“零废水排放、零废物填埋、零有害物质排放”的“三零”绿色循环。

吉利控股集团结合 ISO 14001 环境管理体系，建立健康、安全和环境（health、safety、environmental，HSE）管理体系程序文件、标准和评价规范。2021 年，吉利汽车开展了“雷霆行动”督查环保模块，对管理和设施不符合项采取及时的纠正措施，制作了环境合规性管控清单，规范日常环境保护工作。吉利控股集团旗下吉利汽车、沃尔沃汽车、吉利商用车等集团的多家整车制造基地通过 ISO 14001 外部审核，11 家制造基地获评工信部国家级绿色工厂。

5. 循环包装和绿色物流

在物流运输过程中，吉利控股集团致力于通过使用可循环利用材料、优化运输方案等多项手段，减少物流体系的资源使用和温室气体排放。

扩展阅读 9-5

该公司践行循环利用的可持续包装理念，推动对多元再利用包装材料的研发和推广应用，通过采用纸质、木质及可循环塑料等环保包装材料，结合各生产基地和包装产品特性，进一步加速循环包装理念和应用的普及。持续优化整车物流运输结构，不断拓展铁路、水路运输线路，全面推广新能源运输车在吉利物流体系中的使用，并建立中转库，使用集货模式减少运输车次，减少物流运输环节的碳排放。

9.3.2 徐工集团

徐州工程机械集团有限公司（以下简称徐工集团）成立于 1989 年，自成立以来始终保持中国工程机械行业排头兵的地位，位居中国 500 强企业第 150 位，中国制造业 500 强第 55 位，英国 KHL 集团发布的 2021 全球工程机械制造商 50 强排行榜中位居世界工程机械行业第 3 位。徐州集团是中国工程机械行业规模大、产品品种与系列齐全、具竞争力和影响力的大型企业集团。在国家“3060”战略目标的引领下，徐工集团发布《徐工碳达峰碳中和行动规划纲要》，旨在通过创新驱动技术变革和管理变革，制定 2027 年“碳达峰”和 2049 年“碳中和”的战略目标，制定“绿色徐工，让世界更低碳”的“双碳”愿景，致力于“探索工程科技，为全球建设和全球客户创造净零碳价值”，打造世界级的产品和品牌，引领行业绿色可持续发展，持续引领和带动上下游企业走高质量和可持续的绿色低碳发展道路，为构建人类命运共同体做出应有贡献。

徐工集团目前共利用屋顶面积 52.8 万 m^2，装机容量近 50 MW，近年来光伏自发自用电量累计 9910 万 kW·h，实现二氧化碳减排 7.9 万 t；开发绿色节能核心技术 50 余项；打造新能源、低碳产品集群和无人化、智能化示范场景；获评 3 家工信部绿色工厂示范企业、1 家绿色供应链示范企业，徐州重型机械有限公司成为行业首家通过智能制造能力成熟度四级认证的企业；持续推进供应链节能减排、循环、绿色低碳管理等行动，供应端更加注重产品寿命、能源消耗、有害物质以及报废管理，开展物资循环回收行动，近两年回收包装物上万个。

1. 实施用能结构低碳转型行动

为实现低碳转型，徐工集团发展分布式光伏发电，到 2025 年，新增光伏发电装机容量 150 MW；开展风电规模化应用，探索安装分散式风力发电设备和开发建设集中式风力发电场，力争到 2025 年风力发电容量超过 50 MW；扩展多元化用能方式，探索尝试高效热泵、地源热泵、生物质热电联产等方式，利用新型节能技术和高效节能装备，公司用车逐步实现全面电动化；优化能源管理智慧化水平，应用能源监测、预测、平衡、诊断、优化等技术，实施重点用能设备、智能化设备上云和系统化。

2. 实施绿色低碳科技创新行动

为实施绿色低碳科技创新，徐工集团大力开发新能源产品，推出针对隧道、地铁及特殊施工工况的新能源工程机械；推出满足城市作业需求的纯电动环卫装备、高空作业车等产品；加大新能源关键技术及核心零部件攻关力度，攻关氢燃料电池系统匹配与整车协同控制技术，开发新能源电池—电机—电控核心零部件，研发电驱动变速箱、车桥、减速机及电推杆；全面推进产品全生命周期评价及绿色设计：搭建工程机械产品生命周期环境影响基础数据平台，研发和应用低碳新材料、新技术、新工艺，降低产品全生命周期碳足迹。

此外，徐工集团建立健全低碳技术和产品测试评价能力，新建新能源三电系统综合测试和标定平台。搭建并完善新型调试系统，减少调试周期，降低柴油用量。建立能耗及温室气体检测、监测，碳核算及评价能力。

3. 实施绿色智造融合升级行动

为推动绿色智造融合升级，徐工集团持续开发应用低碳制造技术，攻关高效金属 3D 打印等先进制造技术，研发前沿低碳工艺。研究生物仿生等低碳表面工程技术，开发产品零部件自润滑、高耐磨、高耐蚀等表面涂层，实现工艺流程、服役过程减碳降耗。

持续推进制造过程绿色发展，实施下料、加工、涂装等生产过程用料、用能精细化管理。推广新型低碳原材料应用，实施焊接工艺过程低碳化，应用低碳、环保涂料的涂装工艺。

持续推进绿色智造融合发展，推进工业物联、数联、智联三位一体，深化精益制造能力，提升设备综合效率（overall equipment effectiveness，OEE）水平，促进制造过程节能减碳。逐步推进生产线无人化，创建智慧生产车间，构建数字孪生工厂，打造绿色智造工厂。

4. 实施供应链同盟军减排行动

为促进同盟军进行减排行动，徐工集团致力于提升绿色供应链体系管理能力，制定供应商“双碳”准则，逐步提高供应商低碳准入门槛。大力发展绿色仓储、绿色运输，打造精益物流仓储管理系统与智能运输调度系统。

打造绿色同盟军同频共振，组建供应链“绿色同盟军”企业共同参与的示范应用联合体，共享绿色低碳技术服务与解决方案。建立徐工供应链帮扶基金，为“专精特新”中小配套企业提供金融支持。

推动开展环境信息披露：主动开展环境信息披露，满足国家法律法规以及 CDP、全球报告倡议组织（global reporting initiative，GRI）等国际标准要求。

5. 实施再制造新模式引领行动

为实施再制造新模式，徐工集团健全产品逆向物流回收体系与平台，构建线上线下相融合、流向可控的废旧产品回收体系。探索建立废旧产品回收交易平台，促进废旧产品规模化回收。

持续开展再制造关键共性技术研究，加强废旧产品生命周期信息追溯、故障智能诊断与寿命评估等再制造关键共性技术研究。推动再制造技术与数字化转型相结合。持续完善工程机械再制造标准体系。

积极探索再制造产业发展新模式，打通“资源—产品—废旧产品—再制造产品”的循环型产业链条，探索建立再制造市场一体化运行模式。加强再制造产品的认定与推广，提高再制造产品在售后市场中的使用比例。

6. 实施数字化智能化提速行动

徐工集团持续完善价值链全过程碳排放数据治理，基于实时和历史数据分析，实现企业全价值链环节的碳排放数据可检测、可计量、可追踪。

持续优化工业互联网平台，持续提升产品动态监测、精准控制和优化管理水平。加快“汉云”工业互联网平台融合应用。为行业中下游用户提供智能设计、智能生产、智能服务、智能施工等全价值链服务。

持续提升数字化、智能化服务管理：不断优化升级车联网、客户关系管理（customer relationship management，CRM）和徐工全球数字化备件服务信息系统（XCMG-global service sgstem，X-GSS）的后市场服务三驾马车，实现内部服务资源精准调配和服务过程节能减碳。完善具有产品建模仿真、数字映射、反向控制三项关键特征的数字孪生产品，助力客户实时监测设备能耗和作业碳排放管理。

7. 实施双碳驱动产业延伸行动

为了能让双碳减排和产业延伸同步发展，徐工集团加快发展可再生能源基建超级装备产业：围绕多种作业场景，推出超级起重机、挖掘机、压路机等一体化、成套化解决方案，持续降低可再生能源基建成本。优化“超高、超大风电吊装专家”产品集群。

大力培育道路养护材料循环再利用装备产业：围绕沥青料循环再生使用全过程，开发铣刨机、路面干洗车、热风微波复合加热就地热再生机组、沥青热再生拌和站等新型道路养护产品集群，推动降低面层施工中化石材料使用。

高起点布局固废与有机废物处置产业：构建“技术+设备+运营”一体化全产业链模式，助力国家环境治理与节能减排。

8. 实施低碳循环多元环保行动

为实施低碳循环多元环保行动，徐工集团寻求存碳固碳解决方案：开展植树造林、湿地保护等生态保护。推进应用碳捕捉、直接空气捕集等技术。推动产业链下游客户如采矿业等探索环境修复、土地退化生态修复等基于自然的碳移除解决方案（natural-based solutions，NbS）。

提升工业废弃物利用水平，构建工业废弃物资源再利用体系，推进废钢材、废有色金属、废塑料等再利用。提升废水废液循环利用率，加大废液环保处理力度，创建“无废企业”。

探索低碳示范场景解决方案，打造智慧—低碳应用示范，推进露天矿山无人化开采及运输，道路机械机群无人化协同施工，为智慧绿色港口提供纯电动解决方案，实施环卫机械等自主智能作业等科技攻关项目。

9. 实施碳管理金融 + 赋能行动

徐工集团建立碳排放管理与绿色低碳标准体系，建立实施碳管理控制体系,完善碳排放监测、报告与核查制度。推动绿色制造技术与工艺、绿色产品设计、产品能效等标准化应用。

提升碳排放核算分析能力，主动识别排放重点，分析减排潜力，加强碳排放控制能力。依托大数据，分析产业链节能减排进展，识别减排机遇。

布局碳资产开发和管理，开发中国温室气体自愿减排项目。对碳交易市场配额CCER、碳普惠等碳资产开展专业管理，适时参与碳排放权交易。

实施碳金融体系赋能，对环保节能、清洁能源、绿色交通、绿色建筑、绿色产业等领域进行项目投融资。

10. 实施绿色低碳文化培育行动

扩展阅读 9-6

徐工集团持续开展低碳管理创新提升,深化公司“绿色创想”管理创新平台引导、孵化作用；成立“双碳学堂”，开展“双碳”知识培训，建立“双碳”人才梯级培养和技能认定机制。

推行企业绿色低碳理念：持续开展全员“本质健康工程”（total health program，THP）、“八小行动”、“光盘行动”。试点开展企业内部“碳交易”机制，探索员工碳积分激励制度。鼓励员工无纸化办公、节约每一张纸、每一度电、每一滴油，推行绿色出行、低碳差旅理念。

丰富企业双碳文化内涵：构建具有徐工特色的“双碳”企业文化。积极开展多维度、多层次、常态化的品牌文化传播活动。

9.3.3 西门子

德国西门子股份公司（以下简称西门子）作为全球领先的科技公司，一直将承担社会责任放在公司发展的核心位置。早在2015年，西门子便开始了自己的碳中和之路。根据科学碳目标倡议（science based targets initiative，SBTi），企业碳排放分为三个范围，分别是企业运营产生的直接排放、企业外购能源产生的间接排放及来自企业价值链上下游的其他间接排放。西门子严格按照SBTi标准制定了自身的减碳目标并承诺到2030年将实现业务运营碳中和，以及将范围三供应链排放减少15%的目标。

1. 企业运营减碳

西门子（中国）的节能减排举措主要体现在提高能效和发展可再生能源两大方面。在提高能效方面，西门子（中国）已在12个办公园区和制造工厂进行了能效改造项目。在发展可再生能源方面，西门子（中国）将光伏发电系统广泛应用至办公楼与工厂，已在14个园区和制造工厂实施了分布式屋顶光伏系统，并计划至2023年在另外至少3家制造工厂安装此系统。此外，西门子在北京和上海的办公园区以及31家运营企业已采购并使用绿证电力，公司将持续深入贯彻这一减排举措。截至2020财年，在企业运营产生的直接排放、企业外购能源产生的间接排放范围内，西门子已实现减碳 54%。

2. 企业供应链减碳

截至 2020 财年，在来自企业价值链上下游的其他间接排放的范围内，西门子为各行各业提供的节能环保业务组合已帮助全球客户减少约 1.5 亿 t 碳排放。2021 年 9 月，西门子在中国正式启动“零碳先锋计划”，宣布了在低碳发展领域的清晰目标和行动计划，这标志着公司在可持续发展的道路上翻开了新的篇章。2022 年西门子正式在中国将低碳相关指标纳入采购决策过程。通过全方位的努力，西门子力争到 2025 年在中国帮助超过 500 家重点供应商加速减碳步伐。对于众多客户，西门子力争到 2025 年助力数十个行业的上万家客户节能增效，推动产业绿色低碳转型。西门子承诺，到 2030 年实现供应链碳减排 20%，为此西门子采取了一系列措施帮助广大供应商为实现可持续发展确立战略方向与实施路径。

面向供应链，西门子加强对供应商在可持续发展方面的评估，并对供应商实行严格的准入机制。目前，公司已建立起覆盖近 9000 家在华供应商的减排信息管理系统，并在提高能源效率、现场发热和供电、购买绿色电力、实施节能流程、优化物流、减少商务出行，以及应用再生/可回收材料七大领域帮助重点供应商推进绿色转型。同时，西门子还面向重点供应商启动了碳减排自我评估调研。一方面，供应商能够了解自身在重点领域的减碳潜力，从而有的放矢地推进绿色转型；另一方面，线上调研的结果也为西门子与合作伙伴共同打造绿色低碳的供应链提供了强大的数据基础。

扩展阅读 9-7

9.3.4 雀巢集团

2019 年，雀巢集团在科学碳目标倡议组织认可的三个范围的碳排放约为 9800 万 t 二氧化碳当量，实现了集团碳达峰。2021 年，公司实现二氧化碳当量绝对减排量 400 万 t。雀巢集团将继续朝“2030 年排放量减半”和“2050 年实现净零碳排放”的目标进发，而农业供应链将成为该公司工作的重点。

1. 制定净零碳排放路线图

雀巢集团承诺到 2050 年实现零净碳排放，不仅仅是承诺，该公司更是制订出了具体的计划，在保持业务持续增长的同时，到 2030 年实现温室气体(GHG)排放量减半，到 2050 年实现净零碳排放，具体净零碳减排路线如表 9-2 所示。

2. 全生命周期测量碳足迹

雀巢集团采取全生命周期方法确定产品碳足迹。这一过程涉及该公司与诸多利益相关方的协作，如农户、物流服务商和消费者。为实现 2050 年净零碳排放目标，雀巢集团需要在整个价值链中开展行动，具体行动路径如表 9-3 所示。

表 9-2　净零碳排放路线

碳排放现状		迅速行动	扩大行动规模	践行承诺
雀巢集团 2018 年的温室气体排放量为 9200 万 t	里程碑（细分目标）	1. 到 2022 年实现主要供应链零毁林； 2. 到 2022 年将全球车队更换为低排放车； 3. 到 2023 年使用 100%经认证的可持续棕榈油； 4. 到 2025 年在雀巢集团所有办公和生产场所中使用 100%可再生电力； 5. 到 2025 年实现 100%包装可回收再生或可重复使用； 6. 到 2025 年使用 100%经认证的可持续可可和咖啡； 7. 到 2025 年将有 20%的关键原料来自再生农业方法； 8. 到 2025 年减少包装中 1/3 原生塑料使用量 9. 每年植树 2000 万棵； 10. 到 2025 年实现雀巢集团水业务碳中和。	1. 在生产环节使用可再生热能； 2. 到 2030 年将有 50%的关键原料来自再生农业方法； 3. 到 2030 年种植 2 亿棵树。	净零碳减排
	总目标	减排 20%	减排 50%	
	时间节点	2025 年	2030 年	2050 年

表 9-3　全生命周期测量碳足迹表

上游							下游
供应商到雀巢集团		雀巢的运营			客户、消费者和废弃物处置		
农业	原料供应商	生产	包装	物流	零售和商业渠道	消费者	废弃物处置
直接向供应商、合作社和农户采购高品质原料	采购原材料并运送至雀巢集团	生产产品	包装产品	在世界各地储存和运送产品	在门店向购物者提供和销售产品	世界各地的消费者享用雀巢的产品	源于产品和包装的废弃物

3. 净零碳排放的关键行动

（1）原料的可持续采购

雀巢集团与原料采购地的农户、供应商和社区密切合作，以对环境和社会产生积极影响的方式采购原料，旨在保护生态系统，丰富生物多样性，减少供应链中农业相关活动带来的碳排放。该公司的工作将帮助为其直接和间接提供原料的五百万农户采用可持续实践并改善生活水平，并将有助于在农村社区创造经济机会及保护粮食安全。

（2）产品组合转型

雀巢集团利用专业知识和资源，将进行产品组合转型，提供对消费者和地球均有益的产品。这意味着其将开发新的低碳产品，并调整产品配方，使用碳足迹较少的原料和工艺。

（3）包装的演进

包装帮助雀巢集团确保食品安全且新鲜，但环境中的塑料废弃物是迫在眉睫的全球挑战。雀巢集团继续投资于包装创新，替代配送系统和新的商业模式，避免废弃物进入垃圾填埋场或被丢弃到环境中，从而削减碳排放。

（4）使用可再生能源生产产品

实现净零碳排放将涉及产品生产方式的重大变革。到 2025 年，雀巢集团的工厂将100%使用可再生电力。另外，该公司将投资于能源效率措施，以降低总能耗，并在热力加热或其他工艺中改用可再生燃料。

（5）推动更清洁的物流

雀巢集团 2050 年宏伟目标的关键部分之一取决于能否建立一个更清洁、更精益的物流网络。该公司正在优化行车路线，提高车辆装载效率，并与物流供应商合作改用低碳排放燃料。其中包括绿色电力、绿色氢能和由废弃物而非原生作物制成的生物燃料。该公司还将更多地使用铁路和集约化运输，同时，其仓库正在最大限度地减少能源消耗，改用可再生电力并减少浪费。

（6）移除大气中的碳

利用大自然自身的解决方案，雀巢集团将使无法完全消除的碳排放得到抵消。通过在农林复合、土壤管理恢复泥炭地、森林和其他自然景观方面为该公司的农户建立新标准,该公司将从大气中移除温室气体并将其储存在土壤中。

（7）向碳中和品牌转型

雀巢集团旗下的 2000 多个品牌将在实现净零碳排放的过程中发挥关键作用。消费者口味发生变化且更青睐更透明和可持续的产品和服务。该公司的品牌团队将继续适应这一转变，追求可持续发展并满足市场需求。

扩展阅读 9-8 链接

（8）积极倡导协同行动

雀巢集团声称其将继续与农户、供应商、行业、员工、消费者、政府—非政府组织及该公司所在的社区合作，将气候领域的协同行动推向更新高度和更深层次。雀巢集团公开呼吁建立明确和公平的标准和监管，从而支持全行业的广泛努力，并倡导制定必要的公共政策，以实现经济和社会体系转型，实现“净零碳未来”。

9.4 服务业企业碳管理案例

9.4.1 京东物流

京东物流于 2007 年作为京东集团旗下内部物流部门成立，于 2017 年 4 月起作为京东集团的独立业务分部运营，并为外部客户提供服务。京东物流的核心主航道是“一体化供应链物流服务”，同时该公司也一直致力于节能减排，打造绿色供应链，持续关注气候变化的潜在影响。2019 年，京东物流成为国内首家承诺设立科学碳目标的物流企业。2021 年，京东物流通过“青流计划”共计投入使用循环包装箱 6500 余万次，投放可循环“塑料编织布包装袋”600 万个。京东物流在全国 50 多个城市投放使用的新能源车已达 20000 辆。为了加速实现 2030 年物流运输车 100%新能源化的目标，未来 2～3 年，京东物流将持续研发和投放数千台智能快递车支持绿色交通运输。截至 2021 年年底，京东物流在全国智能物流园区的总体光伏装机容量达到 100 MW 以上，年发电量 1.6 亿 kW·h。未来 3 年，京东物流计划搭建 1000 MW 的光伏发电能力，这会为 85%的智能物流园区提供绿色能源。2022 年，京东物流西安“亚洲一号”智能物流园区获得碳中和认证双证书,成为我国首个“零碳”物流园区。未来 5 年，京东物流将投入 10 亿元用于加码绿色低碳的一体化供应链建设，实现自身碳效率提升 35%的目标，同时携手上下游合作伙伴，共同探索推进绿色低碳的一体化供应链建设，打造绿色低碳的一体化供应链生态体系。

1. 全过程节能减排

2021 年，京东物流共更换旧式燃油配送车 4960 辆，减少二氧化碳排放超过 22832 t。京东物流在全国 50 多个城市投放使用的新能源车已达 20000 辆，北京地区的自营城配车辆已全部更换为新能源车，每年可减少约 40 万 t 的二氧化碳排放，这相当于 2000 万棵树每年吸收的二氧化碳量。除此之外，京东物流积极探索新能源车换电及氢能源车辆技术的应用，计划于 2022 年上半年完成新能源换电车辆及氢能源车辆测试并投入使用。未来 2～3 年，京东物流将持续研发和投放数千台智能快递车，持续提升服务体验和效率，目标是到 2030 年物流运输车实现 100%新能源化。

京东物流正在改变传统货物运输模式，通过将部分公路运输转为铁路运输以降低能源消耗及碳排放。2021 年公路转铁路运输货运量达 5.49 万 t，全方位落实绿色运输模式。在自身不断加大新能源车辆使用比例的同时，京东物流也积极引导上下游供应商使用新能源车辆。2021 年 10 月，京东物流发起“青流计划”新五年倡议，将携手上下游合作伙伴合力推进全国重点城市清洁能源汽车上路。

仓储是京东物流打造绿色低碳供应链的核心基础设施。2021 年，京东物流积极打造“绿色基础设施 + 减碳技术创新”双核动力，不断优化园区仓储科技，提升能源循环利用效能，打造碳中和物流园区，如西安、宿迁的京东物流“亚洲一号”智能物流园区。

2. 启用节能制冷设备

京东物流将于 2025 年全面淘汰所有自建和租赁的冷链仓和冷库的 R22 型制冷剂，以环境友好型的 R404 型与 R507 型制冷剂以及二氧化碳复叠式制冷剂替换原有的 R22 型制冷剂。R22 型制冷剂中的氯元素对地球臭氧层存在极大危害，R404 型与 R507 型制冷剂对臭氧层破坏系数为零，为环境友好型制冷剂。此外，二氧化碳用作“二氧化碳复叠制冷技术”的制冷剂，同属于环境友好型制冷剂，对臭氧层不具有破坏性。

3. 资源循环高效利用

2021 年 10 月，京东云箱绿色循环容器生态联盟正式启动。京东云箱旨在推广标准化数字绿色循环容器，促进“青流箱”、生鲜筐、周转箱等容器循环共用，打造中国物流容器循环回收体系，助力国家低碳循环绿色供应链发展。截至 2021 年 10 月，京东云箱在全国建立 8 个载具服务中心和 60 多个载具收发网点，实现“随地租、随地退”。此外，京东云箱服务企业数量也已超过 180 家，载具规模超过 220 万板，可满足供应链企业在各种场景对物流载具的需求，真正实现标准化、信息化、数字化、智能化“四化合一”的管理效果。

2021 年，京东“618”期间累计下单金额超 3438 亿元，创下新的纪录。京东物流在“618”期间持续践行“青流计划”，使用循环包装 1150 万次，减少一次性垃圾近 10 万 t。通过在包装、仓储、运输及回收再生等环节建立起的绿色供应链体系，以及采用减量包装、可循环包装、新能源车投用、光伏发电、纸箱/废弃塑料瓶回收等手段，京东物流实现在“618”期间碳排放较 2020 年同比减少 5%。

4. 打造绿色供应链生态

京东物流不断探索与推动循环包装标准化，以 600×400 作为基础模数，可在供应链上下游企业间共享使用。京东物流协同三方合作机构通过搭建末端共享回收基础设施，解决最后一公里循环包装回收难题，实现资源循环利用。

京东物流持续加大与同行业合作，共同推动物流行业的绿色发展。2021 年 9 月，京东物流等 14 家物流企业联合发出倡议，充分履行物流企业的社会责任，积极响应绿电交易，在仓储、分拣、配送等环节增加绿色电力消费，共同营造全社会低碳绿色转型的良好社会氛围，助力实现碳达峰、碳中和目标。

京东物流针对供应商合作伙伴进行多场“碳”相关基础知识培训，为供应商合作伙伴提供碳中和咨询，促进上下游企业减排意识提升与能力建设。2021 年，京东物流组织碳减排课题的培训，让员工了解科学碳目标以及碳中和的意义和价值，同时也累计邀请了 120 家供应商和客户参与培训。京东物流也开始着手建立碳排放数据收集体系和数据模型搭建，监督和辅助供应商实现自身碳减排的目标。

扩展阅读 9-9

9.4.2 蚂蚁集团

蚂蚁集团起步于 2004 年诞生的支付宝，经过 18 年发展，已成为世界领先的互联网开放平台。该公司业务板块包括数字支付开放平台、服务业数字化经营开放平台、数字金融开放平台、数字科技服务、国际跨境支付服务。蚂蚁集团遵循 ESG 理念，把可持续发展作为优先准则，全面融入公司的整体发展战略。2016 年，蚂蚁集团把绿色发展确定为核心战略方向，并通过蚂蚁森林绿色公益平台，带动数亿用户践行绿色生活方式，通过公益捐赠的方式保护生态环境。与此同时，积极探索如何利用数字技术与绿色金融手段推动绿色可持续发展。2020 年，我国明确提出 2030 年“碳达峰”与 2060 年“碳中和”目标，蚂蚁集团积极响应，制定企业碳中和目标，开展绿色运营相关实践。除此之外，该公司坚信数字技术能够与碳排放各领域环节深度融合，通过能源与资源消耗的数字化管理，实现成本优化与增效提质，助力产业碳中和。

1. 坚持低碳运营

2021 年起，蚂蚁集团下属各地园区积极通过运营手段进行节能减排工作。通过优化完善空调自动控制系统，分析园区人员画像并结合室内外环境情况调整空调运行时间，提升能源利用率，减少能源浪费；对园区照明、水景、信息发布等能耗设备进行精细化管理，按照各功能区的特性进行差异化管理，如室外水景开启时间优化为上下班进出时间和中午休息时间，在员工正常工作时间关闭。

2. 使用可再生能源

在可再生能源使用规划中，蚂蚁集团首先考虑增加可再生电力设施发电，该公司在自有办公园区蚂蚁 A 空间屋顶配置了光伏发电系统，为园区提供绿色电力，2021 年全年，蚂蚁 A 空间光伏发电系统总发电量为 32058 kW·h。

其次，在采购电力时优先选择绿色电力，2021 年全年，蚂蚁集团总共购入了 31106.79 MW·h 绿色电力，覆盖蚂蚁元空间全部用电量、蚂蚁 A 空间 96.6%用电量。通过使用可再生能源，共避免排放 21883.63 tCO_2e。

3. 数据中心能效提升

蚂蚁集团通过绿色采购机制，优先选用具有绿电资源、电源使用效率（power usage effectiveness，PUE）较低的数据中心。与数据中心供应链伙伴一起，积极探索在数据中心性能优化、存储优化方面的可能性，致力于共同打造绿色数据中心。2021 年 1 月，该公司采购的广东数据中心实现 100%核电接入。2021 年全年，采购的数据中心电力消耗总量 382570 MW·h，全年 PUE 平均值为 1.37。

扩展阅读 9-10

4. 其他供应链减排

2021年，蚂蚁集团将碳减排管理目标纳入供应商管理准则，提倡环保产品的设计与应用，优先选择具备低碳高效生产和服务模式的供应商，全面推进供应链的绿色发展。同时大力推动绿色低碳的采购模式，与供应商实现电子交互，落实无纸化采购，节约耗材的同时大幅提升企业间的交互效率。

9.4.3 江苏银行

江苏银行于 2007 年 1 月 24 日挂牌开业，是全国 19 家系统重要性银行之一、江苏省内最大法人银行，总部位于江苏南京。2016 年 8 月 2 日，江苏银行在上海证券交易所主板上市，股票代码为 600919。该行始终坚持以“融创美好生活”为使命，以“融合创新、务实担当、精益成长”为核心价值观，致力于建设“智慧化、特色化、国际化、综合化”的服务领先银行。截至 2021 年年末，其资产总额达 2.62 万亿元，在 2022 年“全球银行品牌 500 强”榜单中列第 72 位。

1. 制定绿色金融专项政策

江苏银行积极践行绿色发展理念，以“生态优先、绿色发展”为目标，努力打造“国内领先、国际有影响力”的绿色金融品牌，不断强化顶层设计和基础研究工作，完善绿色金融产品体系，为构建资源节约和环境友好型社会、助力“碳达峰”“碳中和”战略提供金融支持。

该行不断加大资源倾斜，为绿色信贷配置专项费用，安排专项资金规模，确保绿色信贷在各项贷款中的占比不断提升，绿色信贷的同比增速高于各项贷款增速。为绿色细分产业和重点区域提供差异化的信贷准入政策和绿色审批通道，提高审批效率。给予绿色信贷内部资金转移定价（furds transfer pricing，FTP）优惠定价，并安排专项资产包，提供优惠资金支持。围绕晶硅光伏、氢能源、风电、绿色制造等重点领域，加强行业研究，制定行业营销指引，精准支持重点领域业务发展。

2. 创新绿色金融产品与服务

加强绿色金融产品创新。江苏银行积极构建多元化的绿色金融产品体系，目前已建立涵盖公司金融、投行、普惠、网络金融、跨境、零售、理财和租赁八大业务板块产品在内的集团化绿色金融产品体系，为客户提供一站式绿色金融综合服务。

积极引导客户践行绿色低碳生活。江苏银行与银联合作构建绿色低碳积分体系，面向爱好环保、积极参与绿色消费的年轻客群发行了江苏银行绿色低碳信用卡，鼓励持卡人乘坐公交地铁、共享单车骑行、高铁出行等绿色消费行为。加大新能源汽车等绿色消费垂直场景布局，通过消费信贷政策资源倾斜，提升信用卡线下分期产品的“绿色金融贡献度”。

3. 强化绿色金融基础研究

加强绿色金融前沿课题研究，江苏银行与中央财经大学、江苏省生态环境评估中心等合作设立应对气候变化研究中心，成功中标“江苏省碳金融市场体系培育研究”课题。先后完成“联合国项目事务署（Vnited Nations Office for Project Services，UNOPS）中国银行业环境信息披露”“江苏省金融监管局绿色金融十四五规划”等研究课题。积极参与中国银行业协会“银行业碳核算数据标准”等七个课题研究。积极推动研究成果转化，在国内金融期刊发表多篇绿色金融研究文章。

4. 推动绿色办公

江苏银行坚持资源节约和环境保护理念，持续推动节能降耗，努力减小运营层面对环境带来的影响。江苏银行致力于强化绿色低碳管理，出台《江苏银行营业办公场所绿色低碳节能环保管理提升方案》《江苏银行营业办公建筑绿色低碳运营管理工作措施》等制度，明确具体节能运行管理标准，推动自身运营低碳化。

该行倡导绿色办公，充分利用网络平台和电子化办公，大力推广会议系统无纸化和柜面无纸化，减少纸质文件印发，降低纸张消耗。严格营业办公用房面积定额标准。将支行网点绿色低碳节能工作纳入检查范围，定期开展用能情况检查。做好节能减排的培训和宣传工作，组织全行结合全国节能宣传周和低碳日开展节能知识培训。

为提升车辆使用效率，江苏银行推行公务用车线上化管理，持续提升车辆调度合理性和使用效率，严格执行公用车辆油耗标准，持续降低油耗，倡导员工绿色出行，减少公务车辆使用，减少独自用车，尽量集中乘坐车辆。

扩展阅读 9-11

5. 实施绿色采购

江苏银行在采购过程中遵循“公开、公平、公正、诚实信用和效益”的原则，践行绿色低碳理念，依法合规操作，提升采购质效。完善节能环保产品的优先采购和强制采购制度，在供应商资格要求和评审标准中做出优先采购节能环保产品的具体规定，持续加强绿色采购实际情况的监督检查。将供应商在环保节能等方面履行社会责任情况，以及环保、节能等指标纳入评审标准。在基建装修项目中选用绿色环保材料，降低对环境的污染。

9.4.4 南网科技

南方电网电力科技股份有限公司（以下简称南网科技）是南方电网下属广东电网有限责任公司的第一家股份制公司。现有注册资本 5.647 亿元，于 2017 年由广东电网公司将广东电网公司电力科学研究院市场化科创型业务及相关人员、资产分立并组建成立。作为科研院所向市场化企业转型的代表，南网科技致力于应用清洁能源技术和新一代信息技术，通过提供“技术服务+智能设备”的综合解决方案，保障电力能源系统的安全运行和效率提升，促进电力能源系统的清洁化和智能化发展。南网科技始终坚持可持续发展理念，以支撑国家“双碳”战略为目标,围绕数字转型、低碳发电、源网荷储一体化三大技术趋势，以新一代信息技术和清洁能源技术融合应用为抓手，积极将低碳技术、节能减排、应对气候变化融入企业运营、产品及服务当中，力争成为全国领先、世界一流的电力能源领域技术服务和智能设备综合解决方案提供商，推动构建以新能源为主体的新型电力系统建设，助力国家“碳达峰”“碳中和”战略目标实现。

1. 开发推广减排技术

燃煤电厂耦合污泥混烧发电是高效率低排放并具有灵活性的火力发电,能够显著降低燃煤电厂二氧化碳排放量。南方电网电力科技股份有限公司针对燃煤电厂污泥中重金属、有机物、二噁英等对环境造成的污染难题，开发了具有自主知识产权的大型燃煤电厂协同焚烧处置集成技术与工程示范装置，取得理论研究、数值模拟、污泥圆盘干化机、优化运行等集成创新技术成果，解决了高效干化、受热面结焦、制粉系统堵塞、难以稳燃、污染物排放难以控制、数值模拟优化等关键技术难题。

截至 2021 年年底，该公司完成 25 台燃煤机组耦合生物质掺烧工程应用，总装置容量达到 8870MW，推动形成 5 家国家示范电厂。每年处理生活生物质量达到 1000 万 t。近 3 年累计实现生活污泥掺烧量 1000 万 t，节省燃煤消耗量 26.72 万 t，减少二氧化碳排放量 69.68 万 t，节约标准煤共 21.49 万 t，实现了掺烧生物质后锅炉及环保系统安全、稳定、高效运行。

2. 推动清洁能源发展

南方电网电力科技股份有限公司结合电力能源行业向清洁化和智能化发展，以企业技术优势服务清洁能源发展，积极为传统火电、核电常规岛及生物质发电和海上风电等新能源发电提供优质的设备智能化运维、节能降耗和清洁低碳发电的调试及技术服务,为构建新型电力系统提供相关产品和技术支撑，提升清洁能源消纳能力，推动能源供应绿色、高效发展。

通过建模仿真、现场试验、产品研发等共同促进新能源的消纳，该公司承担的新能源项目测试工作，保障了新能源场站的安全稳定高效运行，每年可节省标煤 462 万 t，减排二氧化碳 1262 万 t，减排氮氧化物 2494 t，减排二氧化硫 1724 t；研发火电机组辅助调频外挂系统，提高机组响应电网调度的速率，提高电网对新能源机组并网消纳能力。该公司将进一步探索“新能源+储能领域”的商业模式，深研储能技术应用，提升新能源消纳水平。

3. 绿色运营

南方电网电力科技股份有限公司积极探索储能融合发展新场景，发展电网侧储能技术服务，完成储能系统技术服务项目累计装机容量 260MW。结合智能电网的发展趋势以及对智能设备需求的提升，加大对机器人、无人机、智能配用电设备及智能监测设备的研发力度，用专业的服务推动电网技术升级，努力降低电网碳排放水平，为构建现代化电网提供强有力的技术支持。

南网科技高度重视企业绿色管理，不断完善环境保护管控机制，健全环境保护制度体系，开展环保风险梳理和防控。2021 年，该公司发布《环境保护管理细则》《风险识别与评估管理细则》《危险化学品安全管理细则》等制度文件。在生产经营的各个环节践行绿色环保理念，公司倡导绿色办公，减少能源资源使用和碳排放，助力企业的可持续运营。

4. 多维赋能企业

①丰富绿色用能产品体系

南方电网电力科技股份有限公司研发大型发电机组全负荷节能优化技术，深挖节能潜力，开展煤电燃烧优化、清洁利用和环保工程规模化改造，助力氮氧化物、硫化物和粉尘等大气污染物减排。大力推广废水零排放集成技术、二噁英监测、脱硫增效剂等节能环保业务，环保调度系统第三方认证项目市场占有率 100%。

②服务能源消费方式变革

该公司发挥公司核心技术配用电终端操作系统“丝路 lnOS”价值，实现灵活的电碳计量、动态分时电价调节及电力用户灵活双向互动，以数字技术助推能源消费革命，推动绿色生产生活方式，为客户电能替代提供技术支持，让更多的客户用上“清洁电”。

③助力客户节能减排

该公司针对工业客户提供关键设备及系统的节能降耗、清洁利用、智能化运维、质量指标等试验检测与调试服务。发展高效节能产业，为客户提供能效监测服务，根据监测结果提供能效分析与解决方案，2021 年服务欣强电子（清远）有限公司新建水

扩展阅读 9-12

蓄冷系统，该企业现有常规中央空调年耗电量约为1520万kW·h，采用水蓄冷系统之后，年耗电量约为1449.7万kW·h，用电量减少70.5万kW·h；系统建成之后，全年转移高峰电量360.8万kW·h，每年合计减少消耗标煤336.3 t。

课后习题

1. 电力企业碳管理有哪些举措？为什么它们会选择这些举措？
2. 除电力企业外，其他高碳企业碳管理举措是否存在差异？
3. 一般制造企业碳管理的重点是什么？结合案例分析。
4. 服务类企业碳管理的重心有哪些？结合案例分析。

第 10 章

相关政策与市场信息

本章学习目标：

通过本章学习，学员应该能够：

1. 了解我国碳交易政策法规、碳中和“1+N”政策。
2. 了解我国碳管理服务市场发展现状。
3. 了解我国碳交易市场发展现状与趋势。

中共中央、国务院印发的《关于完整准确全面贯彻新发展理念做好碳达峰碳中和工作的意见》（2021 年 9 月 22 日）明确指出，到 2030 年，经济社会发展全面绿色转型取得显著成效，重点耗能行业能源利用效率达到国际先进水平。单位国内生产总值能耗大幅下降；单位国内生产总值二氧化碳排放比 2005 年下降 65%以上；非化石能源消费比重达到 25%左右，风电、太阳能发电总装机容量达到 12 亿 kW 以上；森林覆盖率达到 25%左右，森林蓄积量达到 190 亿 m^2，二氧化碳排放量达到峰值并实现稳中有降。到 2060 年，绿色低碳循环发展的经济体系和清洁低碳安全高效的能源体系全面建立，能源利用效率达到国际先进水平，非化石能源消费比重达到 80%以上，碳中和目标顺利实现，生态文明建设取得丰硕成果，开创人与自然和谐共生新境界。

10.1 企业碳管理相关政策

10.1.1 碳交易法规政策体系

碳交易是温室气体排放权交易的统称，碳交易的核心是将环境“成本化”，是一种应对全球变暖气候危机的解决方案。为了保障碳交易作为碳减排的市场机制能够落地，我国逐步构建了包括交易主体（控排企业）、交易产品（碳排放权）、交易流程、交易活动及监管活动（政府监督）等在内的核心要素所组成的政策法规体系，主要见表 10-1。

表 10-1 我国碳交易政策法规体系

制度名称	类型	进展
《中华人民共和国应对气候变化法》	法律	2012.3.18，征求意见
《碳排放权交易管理暂行条例》	行政法规	2019.4.3，征求意见 2021.3.30，征求意见
《碳排放权交易管理办法(试行)》 （部令第 19 号）	部门规章	2020.10.28，征求意见 2020.12.31，正式发布
《全国碳排放权交易管理办法(试行)》 《全国碳排放权登记交易结算管理办法(试行)》 《碳排放权登记管理规则(试行)》 《碳排放权交易管理规则(试行)》 《碳排放权结算管理规则(试行)》 公告 2021 年第 21 号	部门规章	2020. 10.28，征求意见 2021.5.17，正式发布
《2019—2020 年全国碳排放权交易配额总量设定与分配实施方案（发电行业）》 （国环规气候〔2020〕3 号）	政策文件	2020.11.20，征求意见 2020.12.29，正式发布
《企业温室气体排放报告核查指南（试行）》 （环办气候函〔2021〕130 号）	政策文件	2020.12.16，征求意见 2021.3.26，正式发布
《关于加强企业温室气体排放报告管理相关工作的通知》 附《企业温室气体排放核算方法与报告指南发电设施》 （环办气候〔2021〕9 号）	政策文件	2021.3.28，正式发布

从“十二五”到“十三五”，我国一贯坚持“保护环境就是保护生产力，改善环境就是发展生产力”“绿水青山就是金山银山”的理念。作为碳排放大国，我国一边积极履行签署的关于碳减排的国际公约，一边加紧构建国内的碳排放政策体系。随着 2011 年 10 月《关于开展碳排放权交易试点工作的通知》的出台，中国在国际上的“减排”承诺逐步落实到国内的政策中，2011 年 12 月《“十二五”控制温室气体排放工作方案》、2012 年 3 月《中华人民共和国气候变化应对法（征求意见稿）》、2014 年 12 月《碳排放权交易管理暂行办法》、2016 年 1 月《关于切实做好全国碳排放权交易市场启动重点工作的通知》、2016 年 10 月《“十三五”控制温室气体排放工作方案》等出台，成为碳市场发展的法制基石。

2017 年 12 月国家发展改革委印发的《全国碳排放权交易市场建设方案（发电行业）》的通知，2019 年 4 月生态环境部发布《关于做好 2018 年度碳排放报告与核查及排放监测计划制定工作的通知》，2019 年 5 月生态环境部发布《关于做好全国碳排放权交易市场发电行业重点排放单位名单和相关材料报送工作的通知》，2020 年 12 月生态环境部发布《2019—2020 年全国碳排放权交易配额总量设定与分配实施方案（发电行业）》，并印发配套的配额分配方案和重点排放单位名单，2021 年 1 月生态环境部出台《碳排放权交易管理办法（试行）》，规定了全国碳交易市场的交易原则、制度框架以及实施流程，该管理办法于 2021 年 2 月 1 日起开始实施，这标志着我国碳交易市场正式运行。

碳交易相关政策法规是企业碳管理的规制体系，随着我国碳交易实践的推进，碳交易相关政策法规将不断完善，企业碳管理将更加规范。

10.1.2　碳中和“1 + N”政策体系

为了有效推动企业减少碳排放， 2021 年 10 月国务院发布《2030 年前碳达峰行动方案》（以下简称《方案》）和《关于完整准确全面贯彻新发展理念做好碳达峰碳中和工作的意见》（以下简称《意见》），作为碳达峰碳中和“1 + N”政策体系中最为核心的内容，明确了我国“双碳”总体目标，成为我国碳减排的顶层设计。为实现“双碳”目标，《方案》和《意见》都建立了一个“宏观—中观—微观”多层次推进框架，形成了宏观、中观和微观三个层面的战略布局。

宏观方面，《方案》和《意见》明确提出了强化绿色低碳发展规划引领、优化绿色低碳发展区域布局、健全法律法规及完善政策机制等具体内容，着力打造绿色低碳循环经济体系，明确国土空间用途管制的低碳责任，同时加快推进碳达峰、碳中和领域相关的立法工作，切实形成决策科学、目标清晰、市场有效、执行有力的国家气候治理体系。

中观方面，《方案》和《意见》要求各地要落实领导干部生态文明建设责任制，地方各级党委和政府要坚决扛起碳达峰、碳中和责任，明确目标任务，制定落实举措。要求各省、自治区、直辖市人民政府要按照国家总体部署，结合本地区不同的实际情况等，坚持全国一盘棋，科学制定本地区碳达峰行动方案，提出符合实际、切实可行的碳达峰时间表、路线图、施工图，避免“一刀切”模式的“减碳”工作。

微观方面，《方案》和《意见》提出推进市场化机制建设，积极发展绿色金融，健全企业、金融机构等碳排放报告和信息披露制度，运用减税、价格调控等激励政策推动企业进一步提高自主低碳绩效，重点用能单位要梳理核算自身碳排放情况，深入研究碳减排路径，“一企一策”制定专项工作方案。

为了更好指导“十四五”期间的碳减排工作，2022 年 1 月，国务院印发《“十四五”节能减排综合工作方案》，成为我国“十四五”期间碳减排的顶层设计。该方案部署十大重点工程，包括重点行业绿色升级工程、园区节能环保提升工程、城镇绿色节能改造工程、交通物流节能减排工程、农业农村节能减排工程、公共机构能效提升工程、重点区域污染物减排工程、煤炭清洁高效利用工程、挥发性有机物综合整治工程、环境基础设施水平提升工程。明确了具体目标任务，到 2025 年，全国单位国内生产总值能源消耗比 2020 年下降 13.5%，能源消费总量得到合理控制，化学需氧量、氨氮、氮氧化物、挥发性有机物排放总量比 2020 年分别下降 8%、8%、10%以上、10%以上。节能减排政策机制更加健全，重点行业能源利用效率和主要污染物排放控制水平基本达到国际先进水平，经济社会发展绿色转型取得显著成效。

为支撑实现碳达峰碳中和目标，我国部委和地方积极响应，在行业、地方层面发布了多个相关政策规划等管理文件。例如，2022 年 2 月 3 日国家发展改革委、工业和

扩展阅读 10-1

信息化部、生态环境部、国家能源局共同发布《高耗能行业重点领域节能降碳改造升级实施指南(2022 年版)》；2022 年 4 月 19 日，教育部印发《加强碳达峰碳中和高等教育人才培养体系建设工作方案》；2022 年 5 月 30 日，财政部印发《财政支持做好碳达峰碳中和工作的意见》；2022 年 4 月 18 日，交通运输部、国家铁路局、中国民用航空局、国家邮政局公布《交通运输部国家铁路局 中国民用航空局 国家邮政局贯彻落实〈中共中央、国务院关于完整准确全面贯彻新发展理念做好碳达峰碳中和工作的意见〉的实施意见》；2022 年 6 月 30 日，农业农村部和国家发展改革委印发《农业农村减排固碳实施方案》；2022 年 6 月 30 日，住房和城乡建设部、国家发展改革委印发《城乡建设领域碳达峰实施方案》。此外各省份和地市也结合地方具体情况，出台了“双碳”工作实施意见或行动方案。

可见，我国已经构建了比较完备的企业碳管理支撑体系，营造了企业碳管理良好环境。企业要充分了解和应用好国家和地方政策，积极推进企业碳中和工作。

10.2 企业碳管理服务市场

目前，碳市场服务机构主要有四大类：①经国家备案通过的具有 CCER 第三方审定与核证资质的机构。②主要从事碳排放管理的能源管理咨询公司。③主要围绕碳资产价值实现的碳资产管理的公司。④主要围绕碳中和目标实现的碳中和服务公司和机构。

10.2.1 CCER 第三方审定与核证机构

国家发展改革委印发的《温室气体自愿减排交易管理暂行办法》第六条规定，国家对温室气体自愿减排交易采取备案管理。参与自愿减排交易的项目，在国家主管部门备案和登记，项目产生的减排量在国家主管部门备案和登记，并在经国家主管部门备案的交易机构内交易。

目前，经国家备案通过的具有 CCER 第三方审定与核证资质的机构总共有 12 家：中国质量认证中心（CQC）、中环联合（北京）认证中心有限公司（CEC）、中国船级社质量认证公司(CCSC)、环境保护部环境保护对外合作中心（MEPFECO）、广州赛宝认证中心服务有限公司（CEPREI）、深圳华测国际认证有限公司（CTI）、北京中创碳投科技有限公司、中国农业科学院（CAAS）、中国林业科学研究院林业科技信息研究所、中国建材检验认证集团股份有限公司（CTC）、中国铝业郑州有色金属研究院有限公司和江苏省星霖碳业股份有限公司（XLC）。各公司专业领域如表 10-2 所示。其中能做林业方面的第三方审定与核证的机构有中国质量认证中心（CQC）、广州赛宝认证中心服务有限公司（CEPREI）、中环联合（北京）认证中心有限公司（CEC）、北京中创碳投科技有限公司、中国林业科学研究院林业科技信息研究所（RIFPI）和中国农业科学院（CAAS）等 6 家。

表 10-2 国内具备温室气体自愿减排交易第三方审定与核证资质的 12 家机构及专业领域

领域	机构											
	船级社	环保部	农科院	中创碳投	华测	林科院	中国建材	广东赛宝	质量认证中心	中环联合认证	星霖碳业	中国铝业郑州有色金属研究院
1. 能源工业（可再生能源/不可再生能源）	√	√	√	√	√		√	√	√	√	√	√
2. 能源分配	√	√		√	√			√	√	√		√
3. 能源需求	√			√	√			√	√	√		√
4. 制造业	√	√		√	√		√	√	√	√	√	√
5. 化工行业	√	√		√	√				√	√	√	
6. 建筑行业	√			√	√		√	√	√	√	√	
7. 交通运输业	√			√	√			√	√	√		
8. 矿产品	√				√			√	√	√		
9. 金属生产	√				√			√	√	√	√	
10. 燃料的飞逸性排放（固体燃料，石油和天然气）	√							√	√	√		
11. 碳卤化合物和六氟化硫的生产和消费产生的飞逸性排放	√	√							√	√		
12. 溶剂的使用	√				√				√	√		
13. 废物处置	√	√		√	√			√	√	√	√	
14. 造林和再造林			√	√		√		√	√	√		
15. 农业			√	√				√	√	√		

10.2.2 能源管理咨询公司

全球范围内，碳管理服务核心厂商主要包括 Arup(英国奥雅纳工程顾问公司)、Deloitte（英国德勤有限公司）、ENGIE Impact（法国能源集团公司）、Planetly（德国 Planetly 公司）、Sweco UK（斯威科英国有限公司）、Valpak（英国瓦尔帕克公司）、WAP Sustainability Consulting（美国 WAP 可持续咨询公司）、SGS（瑞士通用公证行）、Toitū Envirocare（新西兰 Toitū 环保公司）、Bureau Veritas UK（英国验证局）、Shell Global（荷兰壳牌全球）、Intertek（英国天祥集团）、AQ Green TeC（AQ 绿色技术中心）、First Climate（第一气候集团）等公司。

在碳交易机制下，我国市场上出现了越来越多的综合能源服务管理平台，以进行碳排放管理。据 IESPlaza 综合能源服务网不完全统计，截至 2022 年 3 月 23 日，相关企业数量达 1418 家。这些企业主要来源于传统节能服务行业、互联网行业、软件行业、综合能源企业自身。中国综合能源服务网 IESPlaza 统计梳理了一些重点单位，如华润智慧能源有限公司、新奥数能科技有限公司、泰豪软件股份有限公司、北京恩耐特分布能源技术有限公司、重庆伏特猫科技有限公司、深圳力维智联技术有限公司、北京华盛基石科技有限公司、万克能源科技有限公司、无锡混沌能源技术有限公司、上海浦公节能环保科技有限公司、朗坤智慧科技股份有限公司、广州海颐软件有限公司、思安新能源股份有限公司、杭州品联科技有限公司、北京广元科技有限公司、四川川能智网实业有限公司、江苏紫清信息科技有限公司、河北瑞程思科技有限公司、福建阿古电务数据科技有限公司、济南金孚瑞供热技术有限公司、国网信息通信产业集团有限公司、平高集团有限公司、西门子电力自动化有限公司、远光能源互联网产业发展（横琴）有限公司、北京瑞特爱能源管理有限公司、中瑞恒（北京）科技有限公司、珠海派诺科技股份有限公司、苏文电能科技股份有限公司、广东鹰视能效科技有限公司、上海联元智能科技有限公司等。

通过对比综合能源服务企业在对外宣传方面的综合表现，国网综合能源服务集团、国家电投集团、三峡电能有限公司、华电集团清洁能源有限公司荣列 2021 年出镜率最高的综合能源服务企业。

10.2.3 碳资产管理服务公司

这类公司主要围绕企业碳资产价值实现，从事 CCER 和 CDM 项目开发与交易、企业碳盘查、碳配额交易和履约等服务。由于电力行业是国内二氧化碳重点排放行业，占据全国碳排放总量的 40%以上，相较于其他重点排放行业，发电行业的碳资产管理走在前面，出现了九个发电企业碳资产管理公司。

（1）国网英大碳资产管理（上海）有限公司，属于国家电网，注册资本为 10000 万元人民币，经营范围为碳资产开发经营管理业务、开展节能减排政策信息咨询服务、合同能源管理等。

（2）南网碳资产管理（广州）有限公司，属于南方电网，注册资本为 10000 万元人民币，经营范围为碳减排、碳转化、碳捕捉、碳封存技术研发。

（3）国家电投集团碳资产管理有限公司，属于国家电投，注册资本为 30000 万元人民币，经营范围为碳资产管理、碳投资管理、碳技术开发、技术服务、技术转让、技术咨询、技术推广。

（4）中国华电集团碳资产运营有限公司，属于中国华电，注册资本为 20000 万元人民币，经营范围为（碳）资产管理，环保信息咨询，经济贸易信息咨询，低碳节能减排领域的技术开发、技术推广、技术咨询、技术转让、技术服务。

（5）大唐碳资产有限公司，注册资本为 5000 万元人民币，经营范围为（碳）投资管理，资产管理，低碳领域的技术咨询、技术开发、技术推广、技术转让、技术服务。

（6）华能碳资产经营有限公司，属于华能集团，注册资本为 25000 万元人民币，该公司是根据华能集团“绿色发展行动计划”部署设立的专业化低碳资源综合服务平台。

（7）龙源（北京）碳资产管理技术有限公司，属于龙源电力，注册资本为 1000 万元人民币，经营范围为碳资产管理技术开发、技术咨询，清洁能源技术研发、应用，低碳节能减排领域的技术咨询。

（8）华润电力（宁夏）有限公司，属于华润电力，注册资本为 21000 万元人民币，经营范围为碳资产、绿证业务咨询及服务。

（9）中广核碳资产管理（北京）有限公司，属于中国广核集团，注册资本为 2000

万元人民币，经营范围为（碳）资产管理、技术咨询。

此外，国内还有一些比较知名的碳资产管理公司。

贵州恒远碳资产管理有限公司成立于 2006 年 09 月 20 日，注册资金 1500 万元人民币，是国内领先的碳资产开发企业，当前业务发展方向主要是提供专业高效的 CDM、CER、VER 项目开发服务，新能源开发与利用、低碳技术推广及应用、合同能源管理。主要合作伙伴有德国复兴银行、英国 ICECAP、丹麦政府、英国环保桥、日本东京电力、日本 ECO ASEET 等国际碳采购机构；德国的 TUV 南德、北德、莱茵公司，挪威 DNV、英国 SGS、CEC、CQC 等国际资深认证机构。

上海宝碳新能源环保科技有限公司（以下简称宝碳）于 2010 年 11 月创立。宝碳向碳减排企业、控排企业及其他碳市场参与方提供碳减排项目开发、碳履约服务（涵盖碳排放盘查、碳资产管理、碳交易、碳金融服务、低碳能力建设等)、碳信息披露及碳中和等服务，是国内知名的低碳产业综合服务商。

杭州超腾碳资产管理股份有限公司成立于 2006 年，主要从事 CDM 项目开发、碳交易以及其他碳相关服务咨询。公司致力于全球气候变化和节能减排事业，助力全球气候变化环境改善和中国的节能减排，依托丰富的国内外资源、渠道、专家以及专业化的技术队伍，成功完成了数十个服务案例，不仅在国内 CDM 行业中保持了领先的地位，也在碳减排交易服务领域形成了较高的知名度。

10.2.4 碳中和服务公司

这类公司主要围绕企业碳中和目标的实现，从事碳盘查、碳减排的技术和管理咨询服务。在全球通过实现碳中和应对气候变化的趋势和“2030 年碳达峰和 2060 年碳中和”背景下，出现一批以碳中和为核心业务，致力实现碳达峰和碳中和目标，推动经济绿色低碳循环发展的专业公司。在该业务上发展较好的主要有以下一些公司。

中国碳中和发展集团有限公司（01372.HK)，前身为比速科技，2021 年 4 月 8 日更名。该公司主要在全球范围内从事碳中和相关业务，具体分为互补协同的两个板块。一是碳资产经营与管理，提供碳资产（碳信用和碳排放权）的开发、托管、投资和交易,以及以碳资产和碳计量为基础的碳中和咨询、核查和规划等全环节服务；二是提供负碳解决方案，包括技术和自然两方面：技术负碳集中在开发与应用 CCUS 领域；自然负碳聚焦于推动农林实现碳中和转型和发展的科技领域。该公司是中国碳汇交易领域的先驱，已经与国务院批准、国家林业和草原局主管的国家一级社团——中国林业生态发展促进会签署了《关于碳中和发展的战略协议》，在取得林权方面有优势。另外，该公司会集了姜冬梅等一批顶尖科学家，拥有植树造林和碳捕捉的技术专利，在碳汇方面较同业有更大的成本优势。此外，该公司拿到了欧盟碳交易市场的“入场券”，更低廉的成本使公司更具国际竞争力。

山东亚华低碳科技集团有限公司作为国内领先的碳中和综合服务商，是国家高新技术企业、国家重点节能诊断服务机构、企业标准领跑者评估机构、国家绿色制造公共服务平台第三方评价机构、山东省绿色制造体系建设第三方评价机构、山东省碳排放第三方核查机构、山东省工业固体废物资源综合利用第三方评价机构、山东省清洁生产审核咨询服务机构、山东省能源审计机构、全国投资项目在线审批监管平台工程咨询备案单位、碳标签授权评价机构、国家认证认可监督管理委员会认可的以及山东省质量技术监督局认证的检验检测机构。公司主要从事工程咨询、绿色制造、区域发展、低碳发展、煤炭压减、第三方业务、环境权益、资格荣誉 8 大类咨询服务，累计完成 2700 余项项目咨询、700 余项节能评审、600 余项企业碳盘查及碳核查、50 余项清洁生产审核、50 余项能源审计、90 余项绿色制造体系建设第三方评价、30 余项煤炭消费减量替代方案、120 余项固定资产投资项目节能评估或节能报告等，在发电、钢铁、有金属色、建材、化工、石化、轻工、纺织、机械等行业具有丰富的专业知识和从业经验。

国检集团公司作为国内少数几家拥有碳领域内，国际国内资质的技术服务机构之一，还可提供 ISO 14064 温室气体核证、联合国气候变化框架公约认可的 CDM 审定/核证、CCER 审定与核证、国际自愿减排机制黄金标准（gold stardard，GS）项目第三方审核、国际自愿减排机制项目第三方审核（valuntary carbon stardard，VCS）、节能减排、低碳能效第三方服务（主要包括碳排放权交易第三方核查、节能量审核、节能减排技术咨询、清洁生产审核等）。

中科检测技术服务（广州）股份有限公司（以下简称中科检测）是中国科学院控股有限公司旗下第三方检验检测认证机构，前身是成立于 1958 年的中国科学院广州化学研究所分析测试中心，由中科院广州化学有限公司设立，是一家集检验检测、认证鉴定、技术服务、咨询培训为一体的综合性公共服务机构。中科检测是专业的碳中和解决方案提供商和碳中和咨询服务机构，具有碳中和技术服务机构资质，可提供企业低碳、双碳规划、自愿减排、碳交易、林业碳汇、温室气体排放清单编制等服务。旗下设有中科检测技术服务（广州）股份有限公司、中科检测嘉兴子公司、中科检测湛江子公司、中科检测重庆子公司、中科检测东莞子公司、中科检测重庆子公司、中科检测深圳子公司、中科认证子公司、中科检测山东子公司、中科检测福建子公司、中科检测宁波子公司及遍布全国的办事处。

碳阻迹科技有限公司（以下简称碳阻迹）是碳管理软件及咨询服务提供商，专业为企业机构提供碳排放管理的咨询、培训、软件以及碳中和等产品和服务。公司于 2011 年成立，是国家高新技术企业和中关村高新技术企业。于 2021 年获得 5000 万元 A 轮，高瓴资本集团和经纬创投（北京）投资管理顾问有限公司共同参与了本轮融资。碳阻迹已为超过 1000 家企业机构提供碳管理解决方案，其中包括 50 家国内外世界五百强公司及国际机构，如阿里巴巴、百度、腾讯、京东、万科、星巴克、香奈儿、微软、联合国、国家发展改革委、生态环境部、美国能源基金会、中煤、中海油、中国机场建设集团、中国建材集团等。

仟亿达集团股份有限公司（证券代码：831999）成立于 2004 年 5 月 18 日，注册资本 2.1 亿元人民币。在全国拥有 20 多家子公司及分支机构，服务范围覆盖全国 20 多个省份，现有员工（含运营维护）共 300 多人。仟亿达集团是国家高新技术企业，国家发展改革委首批备案节能服务公司，工信部备案及推荐的节能服务公司，专为各工业企业量身定做碳减排、碳资产管理咨询、碳中和等解决方案。目前集团与数百钢铁、化工、有色金属、电力等耗能企业有过节能合作或正在推进的碳中和综合服务项目合作。

此外，一些高校也依托科研优势，开展碳碳中和社会服务，如中国科学院大学经济与管理学院段宏波教授领衔开发的“宏愿 3E”碳大数据管理及咨询服务平台、中国地质大学（武汉）碳中和产业技术创新中心围绕“3060 碳达峰、碳中和”和“长江大保护”，发挥中国地质大学（武汉）学科优势研发碳中和新技术和新方法。

10.3 碳交易市场现状与趋势

10.3.1 中国碳交易市场发展历程

中国碳交易市场的发展可分为三个阶段——CDM 建设阶段、碳交易市场试点建设阶段和当前的全国统一碳市场建设阶段。

2005 年，中国作为卖方参与 CDM 项目，开始参与国际碳交易市场。2011 年 10 月，国家发展改革委发布《关于开展碳排放权交易试点工作的通知》，同意北京、天津、上海、重庆、湖北、广东及深圳开展碳排放权交易试点，标志着我国的碳排放权交易工作正式启动。2013 年，深圳、上海、北京、广东和天津率先开始试点交易。2014 年，重庆、湖北试点碳市场开始交易。2016 年，福建也加入了试点碳市场的行列。2021 年 7 月 16 日，全国碳排放权交易市场正式开启上线交易，全国碳市场建设采用“双城”模式，即上海负责交易系统建设，湖北武汉负责登记结算系统建设。至此，我国长达 7 年的碳排放权交易市场试点工作终于迎来了统一开市。

从 2013 年正式开始交易到 2020 年年末，中国的试点碳交易市场经历了 7 个履约期，已成为配额成交量规模全球第二大的碳市场。根据生态环境部的统计数据，截至 2020 年 9 月，全国共有 2837 家重点排放单位、1082 家非履约机构和超过 1 万个自然人参与了交易，覆盖电力、钢铁等 20 多个行业。从 2019 年的全年数据可以看出，北京、湖北、上海和广东的成交更为活跃，而相较于广东、上海和湖北，北京的配额分配量最少，其平均成交价达到了 77 元/t，比排在第二位的上海（39.66 元/t）高出一倍。

2021 年 7 月 16 日，全国碳排放市场上线交易，地方试点市场与全国碳市场并存，从试点到全国统一开市，这是我国碳市场发展具有里程碑意义的一件大事。在全国碳排放交易机构成立前，全国碳排放权交易市场交易中心位于上海，碳配额登记系统设在武汉，企业在湖北注册登记账户，在上海进行交易，两者共同承担全国碳交易体系的支柱作用。发电行业成为首个纳入全国碳市场的行业，纳入重点排放单位超过 2000 家，这些企业碳排放量超过 40 亿 t 二氧化碳，这意味着我国碳市场将成为全球覆盖温室气体排放量规模最大的市场。

10.3.2 我国碳市场发展现状

①初步建立市场准入规则及相关法律法规。生态环境部出台一系列全国碳排放权交易管理政策。2020 年 12 月 31 日，生态环境部发布《碳排放权交易管理办法（试行）》，

在此之前还印发了《2019—2020 年全国碳排放权交易配额总量设定与分配实施方案(发电行业)》和《纳入 2019—2020 年全国碳排放权交易配额管理的重点排放单位名单》等配套文件。此前，全国各试点市场也陆续发布了如《北京市碳排放权交易管理办法》《天津市碳排放权交易管理暂行办法》《上海市碳排放管理试行办法》《重庆市碳排放权交易管理暂行办法》《湖北省碳排放权管理和交易暂行办法》《广东省碳排放管理试行办法》《深圳市碳排放权交易管理暂行办法》《福建省碳排放权交易管理暂行办法》等。完善的政策、法律体系是碳交易市场正常运行的基本保障。这些文件对排放控制目标、配额分配方法、质量控制等多方面加以规定，使碳交易市场机制得以有效发挥。

②形成了以配额现货为主要品种的交易模式。从交易品种来看，目前我国碳交易市场主要为配额交易。配额现货交易，就是允许根据自身的实际情况和减排的成本之间的差异，在碳排放市场中对温室气体排放的额度进行自由交易。配额现货交易包括协议转让、单向竞价、其他符合规定的方式等三种方式。目前我国碳排放交易市场和碳试点市场中有关碳交易的金融衍生产品很少。2014 年起，北京、上海、广州、深圳、湖北等碳交易试点省市，先后推出了近 20 种碳金融产品。但由于全国碳排放交易市场刚启动和试点市场流动性不足、缺乏社会资金来支撑碳金融业务的持续开展，导致部分产品市场参与度较低。

③碳成交量和成交额呈上升趋势。从我国 2014—2020 年碳交易市场成交量情况来看，成交量整体呈现先增后减再增的波动趋势，2017 年我国碳交易成交量最大，为 4900.31 万 tCO_2e；2020 年全年，我国碳交易市场完成成交量 4340.09 万 tCO_2e，同比增长 40.85%。从我国碳交易市场的成交金额变化情况来看，2014—2020 年我国碳交易市场成交额整体呈现增长趋势，仅在 2017、2018 两年有小幅度减少。2020 年我国碳交易市场成交额达到了 12.67 亿元人民币，同比增长了 33.49%，创下碳交易市场成交额新高。2021 年 7 月 16 日全国碳排放交易市场启动上线交易至 7 月 23 日收盘，全国碳排放权交易市场运行 6 个交易日，累计成交量达到 483.3 万 t，成交额近 2.5 亿元人民币，其中开市首日的成交额近 2.1 亿元人民币。预计今年全国碳排放交易市场和碳试点市场成交量和成交额将创新高。

④碳交易价格地区差别大。由于我国的企业地理分布形势以及各试点的建设进度不同，各个试点省市和全国碳交易市场的碳交易价格也不尽相同。从现阶段碳交易试点的配额价格情况看，各地迥异的总量确定方法和配额分配方案导致碳价格差异较大。相关资料显示北京碳交易市场的配额均价为所有试点中最高的，2020 年市场均价为 89.49 元/t。其余市场 2020 年的配额均价都在 40 元/t 以下，并且深圳市场、福建市场的单价仍然存有明显的下降趋势。全国碳交易市场启动至今，价格并未出现大幅涨落，最低价为 48 元/t，最高价为 61.07 元/t。全国碳交易市场与地方碳交易市场都是独立的交易市场，价格之间没有联动机制，但全国市场的价格会影响地方区域市场的价格，使得价格波动出现更强关联性。

10.3.3 中国碳交易市场存在的问题

①碳试点的市场准入规则存在问题。主要表现在入场企业的标准低，类型单一。我

国碳试点基本都局限在高排放的工业领域，没有给农、林等行业留有机会。而且，对于有些省市来说，工业并非其主要产业，这就使得有些试点反映出的预期较差。在这一情况的驱使下，为了活跃碳交易市场，碳试点市场就不得不降低入场门槛。但对于这些企业来说，减排的边际成本高，减排量的多少并不是十分重要，这也使碳交易市场的作用大打折扣。因为不能在减排的同时实现降低生产成本的目的，更加不利于其他有强烈减排意愿或更有必要进行减排的企业更好地进行减排，这种市场资源的不公平配置，对市场的长期发展是十分不利的，且不利于我国碳交易市场的成熟以及国际化。

②缺乏碳金融支持。我国本土金融机构和国外金融机构数量众多，金融资本充实，但在我国，金融业对碳交易涉及却不多，只是对某些领域开展融资贷款。目前国内有关碳交易的法律法规不健全，相关业务的财务会计处理机制缺乏，还有与碳交易相关的碳远期、碳期货等金融衍生创新产品设计寥寥无几。

③参与碳市场主体单一。我国目前参与碳交易的主体是配额分配的企业，如果只是电力行业的企业参加碳市场，市场活跃度是有限的。

④市场活跃度不高。碳排放交易涉及的气候变化和节能减排问题多是敏感话题，加上一些基础数据来源不明，企业信息不透明，加大了交易平台运行的难度。目前，虽然地方政府和有关金融机构对碳排放交易领域表现出积极地参与兴趣，但同时也存在着对政策方向把握不明和思路不清的顾虑和避忌，从而影响了整个市场的活跃度。

⑤配额分配方式等标准体系仍待统一。目前，各试点配额分配的总量比较宽松。许多控排单位甚至出现配额过剩的情况，再加上存在配额抵消机制，导致碳交易价格过低。另外，地方配额总量扣除免费分配后的部分，可由地方政府通过拍卖或固定价格出售的方式进行有偿分配，有偿分配的方式和标准由地方确定。因此，配额总量分配的地区偏向性会导致各地区配额有偿分配成本存在差异。

10.3.4　中国碳交易市场发展趋势

中国碳交易市场在试点阶段取得了一定成绩和经验，但受到地区性和覆盖面等因素的限制，其交易规模、交易价格、流动性和投融资功能均有待提高。全国碳交易市场的启动，凝聚了各方的期待和关注，碳交易市场的未来发展趋势将呈现以下几个特征：

①政策法规和监管。虽然全国碳交易市场已启动，但当前国内还缺乏严格的立法和强有力的监督机制，法律法规的“硬约束”不足。我国将在不断摸索和改进的过程中，借鉴国际先进经验，完善碳交易市场规则，如建立公正合理的初始配额分配制度、不合规惩罚制度、碳排放信息披露制度等，为碳交易市场的健康运行提供良好的立法与监督保障。

②覆盖行业及领域。目前，全国碳排放交易市场只覆盖了电力一个行业，涉及超过40 亿吨二氧化碳排放量。“十四五”期间，石化、化工、钢铁、有色金属、建材、造纸、航空等七个行业有望被纳入碳交易履约范围，形成更大的碳市场规模。未来，为了扩大减排成果，碳交易市场的覆盖范围还可能从八大行业扩大至达到一定排放标准的排放设施。

③配额发放形式。为了减小企业的成本压力，全国碳交易市场在初期主要采用配额免费发放的形式，随着市场的不断建设和完善，免费配额占比将逐步降低，形成一定比例的有偿拍卖，配额成本将更加透明，保证了交易的公平性。企业获得碳配额的成本提高，可刺激其更努力地减排，而政府则可将拍卖收入用于企业或消费者的减税，提高绿色生产和消费的积极性。

④碳价呈升高趋势。全国碳交易市场首个交易日的碳配额平均价格为 51.23 元/t，虽然高于市场预期，但仍远远低于欧盟市场价格以及碳定价高级别委员会提出的实现《巴黎协定》温控目标的碳价。随着我国的碳约束加强、碳配额收紧及免费配额比例下降，碳资产将逐渐成为稀缺资源，碳价上涨是必然趋势。同时，若将来国际碳市场实现连通，我国的碳价也将看齐发达国家的水平上涨。根据中国碳论坛、ICF 国际咨询以及北京中创碳投共同发布的《2020 年中国碳价调查》，初期全国碳排放权交易价格约为 49 元/t，2030 年有望达到 93 元/t，并于 20 世纪中叶超过 167 元/t。

⑤交易产品种类。与试点碳交易市场相似，目前全国碳交易市场的交易产品仍以现货为主，从加强风险管理和流动性的角度来考虑，未来中国也将对标欧洲和美国的交易市场，从现货转向现货、期货、衍生品并行，形成真正的碳金融市场。另外，2021 年 3 月生态环境部发布的《碳排放权交易管理暂行条例（草案修改稿）》规定，重点排放单位可以购买经过核证并登记的温室气体削减排放量，用于抵销其一定比例的碳排放配额清缴，这意味着 CCER 将在碳交易市场上作为配额的重要补充。

⑥参与碳市场主体。根据企业自身可持续发展需要以及利益相关方的约束和驱动，预计未来将有更多非履约企业和机构以及自愿减排的个人参与碳交易市场。同时，随着碳交易市场金融化程度的提高，市场主体也将包括更多的金融机构和专业服务机构。

课后习题

1. 我国碳交易政策法规有哪些？碳中和“1 + N”政策是指什么？

2. 我国碳管理服务市场有哪些类型服务商？在不同领域分别有哪些实力较强的服务商？

3. 我国碳交易市场发展现状与趋势如何？企业如何如何应对碳交易市场的发展？

参考文献

[1] 世界气象组织（WMO）. 2021 年全球气候状况报告[R]，2022.5.18.
[2] 中国气象局气候变化中心. 中国气候变化蓝皮书（2021）, 2021.8.4.
[3] 吴昌泽. 浅谈应对全球气候变化对经济消极影响的对策[J]. 吉林广播电视大学学报，2021(1): 84-86.
[4] 袁倩. 绿色发展的理念与实践及其世界意义[J]. 国外理论动态，2017(11): 23-24.
[5] 吴凌云，许向阳.碳交易市场背景下中国造纸企业碳管理战略研究[J]. 林业经济，2018, 40(4): 46-52.
[6] 孙振清，何延昆，林建衡. 低碳发展的重要保障：碳管理[J]. 环境保护，2011, 13(12): 40-41.
[7] 易兰，于秀娟. 低碳经济时代下的企业碳管理流程构建[J]. 科技管理研究，2015, 44(20): 238-242.
[8] 祝福冬. 低碳经济时代企业碳管理探析[J]. 企业经济, 2011, 30(7): 51-54.
[9] 曲余玲，景馨，邢娜，等. 全国碳市场对钢铁行业的影响及对策分析[J]. 冶金经济与管理，2022(2): 18-20.
[10] 郑伟堂. 环境管理体系在企业的运行[J]. 中华纸业，2011, 32(3): 56-58+6.
[11] 孟翠湖，齐珊. 低碳经济下企业社会责任内部审计问题研究[J]. 商业会计，2016(23): 22-24.
[12] 刘捷先，张晨. 中国企业碳信息披露质量评价体系的构建[J]. 系统工程学报，2020, 35(6): 849-864.
[13] 陈为晶，吴孟辉，林荣捷. 水泥行业碳排放在线监测系统的研究[J]. 质量技术监督研究，2021(2): 38-41.
[14] 马虹. 智慧能源及碳排放监测管理云平台系统方案研究与应用[J]. 计算机测量与控制，2020, 28(4): 28-31+115.
[15] 燕东，王振阳. 我国碳排放权交易市场数据质量提升与相关建议[J]. 质量与认证，2021(8): 57-59.
[16] 姚文韵，叶子瑜，陆瑶. 企业碳资产识别、确认与计量研究[J]. 会计之友，2020(9): 41-46.
[17] 刘萍，陈欢. 碳资产评估理论与实践初探[M]. 北京：中国财政经济出版社，2013.
[18] 涂建明等. 基于法定碳排放权配额经济实质的碳会计构想[J]. 会计研究，2019(9): 87-94.
[19] 涂建明，藕紫秋，李宛. 碳会计发展视角的 CCER 项目核算研究——兼议与《碳排放权交易有关会计处理暂行规定》的对接[J]. 新会计，2020(7): 11-15.
[20] 段茂盛，吴力波. 中国碳市场发展报告从试点走向全国[M]. 北京：人民出版社，2018.
[21] 周志方，肖序. 企业碳管理会计研究[M]. 北京：中国社会科学出版社，2019.
[22] 闫云凤. 中国碳排放权交易的机制设计与影响评估研究[M]. 北京：首都经济贸易大学出版社，2017.
[23] 云宇力. 运用碳排放配额管理和交易提升火力发电企业效益[J]. 产业与科技论坛，2020, 19(8): 194-195.
[24] 钱晓晨. 企业碳交易风险防范与建议[J]. 理论观察，2016(8): 64-67.
[25] 冯楠. 国际碳金融市场运行机制研究[D]. 长春：吉林大学，2016.
[26] 王扬雷，王曼莹. 我国碳金融交易市场发展展望[J]. 经济纵横，2015(9): 88-90.
[27] 袁溥. 中国碳金融市场运行机制与风险管控[J]. 国际融资，2020(10): 55-58.
[28] 吴宏杰. 碳资产管理[M]. 北京：清华大学出版社，2018.
[29] 兴业银行. 全面分析碳资产管理的分类与业务模式[EB/OL]. 2016-11-14.
[30] 陈云波. 国内碳排放交易市场现状及碳金融模式初探[J]. 上海节能，2020(9): 1029-1036.
[31] 李媛媛. 中国碳保险法律制度的构建[J]. 中国人口·资源与环境，2015, 25(2): 144-151.
[32] 吕雅妮. 绿色企业融资渠道发展现状、挑战及对策研究[J]. 现代管理科学，2020(2): 80-82.
[33] 宋献中，陈幸幸，王玥. 绿色低碳发展视角下的企业投融资行为研究：综述与展望[J]. 财务研究，2020(6): 15-25.
[34] 杨博文. 绿色金融体系下碳资产质押融资监管的法律进路[J]. 证券市场导报，2017(11): 69-78.

教师服务

感谢您选用清华大学出版社的教材！为了更好地服务教学，我们为授课教师提供本书的教学辅助资源，以及本学科重点教材信息。请您扫码获取。

》教辅获取

本书教辅资源，授课教师扫码获取

》样书赠送

企业管理类重点教材，教师扫码获取样书

清华大学出版社

E-mail: tupfuwu@163.com
电话：010-83470332 / 83470142
地址：北京市海淀区双清路学研大厦 B 座 509

网址：http://www.tup.com.cn/
传真：8610-83470107
邮编：100084